立方星设计技术

廖文和　等编著

北京航空航天大学出版社

内 容 简 介

本书较为系统地阐述了立方星的概念、总体设计技术理论与方法、轨道设计基础,以及结构、热控、姿态、电源、星务、通信分系统设计理论与方法,同时还对立方星的微推进装置、分离机构装置设计与测试、立方星环境测试与试验内容进行了系统的介绍和分析。本书总结了南京理工大学微纳卫星研究中心多年的立方星研制经验,采用由浅入深、由理论到操作实践的方式,配以实例,较全面地介绍了立方星设计技术。

本书可以作为院校相关专业和学科的教材,亦可以作为从事立方星研制的技术人员的参考用书。

图书在版编目(CIP)数据

立方星设计技术 / 廖文和等编著. -- 北京 : 北京航空航天大学出版社,2024.4
 ISBN 978 - 7 - 5124 - 3845 - 3

Ⅰ.①立… Ⅱ.①廖… Ⅲ.①人造卫星—设计 Ⅳ.①V423.4

中国版本图书馆 CIP 数据核字(2022)第 134582 号

立方星设计技术
廖文和 等编著
策划编辑 龚 雪 责任编辑 董 瑞
*
北京航空航天大学出版社出版发行

北京市海淀区学院路 37 号(邮编 100191)   http://www.buaapress.com.cn
发行部电话:(010)82317024 传真:(010)82328026
读者信箱: goodtextbook@126.com   邮购电话:(010)82316936
北京建宏印刷有限公司印装 各地书店经销
*
开本:787×1 092 1/16 印张:16.75 字数:429 千字
2024 年 4 月第 1 版 2024 年 4 月第 1 次印刷 印数:1 000 册
ISBN 978 - 7 - 5124 - 3845 - 3 定价:59.00 元

序

自 2003 年第一批立方星升空以来，至今全球已发射超过 1000 颗立方星。立方星的标准化极大简化了其设计、制造、测试、发射等流程，提升了研制效率，已成为微小卫星发展的主流。

立方星具有成本低、功能密度大、研制周期短、易组网等特点，在军民领域可发挥重要作用。一方面，立方星可通过编队组网实现对区域、全球的监视，或构筑全球通信网络，用于卫星实时通信；另一方面，立方星可作为载荷，直接用于对目标的跟踪与打击。此外，立方星在民用领域可广泛应用于对海洋、大气环境、船舶等监测，还可作为空间成像、通信、推进等新技术验证的试验平台。目前随着立方星电源、通信、微推进等技术的不断迭代更新，立方星的性能在不断增强，未来必将执行更广泛的空间任务。

南京理工大学微纳卫星研究中心秉承"智能引领空间变革、操控改变星空格局"的理念，以服务空间在轨服务重大战略需求为目标，一直以来致力于智能微纳卫星与操控技术的研究与教育教学工作。突破了微纳卫星平台设计技术、星上智能计算、大惯性矩轨道机动、非合作目标自主抵近、固体火箭推力器/离轨帆、宽频谱空间吸波材料、微纳卫星整体打印等关键技术，且完全自主可控，并在多项国家重大航天工程中得到应用验证。成功研制并发射了"南理工一号""八一少年行""田园一号"等 10 余颗立方体卫星，为我国微纳卫星总体技术推进、空间在轨服务、国产元器件演示验证等领域的应用研究提供了坚实技术基础，已成为我国微纳卫星研制的主力军。

立方星在我国得到了蓬勃发展，参与研制的单位与高校越来越多，但缺少对立方星的总体设计、各分系统设计与测试方法进行详细介绍的著作。作者团队多年从事立方星设计及空间在轨服务研究工作，结合十余颗立方星研制任务，不断总结设计方法与研制经验，编著了《立方星设计技术》一书。该书从基本原理、关键部件选型、测试与分析方法、环境试验等方面对立方星的研制进行了详细阐述，理论联系实际，实用性强，为立方星研制提供了全面的指导，对从事立方星设计的工程技术人员和高等院校相关专业教师及研究生也具有很好的参考价值。

中国空间技术研究院
中国工程院院士　周志成

2023 年 2 月 25 日

前　言

立方星经过二十余年的发展，凭借其模块化、标准化与功能集中等优势，已在通信、遥感、军事、商业等领域发挥了重要作用。立方星由于具备体积小、质量轻、灵活性高、可批量生产、可以针对不同的任务需求进行研制开发的特点，受到了世界各国科研单位、高校，以及商业组织的青睐。立方星在轨飞行呈现出广泛或多样化的功能与科学价值，已逐渐成为空间探测任务的重要手段。

本书作者多年从事微纳卫星研究工作，结合十余项立方星总体任务，梳理总结了立方星总体设计技术、轨道设计、结构系统、热控系统、姿态确定与控制系统、电源系统、星务系统、地面站系统、通信系统设计、环境测试与试验等方面的技术，并对系统的基本原理、关键部件的选择、测试与分析方法进行了详细阐述。立方星的推进系统是其在技术发展过程中的一个重要方面，能够提升在轨机动与维持能力，增强立方星系统执行任务的性能与在轨寿命，本书以自研的微推进系统与分离机构为例对推进技术进行了介绍，同时也系统归纳了立方星环境测试与试验相关理论与方法。

本书共12章。第1章主要介绍立方星的基本概念；第2章为立方星总体设计技术，总结了立方星设计标准、分系统以及总体设计方法；第3章为立方星轨道理论基础；第4~9章分别重点阐述了立方星结构系统、热控系统、姿态确定与控制系统、电源系统、星务系统、测控通信系统的概念和关键部件组成，重点阐述了系统的设计、测试技术；第10~12章主要介绍了立方星的微推进系统，分离结构设计以及环境测试与试验。

来自南京理工大学微纳卫星研究中心的张翔教授、郑侃教授、陆正亮、陈丹鹤、杨海波、于永军、梁振华、邓寒玉副教授参与了本书的撰写和校正，非常感谢各位的辛勤付出！

本书在立方星设计理论基础上，总结了工程研制过程中的宝贵经验，希望能够为从事本行业的师生、工程师与科技工作者提供有益的参考。

本书若有不足之处，敬请指正。

作　者

2023 年 12 月

目　　录

1　立方星的概念 ……………………………………………………………… 1

1.1　立方星的由来 ……………………………………………………………… 1

1.2　立方星的优势 ……………………………………………………………… 1

1.3　立方星标准 ………………………………………………………………… 2

1.4　立方星技术发展 …………………………………………………………… 2

1.5　典型立方星任务 …………………………………………………………… 5

　　1.5.1　对地遥感 …………………………………………………………… 5

　　1.5.2　生物试验 …………………………………………………………… 6

　　1.5.3　深空探测 …………………………………………………………… 7

　　1.5.4　科学试验 …………………………………………………………… 7

　　1.5.5　星座组网 …………………………………………………………… 8

　　1.5.6　航天工程教育 …………………………………………………… 10

2　立方星总体设计技术 …………………………………………………… 11

2.1　立方星设计要求 ………………………………………………………… 11

　　2.1.1　立方星平台总体框架 ……………………………………………… 11

　　2.1.2　结构和分离要求 …………………………………………………… 11

　　2.1.3　外部电接口要求 …………………………………………………… 12

　　2.1.4　入轨操作要求 ……………………………………………………… 12

　　2.1.5　星箭分离机构 ……………………………………………………… 12

2.2　立方星分系统组成 ……………………………………………………… 12

　　2.2.1　结构分系统 ………………………………………………………… 13

　　2.2.2　热控分系统 ………………………………………………………… 13

　　2.2.3　姿控分系统 ………………………………………………………… 14

　　2.2.4　电源分系统 ………………………………………………………… 14

　　2.2.5　星务分系统 ………………………………………………………… 15

　　2.2.6　通信分系统 ………………………………………………………… 16

　　2.2.7　载荷分系统 ………………………………………………………… 16

2.3　立方星总体设计方法 …………………………………………………… 17

　　2.3.1　总体方案设计 ……………………………………………………… 17

　　2.3.2　研制技术流程设计 ………………………………………………… 17

　　2.3.3　总装方案设计 ……………………………………………………… 18

2.3.4 环境试验方案设计 ··· 19

2.3.5 综合测试方案设计 ··· 19

2.4 "田园一号"立方星总体设计 ··································· 20

2.4.1 任务需求及主要技术指标 ································· 20

2.4.2 "田园一号"组成 ··· 20

2.4.3 总体技术指标 ··· 22

2.4.4 能源分析 ··· 24

2.4.5 无线链路分析 ··· 25

2.4.6 信息流设计 ··· 27

2.4.7 配电设计 ··· 28

2.4.8 质量特性 ··· 29

2.4.9 研制技术流程 ··· 30

3 立方星轨道设计 ··· 32

3.1 轨道设计概论 ··· 32

3.2 空间坐标系与时间 ··· 32

3.2.1 空间坐标系 ··· 32

3.2.2 时间系统 ··· 33

3.3 轨道运动方程 ··· 34

3.3.1 二体问题 ··· 34

3.3.2 开普勒运动定律 ··· 35

3.3.3 经典轨道根数 ··· 36

3.4 轨道预报 ··· 37

3.4.1 卫星轨道摄动 ··· 37

3.4.2 两行根数 ··· 38

3.5 轨道分类及应用 ··· 38

3.5.1 近地轨道 ··· 38

3.5.2 中地球轨道 ··· 39

3.5.3 地球同步轨道 ··· 39

3.5.4 高椭圆轨道 ··· 40

3.6 典型立方星轨道设计 ··· 40

3.6.1 太阳同步轨道 ··· 40

3.6.2 回归轨道 ··· 41

3.7 卫星轨道仿真 ··· 42

3.7.1 测控窗口分析 ··· 42

3.7.2 离轨时间分析 ··· 45

4 立方星结构设计与分析 ··· 47

　4.1 立方星结构设计概述 ·· 47

　4.2 立方星主承力结构设计 ·· 48

　　4.2.1 主承力结构设计标准 ·· 48

　　4.2.2 主承力结构设计与制造 ···································· 49

　　4.2.3 典型的主承力结构产品 ···································· 51

　4.3 立方星帆板结构 ·· 52

　　4.3.1 太阳电池阵的作用 ·· 52

　　4.3.2 太阳电池阵装配 ·· 52

　　4.3.3 典型太阳电池阵产品 ·· 54

　4.4 立方星结构材料 ·· 56

　4.5 "田园一号"立方星结构设计 ···································· 57

　　4.5.1 "田园一号"立方星主承力结构设计 ······················ 57

　　4.5.2 "田园一号"立方星太阳电池阵设计 ······················ 58

　　4.5.3 "田园一号"立方星结构特性分析 ························ 58

5 立方星热控系统设计与分析 ··· 60

　5.1 立方星热控系统概述 ·· 60

　5.2 立方星被动热控技术 ·· 60

　　5.2.1 热控涂层 ·· 61

　　5.2.2 多层隔热组件 ·· 61

　　5.2.3 安装界面热阻 ·· 62

　5.3 立方星主动热控技术 ·· 63

　5.4 立方星热控系统设计 ·· 64

　　5.4.1 立方星热控设计要求 ·· 64

　　5.4.2 典型部件的热设计 ·· 65

　5.5 立方星热分析技术 ·· 66

　　5.5.1 热分析概述 ·· 66

　　5.5.2 轨道空间辐射外热流计算 ···································· 67

　　5.5.3 典型工况确定 ·· 67

　　5.5.4 立方星温度场计算 ·· 68

　　5.5.5 "田园一号"卫星温度场计算案例 ························ 71

6 立方星姿控系统设计与分析 ··· 72

　6.1 姿态控制基本工作原理 ·· 72

　　6.1.1 姿态确定原理 ·· 73

6.1.2 姿态控制原理 ·· 74

6.2 立方星姿控系统发展现状 ···························· 76

6.2.1 纯磁控系统 ·· 76

6.2.2 偏置动量控制系统 ···································· 79

6.2.3 零动量控制系统 ······································ 81

6.3 姿态动力学基础 ·· 84

6.3.1 参考坐标系 ·· 84

6.3.2 姿态描述 ·· 84

6.3.3 姿态运动学 ·· 87

6.3.4 姿态动力学 ·· 89

6.4 姿态敏感器和执行机构 ································ 92

6.4.1 磁强计 ·· 92

6.4.2 太阳敏感器 ·· 94

6.4.3 星敏感器 ·· 97

6.4.4 陀螺仪 ·· 99

6.4.5 动量轮 ··· 100

6.4.6 磁力矩器 ·· 102

6.5 "田园一号"立方星姿态控制系统总体设计 ········· 103

6.5.1 设计输入 ·· 103

6.5.2 总体方案 ·· 103

6.5.3 姿控分系统单机设计 ·································· 105

6.5.4 工作流程 ·· 108

6.5.5 系统数值仿真 ·· 110

7 立方星电源系统设计与分析 ······························· 118

7.1 立方星电源系统功能 ···································· 118

7.2 太阳能电池阵 ·· 118

7.2.1 太阳能电池阵原理 ···································· 118

7.2.2 太阳能电池阵电性能设计 ······························ 120

7.2.3 太阳能电池阵机械设计 ································ 122

7.2.4 太阳能电池阵可靠性设计 ······························ 125

7.3 配电系统 ·· 126

7.3.1 电源控制系统设计 ···································· 126

7.3.2 供配电需求分析及能量平衡计算 ·························· 127

7.3.3 分流电路设计技术 ···································· 128

7.3.4 二次电源 ·· 129

7.3.5 电源系统的测试 ······································ 129

7.4 蓄电池 ……………………………………………………… 130

7.4.1 锂离子电池特性 …………………………………… 130

7.4.2 单体锂离子电池设计 ……………………………… 131

7.4.3 锂离子蓄电池组装配 ……………………………… 132

7.4.4 锂离子蓄电池组测试 ……………………………… 133

8 立方星星务系统设计与分析 ……………………………… 134

8.1 星务计算机总体概述 ………………………………… 134

8.1.1 星务计算机功能与原理 …………………………… 134

8.1.2 基于 ARM 的嵌入式系统体系结构 ……………… 135

8.1.3 ARM 总线体系结构和接口 ……………………… 137

8.2 星务计算机硬件设计 ………………………………… 145

8.2.1 主要技术指标 ……………………………………… 146

8.2.2 星务计算机功能模块设计 ………………………… 146

8.3 星务计算机软件设计 ………………………………… 152

8.4 星务计算机测试实例 ………………………………… 155

8.4.1 看门狗功能测试 …………………………………… 156

8.4.2 CAN 功能测试 …………………………………… 157

8.4.3 INA3221 功能测试 ……………………………… 157

8.4.4 在线重构功能测试 ………………………………… 157

9 立方星星载通信系统设计与分析 ………………………… 160

9.1 立方星星载通信系统概述 …………………………… 160

9.2 通信传输原理 ………………………………………… 162

9.2.1 二进制频移键控 2FSK 调制与解调 ……………… 162

9.2.2 二进制相移键控 BPSK 调制与解调 ……………… 164

9.3 "田园一号"星载通信系统总体设计 ……………… 166

9.3.1 星载通信系统需求分析 …………………………… 166

9.3.2 星地通信链路预算 ………………………………… 167

9.3.3 星载接收机方案设计 ……………………………… 172

9.3.4 星载发射机方案设计 ……………………………… 176

9.3.5 数字信号处理模块设计 …………………………… 177

9.4 星载通信系统性能测试 ……………………………… 180

9.4.1 射频性能测试 ……………………………………… 180

9.4.2 VHF/UHF 卫星地面站及星地对接试验 ………… 183

10 立方星微推进系统设计与分析 …………………………… 186

10.1 立方星微推进系统概述 ……………………………… 186

10.2 微推进系统研究现状 ………………………………………………… 186
　　10.2.1 推进原理 ………………………………………………………… 186
　　10.2.2 研究现状 ………………………………………………………… 187
10.3 立方星微推进要求 ……………………………………………………… 191
　　10.3.1 速度增量要求 …………………………………………………… 191
　　10.3.2 姿态控制要求 …………………………………………………… 191
　　10.3.3 资源限制 ………………………………………………………… 192
　　10.3.4 立方星设计规范 ………………………………………………… 192
　　10.3.5 成本、进度和其他要求 ………………………………………… 193
10.4 "田园一号"推进系统设计与试验 …………………………………… 193
　　10.4.1 "田园一号"推进系统设计 …………………………………… 193
　　10.4.2 贮箱设计 ………………………………………………………… 195
　　10.4.3 产品组成与工作原理 …………………………………………… 195
　　10.4.4 主要部组件设计方案 …………………………………………… 196
　　10.4.5 微推进系统总装 ………………………………………………… 198
　　10.4.6 推进系统地面安全性测试 ……………………………………… 199
　　10.4.7 推进剂加注 ……………………………………………………… 200
　　10.4.8 环境试验考核 …………………………………………………… 202
　　10.4.9 推力性能试验 …………………………………………………… 203

11 分离机构设计 ………………………………………………………………… 209
11.1 分离机构概述 …………………………………………………………… 209
　　11.1.1 引 言 …………………………………………………………… 209
　　11.1.2 作用与原理 ……………………………………………………… 209
　　11.1.3 组成与特点 ……………………………………………………… 209
　　11.1.4 应用领域与场景 ………………………………………………… 212
　　11.1.5 发展趋势 ………………………………………………………… 213
11.2 国内外典型分离机构介绍 ……………………………………………… 214
　　11.2.1 国内分离机构 …………………………………………………… 214
　　11.2.2 国外分离机构 …………………………………………………… 217
11.3 "田园一号"分离机构设计 …………………………………………… 220
　　11.3.1 总体设计流程 …………………………………………………… 220
　　11.3.2 总体设计方案 …………………………………………………… 220
　　11.3.3 主要结构部件设计方案 ………………………………………… 220

12 立方星环境测试与试验 ……………………………………………………… 224
12.1 立方星环境测试概述 …………………………………………………… 224

12.2 环境测试目的与要求 ……………………………………………………… 224

12.3 环境测试对象 ……………………………………………………………… 225

12.4 立方星测试准则 …………………………………………………………… 225

   12.4.1 机械功能测试 …………………………………………………… 225

   12.4.2 电气功能测试 …………………………………………………… 226

   12.4.3 任务与性能测试 ………………………………………………… 226

12.5 立方星力学试验 …………………………………………………………… 226

   12.5.1 物理性能测试 …………………………………………………… 226

   12.5.2 正弦振动试验介绍 ……………………………………………… 227

   12.5.3 正弦振动试验条件 ……………………………………………… 227

   12.5.4 正弦振动试验步骤 ……………………………………………… 228

   12.5.5 随机振动试验介绍 ……………………………………………… 229

   12.5.6 随机振动试验条件 ……………………………………………… 229

   12.5.7 随机振动过程 …………………………………………………… 230

   12.5.8 随机振动试验步骤 ……………………………………………… 230

12.6 立方星热试验 ……………………………………………………………… 231

   12.6.1 热真空试验介绍 ………………………………………………… 231

   12.6.2 热真空试验条件 ………………………………………………… 232

   12.6.3 热真空试验步骤 ………………………………………………… 232

   12.6.4 热平衡试验 ……………………………………………………… 232

   12.6.5 热平衡试验工况 ………………………………………………… 232

   12.6.6 热平衡外热流模拟 ……………………………………………… 233

   12.6.7 热平衡试验步骤 ………………………………………………… 234

12.7 立方星磁试验 ……………………………………………………………… 234

   12.7.1 磁试验内容 ……………………………………………………… 234

   12.7.2 磁试验方法 ……………………………………………………… 235

12.8 "田园一号"力学试验分析 ………………………………………………… 235

   12.8.1 "田园一号"坐标定义 …………………………………………… 235

   12.8.2 "田园一号"考核内容 …………………………………………… 235

   12.8.3 "田园一号"正弦振动试验条件 ………………………………… 236

   12.8.4 "田园一号"正弦振动试验结果 ………………………………… 236

   12.8.5 "田园一号"随机振动试验条件 ………………………………… 238

   12.8.6 "田园一号"随机振动试验结果 ………………………………… 239

12.9 "田园一号"热真空试验分析 ……………………………………………… 241

   12.9.1 "田园一号"自身条件参数 ……………………………………… 241

   12.9.2 "田园一号"热真空试验步骤 …………………………………… 242

   12.9.3 "田园一号"热真空试验结果分析 ……………………………… 243

12.10 "田园一号"磁试验分析 ·· 243

12.10.1 "田园一号"磁试验目的 ·· 243

12.10.2 "田园一号"磁试验步骤 ·· 243

12.10.3 "田园一号"磁试验条件 ·· 244

12.10.4 "田园一号"磁试验结果分析 ·· 244

参考文献 ·· 246

1 立方星的概念

1.1 立方星的由来

立方体卫星(CubeSat)简称立方星,是一种体积小且价格低廉的卫星。立方星的概念最早于 1999 年提出,规定质量为 1.33 kg、结构尺寸为 10 cm×10 cm×10 cm 的立方体为 1 单元,即 1U,使得立方星成为纳卫星的通用标准。图 1.1 所示为立方星发明人之一 Bob Twiggs。

2003 年 6 月 30 日,第一批六颗立方星由俄罗斯运载火箭送入轨道,经过十余年发展,截至 2023 年 5 月 31 日,已发射入轨的立方星有 2 105 颗。2014 年,立方体卫星入选美国《科学》杂志"2014 年十大科学突破",如图 1.2 所示。

图 1.1　立方星发明人之一 Bob Twiggs　　图 1.2　立方星入选美国《科学》杂志"2014 年十大科学突破"

1.2 立方星的优势

虽然体积和质量远小于传统卫星,但立方星仍具备完整的卫星系统,其结构总体上来说由两个主要的部分组成:系统平台与载荷。系统平台为载荷的顺利工作提供了硬件支持,如电力支持、数据接收与传输等;载荷则取决于立方星的工作任务,如磁力矩器、太阳敏感器等是立方星发射入轨后完成主要工作任务的仪器。考虑到立方星的空间与成本限制,其携带的载荷需要依据预期设定的任务进行设计,立方星须在太空工作环境下完成预期的任务目标。

立方星根据任务设计的需求,可以执行且不限于如下的任务:

① 遥感观测,测绘地形,监测火山、雪山等地质变化;

② 对自然灾害的应急反应与支持;

③ 卫星识别;

④ 卫星信息中继,信息接收与传递;

⑤ 大气气象工作;

⑥ 车辆、船只定位;

⑦ 空间清理;

⑧ 验证关键技术,进行科学教育等。

与传统大卫星相比,立方星大量应用工业级器件,具有集成度高、功耗低、研制周期短、成本低等优点,模块化的设计思路也大幅度简化了系统设计和研制流程。立方星的应用越来越普遍,如 NASA 的立方星 MarCO 在 2018 年"洞察号"着陆过程中承担着信号中继的作用;美国 Planet Labs 公司研制的 Flock 遥感立方星群用于完成对地的观测研究,承担资源管理、灾害监测等多方面的任务;我国南京理工大学发射的"南理工一号"立方星用于船舶识别、星间信息交换、在轨演示等多种科学任务。

立方星凭借其优势正逐渐成为当今航天活动的主要驱动力和重点发展领域,立方星的崛起也代表了发展空间任务主体的转变:从被国家和大型航天企业承包逐渐转向对小型企业和学校开放。

1.3　立方星标准

立方星的概念最早是由美国加州理工大学 San Luis Obispo 教授与斯坦福大学 Bob Twiggs 教授于 1999 年 11 月在夏威夷举行的大学空间系统研讨会上共同提出的,其最初目的是让学生亲身参与并实践体验卫星的研制、发射和遥测全过程。立方星是一种小型化的卫星,结构简单,根据任务的需要,可将立方体卫星扩展为一个半单元、双单元、三单元、六单元、十二单元(1.5U、2U、3U、6U、12U)等,如图 1.3 所示。

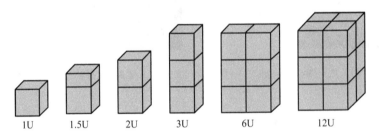

1U　　1.5U　　2U　　3U　　6U　　12U

图 1.3　立方星标准尺寸示意图

立方星的制造和发射成本低廉;立方星的轨道低,其最终会进入大气层,因此不易产生轨道碎片;立方星的设计规则是开放的,面对不同的任务环境,立方星可以根据各自的需求进行灵活地改变。

1.4　立方星技术发展

2003 年 6 月 30 日,第一批立方星搭载俄罗斯呼啸 KM 型火箭发射入轨,其中包括来自加拿大多伦多大学的"Canx-1"、丹麦奥尔堡大学的"AAUSAT"、丹麦技术大学的"DTUSat1"、美国斯坦福大学的"QuakeSat1"、日本东京工业大学的"CUTE-1"和日本东京大学的"CubeSat Ⅺ-Ⅳ",如图 1.4 所示。

2015 年 9 月 25 日,南京理工大学和上海微小卫星工程中心联合研制的三颗立方星:"南理工一号"立方星和两颗"上科大二号"立方星搭载长征 11 号运载火箭顺利入轨,率先在国内开展了立方星技术的验证,掀起了国内立方星研制的热潮,如图 1.5 所示。

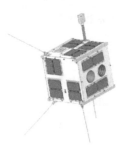
"Canx-1"立方星

"AAUSAT"立方星

"DTUSat1"立方星

"QuakeSat1"立方星

"CUTE-1"立方星

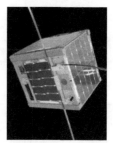
"CubeSat Ⅺ-Ⅳ"立方星

图 1.4 第一批发射入轨的六颗立方星

图 1.5 中国第一批发射入轨的三颗立方星

截至 2021 年,在 76 个国家、超过 500 个机构的参与下,成功发射的立方星超过 1 660 颗,除了高校和研究机构外,出现了大量立方星商业公司,如美国 Planet Lab 公司,并涌现了供应标准化立方星部组件的企业,如美国 Pumpkin 公司和荷兰 ISIS 公司。

由表 1.1 可以看出,经过十几年的发展,立方星技术逐渐成熟。从早期高校和研究机构用于对学生和工程技术人员进行培训的工具,发展成为航天新技术的低成本演示验证平台。并逐步在通信、遥感、深空探测等领域发挥作用,促进了商业航天的蓬勃发展,逐渐成为低轨物联网星座的重要载体。

表 1.1 立方星技术发展特点

序 号	卫星名称	发射年份	研制机构	尺 寸	载荷与功能
1	Canx-1等六星	2003	美国、加拿大、丹麦、日本的6所高校	1U×5 3U×1	第一批发射入轨的立方星,验证立方星平台技术
2	GeneSat-1	2006	NASA	3U	利用立方星开展空间生物试验
3	MAST	2007	美国斯坦福大学	3U	验证卫星绳系技术
4	Delfi-C3	2008	荷兰代尔夫特理工大学	3U	无线太阳敏感器、超薄太阳电池片
5	PRISM	2009	日本东京大学	8U	验证10～30 m分辨率的光学遥感技术
6	Canx-2	2009	加拿大多伦多大学	3U	验证立方星的微推进系统
7	AISSAT-1	2010	挪威国防研究所	6.5U	搭载AIS,监视挪威海上舰船目标
8	NanoSail-D	2010	NASA	3U	验证太阳帆推进及阻力帆离轨技术
9	MayFlower	2010	美国南加州大学	3U	验证0.3～5 Gbps高速率通信技术
10	Jugnu	2011	印度坎普尔理工学院	3U	搭载近红外相机,进行农业与灾害监测
11	DICE	2011	美国犹他州立大学	1.5U×2	利用法拉第旋转效应绘制电离层电子平均密度
12	FLOCK	2014	美国Planet Labs公司	3U	全球最大规模的地球影像立方星星座
13	Perseus-M	2014	俄罗斯Canopus System公司	6U	展示未来星座及AIS接收机的技术
14	南理工一号 上科大二号	2015	南京理工大学 上海微小卫星工程中心	2U×2 3U×1	中国首次发射的3颗立方星
15	翱翔之星	2016	西北工业大学	12U	世界首次开展在轨自然偏振光导航技术验证
16	八一·少年行	2016	北京八一中学 南京理工大学	2U	中国首颗由中学生全程参与研制并主导载荷设计的科普卫星
17	QB50项目	2017	欧盟	2U×33 3U×5	对地球大气低热层开展多点探测的立方星星座,是目前世界上参与国家最多的微小卫星国际合作项目
18	MarCO	2018	NASA	6U×2	第一个离开地球轨道的立方星,用于"洞察号"火星探测器着陆期间的数据中继
19	SpaceBEE	2018	美国Swarm Technologies公司	1U	世界上最小的物联网双向通信卫星
20	RainCube	2019	NASA	6U	搭载微型雷达和抛物面天线,用于观测地球天气的短期演变

序　号	卫星名称	发射年份	研制机构	尺　寸	载荷与功能
21	田园一号	2021	南京理工大学	6U	中国首颗由小学生参与的空间环境探测科普立方星
22	Hiber	2021	荷兰 Hiber 公司	3U	测试 IoT/M2M 服务
23	Myriota	2021	澳大利亚 Myriota 公司	3U	提供实时物联网连接的星座
24	Kepler GEN1	2021	加拿大 Kepler Communications 公司	6U	物联网/M2M 和宽带通信的商业星座
25	Astrocast	2021	瑞士 Astrocast 公司	3U	物联网/M2M 服务星座

1.5　典型立方星任务

本节根据应用场景,介绍国内外典型的立方星应用案例。

1.5.1　对地遥感

随着平台和载荷技术的成熟,立方星在近地遥感领域的应用价值日益凸显。立方星可搭载多种近地遥感载荷,如可见光成像仪、高光谱成像仪、红外成像仪、合成孔径雷达等,降低了地球遥感数据的获取成本。

NASA 的"RainCube"项目提出了一种基于立方星的星座建构,通过搭载微型雷达,可以观测地球天气的短期演变,通过从雨滴、冰和雪花中反射的雷达信号,可以"看到"降雨和其他类型的降水,为科学家们提供了世界各地风暴的内部图像,对验证和改进当前地球天气模型具有非常重要的意义。

传统雷达仪器通常由于尺寸、重量和功率较大,被认为不适合小型卫星平台。为此,JPL 试验室为"RainCube"项目开发了一种适用于 6U 立方星的新型雷达架构,包括一个体积约为 3U 的小型 KA 波段的降水剖面雷达和一个存放在 1.5U 内的 0.5 m 的可展开抛物面天线,如图 1.6 所示。

图 1.6　"RainCube"立方星

第一颗"RainCube"立方星于 2018 年 7 月 13 日发射至高度为 400 km、倾角为 51.6°的轨道上,卫星搭载了 35.75 GHz 降水剖面雷达载荷,对基于立方星开展地球天气监测的技术进行了验证。"RainCube"配置了 120 Wh 电池组,以支持雷达载荷工作。两个展开式太阳能电池板可提供峰值 45 W 的充电功率。

"RainCube"立方星于 2018 年 8 月第一次获得墨西哥上空雷暴中的降水图像,9 月又拍到了飓风 Florence 中的降雨图像,后续"RainCube"立方星共获得超过 90 h 的风暴图像,为气象学家提供了大量的遥感数据。NASA 未来计划在近地轨道部署立方星星座,实现对地球天气变化的高时间分辨率监测。

1.5.2 生物试验

除了在常规的元器件验证和地球遥感应用以外,立方星为空间生物试验提供了一种低成本的载体。NASA 的 AMES 研究中心发射了一系列的空间生物立方星,如图 1.7 所示,主要在以下三个方面开展了研究:① 微重力环境是否导致航天员免疫力降低,感染疾病的风险增加;② 微重力环境是否使有些病原体变得更加致命;③ 微重力环境是否使有些病原体抗药性增强。

"GeneSat-1"立方星

"PharmaSat"立方星

"O/OREOS"立方星

"GraviSat"立方星

"BioSentinel"立方星

图 1.7　AMES 研究中心太空生物试验立方星

2006 年 12 月 16 日,NASA 发射了第一枚空间生物立方星"GeneSat-1"。该枚立方星是利用绿色荧光蛋白研究在微重力环境下大肠杆菌对代谢的影响,开辟了空间生命科学研究的新途径。2009 年 5 月发射入轨的"PharmaSat"立方星,通过测量抗真菌药剂在微重力环境下对酵母菌性能的影响,测试抗真菌药剂的疗效,从而用于药物的开发。2010 年发射入轨的"O/OREOS"立方星用于测试微生物对太空微重力和辐射环境的适应能力和有机分子在太空的稳定性。2011 年的"GraviSat"立方星计划用于研究不同重力下生物光合作用效率、代谢和基因表达。2019 年发射入轨的"BioSentinel"立方星用于深入研究深空辐射对 DNA 和 DNA 修复的长期影响。

1.5.3   深空探测

目前立方星的应用并不局限于地球轨道,在深空探测领域的应用也受到越来越多的关注。2018 年 5 月 5 日,"洞察号"火星探测器从美国范登堡空军基地发射升空,并于 2018 年 11 月 26 日在火星登陆。与"洞察号"探测器同时出发的还有两颗六单元立方星"MarCO - A"与"MarCO - B",这两颗立方星也成为了首次离开地球轨道的立方星。

在"洞察号"探测器进入、下降与着陆过程中,由于其轨道位置的约束,直接由火星探测器接收"洞察号"发送的信息并转发至地球会产生超过 1 h 的延迟。"MarCO"立方星担任的是着陆期间数据中继的角色,将"洞察号"探测器的状态数据实时传回地球,如图 1.8 所示。

图 1.8   "MarCO"立方星

"MarCO"立方星的包络尺寸为 36.6 cm×24.3 cm×11.8 cm,安装了两块展开式太阳电池阵和一个 UHF 波段天线以及一个展开式 X 波段平板天线。UHF 波段链路用于接收"洞察号"探测器的数据,X 波段链路用于将实时数据回传地球,码速率均为 8 kbit/s。两颗"MarCO"立方星均装有冷气推进系统,可提供超过 40 m/s 的速度增量,足以满足火星任务所需的条件。

除了完成"洞察号"火星探测器着陆期间的数据中继任务外,"MarCO"立方星还进行了多项技术验证试验。"MarCO - A"立方星在火星大气层边缘向地球发射信号,分析火星大气层对通信的干扰,从而可以得到火星大气层的某些特性。此

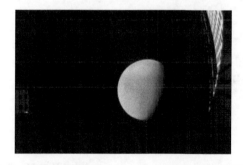

图 1.9   抵达火星前"MarCO - B"立方星拍摄的火星图像

外,"MarCO - B"立方星上安装的一台视场角为 138°的宽视场相机和一台视场角为 6.8°的窄视场相机在执行任务的过程中拍摄了大量火星图像,如图 1.9 所示。

"MarCO"立方星是对微小卫星极限能力的一次测试,验证了立方星在深空探测中的应用,提供了一种星际探测的新途径,为未来星际立方星的设计提供了宝贵的经验。

1.5.4   科学试验

立方星也为一些新型空间技术提供了一种低成本的验证平台,可以有效地判断新技术的有效性、可靠性以及可能存在的风险,为技术研发提供真实的测试数据。

图 1.10 "NanoSail - D"立方星

NASA 于 2010 年发射了一颗三单元立方星"NanoSail - D",该立方星搭载了小型太阳帆载荷,测试太阳帆展开机构的有效性,并验证利用太阳辐射压力作为推进动力和利用阻力帆加速卫星离轨两种技术的可行性,如图 1.10 所示。虽然"NanoSail - D"所搭载的太阳帆仅为 10 m²,但其展开机构部组件的设计可以扩展应用于大于 40 m² 的太阳帆任务。

"NanoSail - D"立方星的太阳帆存放在 2U 体积内,其他卫星平台总线占据 1U 体积,并搭载了被动磁姿控部件,用于保证卫星的姿态稳定。通过在地面追踪"NanoSail - D"立方星轨道的微小变化,分析太阳帆在太阳光压和空气阻力影响下的作用表现。通过这项试验,一方面可以对深空探测的太阳帆推进技术进行验证,另一方面可以演示阻力帆的空间碎片减缓技术。

1.5.5 星座组网

立方星由于较小的体积、质量优势,有利于批量发射入轨,适合进行星座组网。目前国际上已经提出并建立了多个立方星星座。

"Flock"星座是全球规模最大的地球影像立方星星座,如图 1.11 所示,由美国 Planet Labs 公司研制运营。截至 2021 年 12 月,"Flock"星座在轨卫星数量已超过 160 颗。星座通过在相同轨道高密度布置相位不同的卫星,提高对地覆盖的面积,并通过差分气动技术分别在高度约为 420 km、倾角约为 58°的轨道和高度约为 475 km、倾角约为 98°的轨道上完成均匀部署。

 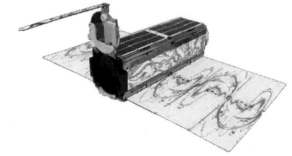

图 1.11 "Flock"立方星

"Flock"星座由搭载了高倍率对地观测相机的 3U 立方星组成,可以实现对地 3.7 m 分辨率的光学成像,设计寿命 3 年以上。"Flock"星座在光照区域连续对地扫描,并在卫星过境时,将数据下行传输给地面站。"Flock"星座可以实现每天更新一次全球遥感影像,目前应用于包括制图、物流、区域开发、农作物监测、灾害监测、城市化、自然资源管理、资产管理等在内的多个方面,如图 1.12 所示。

"Flock"星座是目前世界上唯一具有全球高分辨率、高频次、全覆盖能力的遥感卫星系统。"Flock"星座目前已经实现对全球范围的观测,对于绝大多数热点区域和国家,甚至可以达到每天超过 100 次的观测频次。

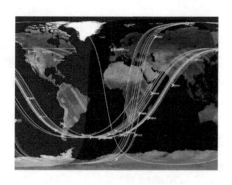

图 1.12 "Flock"星座轨道分布及拍摄到的喀斯特地貌遥感图像

除了基于立方星构建大规模的遥感星座,也可以利用立方星建立科学探测星座。欧盟于 2011 年主导发起国际合作项目 QB50,对 200～380 km 高度的地球大气低热层开展多点探测,原计划由约 50 颗立方体卫星组成星座,实际规划发射了 2 颗技术试验卫星和 36 颗科学探测卫星。36 颗科学探测卫星中有 10 颗携带离子和中性粒子质谱仪,用于测量离子和中性粒子;14 颗携带原子氧通量探测器,用于测量低热层氧原子和氧分子的分布;10 颗携带多针朗缪探针(mNLP),用于测量低热层等离子体的电子温度、密度等重要信息;2 颗携带离轨装置,用于在轨演示阻力帆离轨技术。

QB50 项目是目前世界上参与国家最多的微小卫星国际合作项目,由比利时冯·卡门流体力学研究所负责总体协调,来自 23 个国家的 40 余所大学和研究机构参与了卫星研制工作。我国有 4 所高校参与了 QB50 项目首批卫星的研制任务,包括南京理工大学的"南理工二号"、西北工业大学的"翱翔一号"、哈尔滨工业大学的"紫丁香一号"和国防科技大学的"国防科大立方星",如图 1.13 所示。这 4 颗立方星与另外 4 颗立方星于 2017 年 6 月 23 日发射入轨,其余 28 颗立方星于 2017 年 4 月 18 日从国际空间站释放入轨。

"南理工二号"立方星　　　　　　　　"翱翔一号"立方星

"紫丁香一号"立方星　　　　　　　　"国防科大立方星"

图 1.13 参与 QB50 项目的四颗中国高校立方星

1.5.6 航天工程教育

立方星的出现极大地降低了航天工程的准入门槛,使航天工程教育从新闻、模型、参观逐渐转变为学生参与的实际工程项目,尤其是针对中小学学生,开辟了航天工程教育的全新模式。

"八一·少年行"立方星是我国首颗由中学生全程参与研制并主导载荷设计的科普卫星,于 2016 年 12 月 28 日在太原卫星发射中心成功发射,如图 1.14 所示。我国继美国、俄罗斯等国家之后,进入发射中学生科普卫星的国家行列之中。

"八一·少年行"立方星的制造与试验、总装与测试等环节工作均在南京理工大学完成。北京八一中学的小卫星学生设计研制团队全程参与了卫星的创意、设计与研制过程,并主导完成了四项载荷的设计。"八一·少年行"立方星采用 2U 立方星结构设计,所搭载的载荷在卫星入轨后可执行对地拍摄、无线电通信、对地传输音频和文件以及快速离轨试验等任务。

"八一·少年行"立方星发射成功后,北京八一中学的小卫星学生设计研制团队收到了习近平总书记的贺信。同时,"八一·少年行"备份星被国家博物馆永久收藏。

继"八一·少年行"立方星之后,2020 年 7 月 3 日,"八一 02 星"("西柏坡号"科普卫星)在太原卫星发射中心成功发射入轨;2020 年 11 月 6 日,"八一 03 星"("太原号"科普卫星)在太原卫星发射中心成功发射入轨;"八一 04 星""八一 05 星""八一 06 星"的研发工程也已启动。

"田园一号"立方星是我国首颗空间环境探测科普立方星,由南京理工大学和南京理工大学试验小学的学生卫星团队参与研制,进行低轨大气探测及新研立方星部组件的在轨验证,于2021 年 10 月 14 日 18 时成功发射入轨。

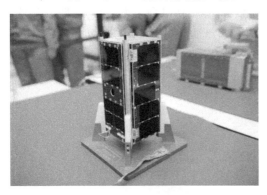

图 1.14 "八一·少年行"立方星

图 1.15 "田园一号"立方星

"田园一号"立方星采用 6U 立方星结构,包络尺寸为 22.6 cm×11 cm×34 cm,质量为10.1 kg,搭载了固体推进器、微推进器、粒子探测器、离轨帆等科学载荷。"田园一号"立方星的主要任务是:

① 基于搭载的固体推进系统,实现卫星的快速升轨/降轨等轨道机动;

② 对近地 500 km 左右轨道的太空粒子环境进行探测,并利用搭载的元器件验证空间粒子环境与元器件在轨可靠性;

③ 基于搭载的冷气微推进系统,实现"田园一号"立方星的轨道维持;

④ 与合作目标卫星一起,实现双星编队飞行等任务。

一批科普卫星的发射与应用将航天技术、航天精神、航天文化等与中小学生科学素质教育有效结合,极大地推动了我国航天科普教育事业的发展。

2　立方星总体设计技术

立方星的设计规范由加州理工大学提出,定义了立方星的物理和电接口要求。立方星的研制包括任务规划、系统设计、制造、总装、测试、试验等阶段。本章介绍了立方星平台的总体框架设计与要求、分系统组成与功能、常用飞行载荷等,并以六单元立方星"田园一号"为例详细介绍总体设计方案和研制技术流程。

2.1　立方星设计要求

2.1.1　立方星平台总体框架

立方星平台系统配置如图 2.1 所示,包括结构、热控、电源、姿控、通信、数据综合等分系统,采用 PC104 总线,并在多年立方星研制的过程中,形成了各分系统间优化的电气接口关系。

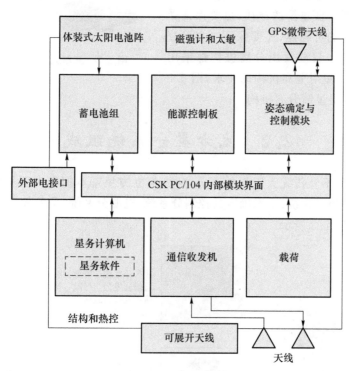

图 2.1　立方星平台系统配置

2.1.2　结构和分离要求

为了实现立方星与分离机构的协调统一设计,立方星需要满足的设计要求主要包括:一单元立方星质量小于 1.33 kg,三单元立方星质量小于 4.0 kg,主结构材料为 Al7075 或 6061,也可采用膨胀系数相当的其他材料,并与分离装置接触面防冷焊处理;外形 x 和 y 方向尺寸 (100 ± 0.1)mm,一单元立方星 z 向小于 (113.5 ± 0.1)mm,三单元立方星 z 向小于 (340.5 ± 0.3)mm;立方星质心与形心偏差在 20 mm 以内。

2.1.3 外部电接口要求

发射时,星上设备必须断电,避免对主星产生影响;立方星安装 1~2 个分离开关,用于在入轨前切断电源,入轨后打开电源。立方星有地面电测和蓄电池充电接口,设置射前拔除开关,用于将其装入分离装置时切断星上电源。

2.1.4 入轨操作要求

所有展开机构,包括天线、太阳电池阵等,须在立方星入轨 30 min 后展开。发射机功率大于 1 mW 时,须在入轨 30 min 后开机。

2.1.5 星箭分离机构

立方星通常采用搭载发射的形式进入轨道,星箭分离装置既要保证星箭的连接,也要保证受到分离指令后分离的可靠性,还要保证立方星分离的速度以及姿态。目前常用分离机构都采用弹簧分离,符合立方星对分离机构的要求,图 2.2 所示为三单元立方星星箭分离机构。

图 2.2　三单元立方星星箭分离装置

2.2　立方星分系统组成

虽然尺寸、重量不及传统大卫星的百分之一,但立方星基本拥有大卫星所有的操作分系统:结构分系统、热控分系统、姿态确定与控制分系统、电源系统、星务分系统、通信分系统以及载荷分系统,如图 2.3 所示。

载荷分系统:资源探测、气象设备、通信转发器、导航、技术验证、在轨演示或教育载荷等。

平台分系统:包含结构、热控、姿态确定与控制、通信、电源以及星务等模块。

图 2.3　立方星分系统组成

2.2.1　结构分系统

立方星结构的主要功能是承受载荷、安装仪器、提供支撑,在满足技术要求的前提下,还应做到减小研发的风险,降低研发成本,缩短研发周期,提高产品质量。立方星结构设计与大卫星结构设计的特点基本相同,即突出刚度设计、尽量减小质量、利用有限容积、适应空间环境。

刚度设计可以确保立方星能经受发射时的稳态和瞬态载荷,在载荷作用下结构不产生破坏,为此需要使结构的基频大于要求的频率值或在某个频率范围之外,将动态耦合效应降到最小。

立方星结构质量与其发射成本密切相关,减小结构分系统质量有利于提高立方星有效载荷所占比重。

结构设计要保证立方星空间的充分利用,结构紧凑的同时要使得立方星具备优异的开敞性,也就是立方星的可操作性、可调试性,立方星的高度集成化在此会得到充分体现。

轨道环境是立方星必须经历的特殊环境,属于立方星设计的强制要求,结构零部件或材料应承受空间运行轨道的真空、高低温交变、热流条件等。图 2.4 所示为典型的立方星结构框架。

图 2.4　立方星结构框架

2.2.2　热控分系统

立方星热控分系统的功能是控制立方星各部件的温度在设计指标范围内,以保证仪器设备和机构在空间环境中可正常工作。立方星热控设计主要是针对其具体的航天任务和总体对该系统所提出的指标及需求,在立方星各个阶段热环境情况下,选择并有效组合一些热控制措施和方法,使得星内外热交换合理。热控系统为立方星其他分系统提供至关重要的保障。

2.2.3 姿控分系统

立方星的姿态确定与控制系统通过各类传感器获取姿态信息,然后控制执行机构进行姿态的变换。为了在有限空间及功耗下,完成立方星的三轴稳定控制,当前立方星姿控系统多采用微型三轴磁强计、微型动量轮和磁力矩器等微型部组件,以及基于微机电系统(micro-electro-mechanical system,MEMS)技术的陀螺仪、加速度计等完成系统的构建。为了采用一体化设计降低系统空间占用和系统复杂度,在控制算法方面,立方星多采用成熟的三轴磁测磁控方案,且大多数采用偏置动量控制,目前普遍采用的三轴稳定立方体立方星姿态控制精度为 $2°\sim5°$。

随着 MEMS 技术的发展,越来越多的高精度姿态敏感器件以及姿态控制器件成功实现微型化,并集成于立方星,如微型太阳敏感器、星敏感器和地球敏感器等,这些器件的加入将使得立方星姿态确定水平能够达到 $1°$ 以内水平。图 2.5 所示是典型的立方星姿态确定与控制系统的组成。

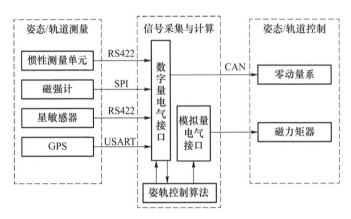

图 2.5 立方星姿态确定与控制系统的组成

2.2.4 电源分系统

立方星的电源分系统是卫星上进行能源产生、存储、管理和分配的分系统,其基本功能是通过一定的手段获取电能,并根据需要对电能进行存储、转换和分配,为星上其他分系统提供稳定可靠的供电。电源系统决定着立方星能否正常运行,是立方星可靠运行的基础。

能源获取大多使用三结砷化镓太阳能电池片,具有 $27\%\sim30\%$ 的能源转换效率,相比硅太阳电池 15% 的转换效率约提升一倍。电池阵安装可采用体装式和展开式帆板设计。在电源存储方面,由于锂电池具有较高的充放电效率,比能量高,循环寿命长等优点,目前立方星基本采用锂离子电池或锂聚合物电池。

电源管理和分配系统如图 2.6 所示,其中区域①为系统的 MCU 模块,负责采集系统中数据,控制均衡程序进行,与外部通信;区域②为系统电池检测部分,负责锂电池组数据和故障检测;区域③为锂电池均衡电路,主要包含 MPPT 电路、均衡控制电路和开关阵列,负责锂电池组均衡。

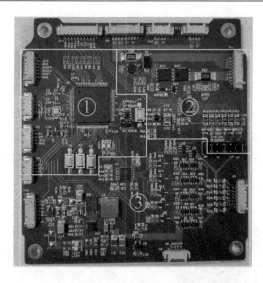

图 2.6　电源管理和分配系统

2.2.5　星务分系统

立方星的星务分系统是立方星的管理系统。星务分系统即星务计算机,是立方星的重要组成部分,也是立方星的信息系统核心,负责星上任务的调度和综合信息处理工作。

当前立方星星务系统的处理器大多选用低功耗商用器件,并具备至少 30MIPS 的处理能力。目前,在轨立方星使用的处理器以 ARM、FPGA 为主,也有单片机和 DSP 等。立方星星务计算机主要通过冗余设计手段提高系统可靠性,较少使用抗辐射组件。

星务分系统的存储从可靠性高、体积小、功耗低的角度出发,以 SRAM 和小容量 Flash 为主。星务系统与其他分系统总线连接主要采用功耗低、标准化高的 I²C 总线,目前在轨立方星系统中都使用了 I²C 总线。

图 2.7 所示的立方星星务分系统中,在硬件上,设计了双机备份下的权限管理、输出隔离、硬件看门狗等关键组成电路;在软件上,设计了心跳监测、存储器容错、双机同步等程序软件,保证星务计算机具备长时间稳定运行的能力。

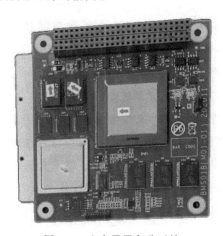

图 2.7　立方星星务分系统

2.2.6　通信分系统

通信分系统是立方星的重要分系统,图2.8所示为立方星UV收发机,主要负责地面遥控指令的有效接收以及星上遥测数据的稳定下传。立方星通信系统多采用传统硬件结构收发信机,系统大多工作于VHF/UHF业余无线电频段,个别立方星如得克萨斯大学的DTU-2工作于S业余频段,通信协议大都采用AX.25协议。对于调制模式,在VHF/UHF频段大多采用AFSK与BPSK调制模式,在S波段多采用跳频方式,通信速率基本处于0～100 kbit/s范围内。考虑到立方星电量的限制,其发射功率一般均小于2 W。

图2.8　UV收发机

随着数字技术的发展,星载通信模块逐渐向着数字化发展。2013年以来,开始出现基于SDR结构的星载通信系统在轨验证,如英国业余卫星组织Amsat-UK的FUNcube-1与FUNcube-2,哈尔滨工业大学发射的Liasat-2等。SDR机构的星载通信系统具备软件配置灵活、功能多等优点,得到越来越多研究机构的青睐。但目前基于SDR机构的星载通信系统仍处于实验验证阶段,其抗单粒子效应的能力还需要加强。

2.2.7　载荷分系统

立方星有效载荷是空间任务的核心,决定了立方星的功能。不同用途的立方星有不同的有效载荷,通常立方星的在轨任务主要包括资源探测、气象探测、通信任务等。

资源探测任务中有效载荷主要包括可见光相机、多光谱相机、全色相机、微波扫描仪、合成孔径雷达等。传感器的选用主要取决于所进行任务的观察类型和要捕获的光的波段。但任务类型并不是决定地球观测任务选用的有效载荷的唯一因素,其他重要因素是要获得的图像类型及其分辨率。

气象探测任务中有效载荷主要包括扫描辐射计、微波辐射计、大气探测器、温度探测器、红外分光计等,利用相关传感器数据可以获得各种云图、风速风向、地表和海面图片,再经过进一步的处理,可以得到云参数、海面温度、植被指数、长波辐射、积雪、海冰、气溶胶、地面反照率等一系列气象资料,还可进行多种自然灾害和生态环境监测。

通信任务中有效载荷通常是通信天线和通信转发器。立方星的通信天线通常要求体积小、质量轻、增益高,同时必须保证天线波束始终指向地球。通信转发器首先应使信号在转发过程中附加噪声和信号失真最小。同时,还应具有尽可能大的增益、尽可能高的频率稳定性和可靠性,有足够的工作频带和输出功率,为各地球站有效而可靠地转发无线电信号。

除上述几种典型的载荷外,还有导航相关载荷、技术验证相关载荷以及在轨演示或教育任务中的载荷等。

2.3　立方星总体设计方法

2.3.1　总体方案设计

总体方案设计是根据立方星载荷任务需求完成总体方案设计,确定立方星总体技术指标以及相关分系统设计要求,包括任务需求分析、总体性能指标确认、卫星构型设计、总体方案评审以及总体详细设计等。

任务需求分析是根据立方星载荷任务,明确设计的输入条件,完成研制的技术方案,包括轨道和能源分析、总体方案设计、分系统组成与方案设计、关键技术攻关等。

卫星构型设计包括外形设计、主承力结构设计、次承力结构设计、星上设备布局和质量特性计算等。

总体详细设计需要完成卫星总体、卫星分系统及其组成部分的全部技术图纸、技术文件以及应用软件等设计。要求所设计的图纸与文件满足立方星设计标准要求,各分系统经过电性能试验检查、环境模拟试验,各仪器设备的机械接口、电接口等均满足设计要求。

2.3.2　研制技术流程设计

立方星整星有标准的结构包络设计要求、分离设计要求等,星上部件有标准的机械、电接口设计规范,同时随着大量星上部件货架产品的出现,立方星的研制流程得到大大简化,不用像一般小卫星那样经历模样、初样和正样阶段,可以通过系统方案和分系统方案的论证、关键技术的仿真分析直接进入正样星的研制。立方星典型研制技术流程如图2.9所示。

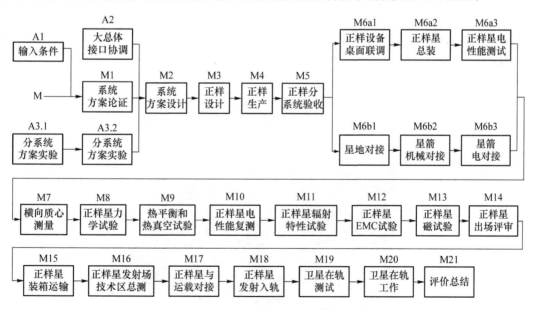

图2.9　立方星典型研制技术流程

总体方案确定后,进行星上正样产品的研制、采购、验收等,实现正样星各分系统的齐套。星上设备、结构、温控部件等开展机械试装、桌面联试等工作后,进行正样卫星的总装和电性能测试。星上的通信设备和分离机构要并行进行星地的无线对接、卫星与运载火箭的机械和电接口对接,并进行模拟分离。

正样星开展横向质心测量和配平,保证分离要求。经过力学、热平衡和热真空试验考核后,对电性能进行复测。之后,开展正样星辐射特性测试、EMC 试验、磁试验等,具备整星出厂条件。

正样星要设计专门的包装箱,装箱后经运输到达发射场,在发射场技术区进行卫星的电性能测试,之后装入分离机构,上箭择机发射。卫星经运载火箭发射入轨后,过境期间通过地面站建立与卫星的上、下行联系,实现对卫星的管控和星上状态的检测。长期服役期间,星上载荷的工作实现卫星的功能。

2.3.3 总装方案设计

总装设计将卫星各分系统及单机设备组装成整个卫星,使卫星满足结构强度、质量特性、设备精度等要求。卫星的总装设计过程包括需求分析、虚拟装配和卫星总装。

(1) 需求分析

为了使总装设计满足任务要求,需要给出输入条件,如星上各设备的机械电接口、外包络限制、与运载火箭的接口和质量特性要求等信息。还需要对各分系统及载荷提出技术要求,如安装精度要求、单机尺寸限制、质量限制和散热要求等。

(2) 虚拟装配

立方星由于结构和分系统简单标准,通过计算机模装即可模拟星上设备的布局,在正样星总装之前仿真总装工艺流程。计算机模装利用三维仿真软件进行构型的设计、装配和星上设备、管路、电缆的布局,热控实施等,确定总装设计的合理性和可实施性。

(3) 正样星总装

立方星星上设备可通过 4 根金属螺杆和套筒安装在卫星的主承力框架上,图 2.10 所示是典型的设备装配形式。

图 2.10 星上设备装配形式

星上设备采用标准的机械接口设计,仅需考虑每个设备的高度就能保证装配可行性。当卫星存在展开电池阵或其他机构时,还需要考虑给该类机构留出足够的活动空间,保证机构打开不会对相机的视角产生遮挡。

2.3.4 环境试验方案设计

卫星发射时要经受复杂的力学振动环境,在轨工作要经受 $\pm100\,^{\circ}\mathrm{C}$ 的冷热交替变化环境以及 X 射线、等离子体等严苛的电磁环境。而卫星发射的一次性决定了卫星必须具有高可靠性并保证长期在轨工作,验证卫星的可靠性和工作寿命的主要手段就是进行地面环境试验。地面环境试验包括力学环境试验、热环境试验、空间环境试验等。

(1)力学试验环境

力学环境试验包括正弦振动试验、随机振动试验、冲击试验、噪声试验等。力学环境试验主要模拟卫星的低频瞬态环境及由声和发动机推力脉动环境所引起的振动响应。随机振动试验与正弦振动试验的区别在于,在同一时刻施加所有振动频率分量能同时激起试件的不同振型以体现出各个振型之间的互相影响。

(2)热环境试验

热环境试验主要包括真空热平衡试验、真空热循环试验以及常压热循环试验,热环境试验是用来验证卫星热分析模型和热控分系统设计正确性的,同时要考核热控分系统是否满足设计要求以及卫星在真空和温度循环条件下性能是否满足工作要求。

(3)空间环境试验

空间环境试验主要包括真空放电、辐照、电磁兼容试验等,空间环境试验用来检验电子设备的抗电强度、承受脉冲干扰的能力,以及检验各分系统正常工作时抗干扰能力及自身辐射发射和传导发射的电磁能量是否会对其他分系统或部件造成干扰而影响工作。

2.3.5 综合测试方案设计

立方星需要对其各分系统功能、性能、稳定性和各个分系统之间的接口、通信是否正常以及卫星总装集成后的电性能进行充分的测试。综合测试内容包括以下要求:

(1)对各分系统提出的可测性设计要求

对于各分系统,在设计时要考虑到其可测性,在地面对各个分系统进行功能测试,确保立方星在太空中运行时可以实现其功能。

(2)综合测试系统的稳定性要求

要准确地测试立方星功能的各项指标,首先要保证综合测试系统的稳定性。

(3)测试系统功能的完善性要求

要确保综合测试系统能够完整地测试立方星所有功能,以确保立方星在太空的工作任务能够顺利实现。

(4)可视化要求

需要对立方星总体工作状态、各设备工作状态、地面综合测试设备工作状态、测试过程等以图形、图表及曲线等形式进行直观的可视化显示。

(5)通用性和扩展性要求

立方星综合测试系统应具有良好的通用性和扩展性,通过局部的适应性修改能够应用于其他立方星综合测试。

综合测试任务的执行设置在三个时段,分别是立方星初样设计完成、总装过程和总装结束后,测试内容包括电性能总体全面测试、各种力学环境试验中的电测试、热真空试验中的电测试等。

2.4 "田园一号"立方星总体设计

2.4.1 任务需求及主要技术指标

"田园一号"六单元立方星基于立方星平台,实现元器件在轨验证、空间环境探测和双星编队任务,由南京理工大学主研。

"田园一号"六单元立方星的主要功能包括:

(1)轨道机动

基于搭载的固体推进系统,实现立方星的升轨/降轨机动。

(2)空间环境探测

对近地 500 km 左右轨道的太空粒子环境进行探测,并利用搭载的元器件验证载荷实现粒子环境与元器件在轨可靠性的验证。

(3)双星在轨编队

基于搭载的冷气微推进系统,实现"田园一号"六单元立方星轨道维持。

立方星设计为六单元,主要功能技术指标如下:

① 立方星寿命:≥12 个月;

② 固体火箭推力器:总冲 66 Ns/个×4 个=264 Ns,单次 66 Ns/个×2 个 = 132 Ns;

③ 机动过程姿控精度:≤1.0°;

④ 元器件在轨评估载荷实现对 CPU、存储器和 FPGA 的验证;

⑤ 元器件在轨评估载荷电压测量精度 100 μV,电流测量精度 10 μA。

2.4.2 "田园一号"组成

(1)组成

"田园一号"六单元立方星由立方星平台和有效载荷两大部分组成。

立方星平台包括:结构分系统、热控分系统、电源分系统、测控分系统、姿控分系统、星务分系统、星箭分离机构等。

立方星载荷包括:固体推进器、微推进器、元器件验证载荷、粒子探测器、离轨帆。

立方星组成如图 2.11 所示。

(2)总体布局

"田园一号"六单元立方星在总体布局上采用了传统的立方星的设计方案,以标准的载荷平台模块作为主要仪器和控制电路;外部采用了太阳能电池阵及立方星热控部件。不仅满足了立方星被动热控的要求,也充分利用了立方星内部的空间,提高了立方星结构的功能密集程度。

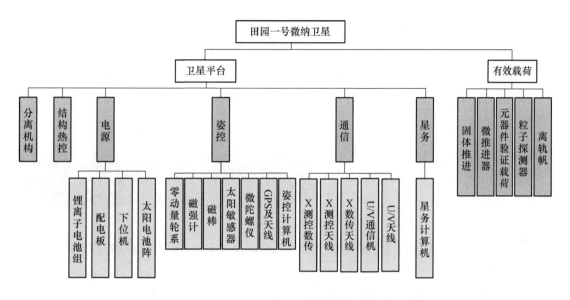

图 2.11　立方星系统组成框图

"田园一号"立方星总体布局如图 2.12 所示。

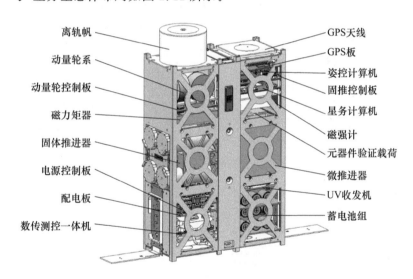

图 2.12　"田园一号"立方星总体布局

（3）总体构型设计

"田园一号"立方星采用传统的立方星构型方式,考虑到被动热控需求和各单机组件的安装需要,采用全铝合金外蒙皮包裹;所有单机和仪器均安装于主承力框架上,包括电源、星务系统、姿控、测控与数传等各分系统的相关设备,立方星的后端星箭分离机构与运载器的安装面相连。

"田园一号"立方星发射状态的外形尺寸为 226 mm×110 mm×340 mm,如图 2.13 所示。"田园一号"立方星在轨展开状态的外形尺寸为 626 mm×760 mm×340 mm,如图 2.14 所示。

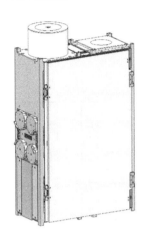

图 2.13 "田园一号"立方星收拢状态构型　　**图 2.14 "田园一号"立方星在轨状态构型**

2.4.3　总体技术指标

"田园一号"立方星主要总体技术指标如表 2.1 所列。

表 2.1　"田园一号"立方星主要总体技术参数

项　目			技术参数
立方星标准			6U 立方星
包络尺寸			未展开:226 mm×110 mm×340 mm
			展开:626 mm×760 mm×340 mm
立方星质量			不超过 15 kg(不含分离机构)
设计寿命			36 个月
可靠性			0.92
轨道			513 km,太阳同步轨道
有效载荷	元器件验证载荷	质量	0.3 kg
		包络尺寸	90 mm×58 mm×50 mm
		工作电压	5 V
		功耗	常值 1.5 W,峰值 15 W
		测试指标	电压测量精度 100 μV,电流测量精度 10 μA
姿控分系统	控制方式		零动量控制
	测量精度		0.5°
	控制精度		1°(三轴,3σ)
	控制稳定度		0.1°/s

项　目			技术参数
测控系统	U/V 通信机	上行	上行频率	145. xxx MHz
			上行通信速率	1 200 bit/s
			上行调制方式	AFSK
		下行	下行频率	436. xxx MHz
			下行通信速率	9 600 bit/s
			输出功率	29 dBm
测控系统	X 测控数传一体机	遥控	上行载波频率	7 219～7 250 MHz
			误码率	$\leqslant 10^{-5}$
			调制方式	BPSK - PM
			上行数据速率	2 000 bit/s
			接收灵敏度	优于－110 dBm
		遥测	工作频率	8 025～8 400 MHz
			调制方式	BPSK - PM
			下行数据速率	4 096 bit/s
			误码率	10^{-5}
			输出功率	$\geqslant$23 dBm
		数传	工作频率	8 025～8 400 MHz
			数传速率	2～10 Mbit/s
			调制方式	QPSK
			固存容量	4 GB
			输出功率	$\geqslant$30 dBm(常温)
星务计算机		CPU		ARM＋FPGA
		SRAM		2 MB 带 ECC
		存储		$\geqslant$8 GB
		操作系统		FreeRTOS
电源		太阳电池阵		展开约 0.4 m²
		太阳电池片		三结砷化镓(效率＞30%)
		母线电压		10.8 V (公称)
		电源模块输出电压		12 V、5 V
		二次电压稳定度		±2%
		蓄电池组		9 节共 7.5 Ah 锂离子蓄电池组,3 串 3 并
热控		热控方式		被动温控
		星体内部温度范围		10～35 ℃
		太阳电池阵温度范围		－85～＋90 ℃

续表 2.1

项 目		技术参数
固体推进	供电	12 V
	功率	120 W@3 ms
	指标	264 Ns
微推进	供电	12 V
	功率	常值 2 W,峰值 10 W
	总线	CAN
	指标	推力 10 mN
整星功耗	长期功耗	26 W
	峰值功耗	100 W

2.4.4 能源分析

（1）立方星轨道设计

根据立方星飞行任务要求,立方星采用太阳同步轨道,其设计标称轨道参数如下:

① 轨道高度:513 km 太阳同步轨道(半长轴 6 888 km);

② 偏心率:0;

③ 轨道倾角:约 97.463 3°;

④ 轨道周期:约 5 695 s;

⑤ 降交点地方时:18:00 p.m.。

（2）太阳 β 角及光照时间分析

在轨运行期间,立方星长期处于对地定向姿态;立方星每轨最短光照时间约 72.5 min,轨道周期为 94.94 min。一年之内光照时间如图 2.15 所示,仿真时间为 2021 年 10 月—2024 年 10 月,其中横轴为轨道周期,纵轴为光照时长,单位为秒。每年 2 月 9 号至 11 月 1 号器件满足全光照条件,受晒因子为 1;1 年内全光照时间持续 9 个月。

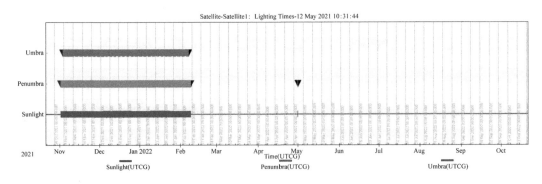

图 2.15　立方星在两年内的 β 角变化

（3）立方星功耗分析

电源分系统提供的能源一方面需维持整星平台各分系统正常工作,另一方面需满足星上

载荷正常工作时的能源需求,依照立方星总体指标以及电量预算分析:

① 平台平均功耗:三轴稳定工作模式下约 21.3 W,过境测控发射机开机或姿态机动时功耗增加,X 测控数传一体机的功耗为 12.5 W(12.5＝17－4.5),不加载荷情况下,最高峰值功耗约为 33.8 W;

② 在能量充足情况下,771 载荷开启;

③ 固体推进为瞬时放电,其功耗暂时忽略;微推工作时,功耗为 5 W,时间 100 s;

④ 适应轨道高度为 400～700 km 的太阳同步轨道,以 500 km 高度降交点地方时 10:30 a.m,光照时间为 3 472 s,阴影时间为 2 134 s,以光照时间占总时间的 61.92% 为例计算,太阳光与帆板平面的夹角为 45°。

（4）帆板输出功率计算

立方星帆板每轨经历阴影区和阳照区,在阴影区(2 134 s)工作时(U/V 通信机和 X 数传开机 8 min),消耗的蓄电池能量必须在阳照区得到,折算到瓦时为

$$21.3 \text{ W} \times 2 \ 134 \text{ s}/3 \ 600 + 12.5 \text{ W} \times 8 \text{ min}/60 = 14.3 \text{ Wh}$$

阴影区能量需在阳照区补足,考虑二次电源效率 90%,充电效率 90%,需补充能量:

$$14.3 \text{ Wh}/0.90/0.90 = 17.65 \text{ Wh}$$

阳照区(3 472 s)所需能量按平台＋载荷工作 20 min 时间＋充电计算,得到光照区需要总能量为

$$(21.3 \text{ W} \times 3 \ 472 \text{ s}/3 \ 600 + 15 \text{ W} \times 1 \ 200 \text{ s}/3 \ 600)/0.9 + 17.65 \text{ Wh} = 46 \text{ Wh}$$

阳照区帆板输出平均功率:

$$46 \text{ Wh}/(3 \ 472 \text{ s}/3 \ 600) = 47.72 \text{ W}$$

2.4.5　无线链路分析

（1）X 测控链路分析

在下行遥测链路中,地面测控系统采用 4.5 m 口径天线,立方星轨道高度为 513 km,按照最低 5° 通信仰角设置,遥测链路计算如表 2.2 所列,为保证遥测链路具备 3.5 dB 以上的余量,在 X 频段测控单元遥测发射功率设置为 23 dBm 的情况下,X 测控天线增益应保证大于－13 dBi。

表 2.2　－13 dBi 卫星发射天线增益下 X 频段测控单元遥测链路计算

序号	下行链路计算	遥测链路
1	工作频率/MHz	83xx.00
2	通信距离/m	2 077 000.00
3	发射 EIRP/dBW	－20.99
4	自由空间损耗/dB	177.29
5	指向、极化损耗、雨衰/dB	3.00
6	信息速率/(kbit·s^{-1})	4.096
7	接收天线 G/T/(dB·K^{-1})	27
8	波耳兹曼常数 K/dB	－228.60
9	信道及解调损耗/dB	2.50
10	接收信号载噪比 C/N/dB	15.7

续表 2.2

序号	下行链路计算	遥测链路
11	解调门限(1E−5)	12.00
12	系统余量/dB	3.70

在上行遥控链路中,地面站测控天线 EIRP＝57 dBW,立方星轨道高度为 513 km,按照最低 5°通信仰角设置,遥控链路计算如表 2.3 所列。在卫星天线接收增益为 −13 dBi 的条件下,上行链路余量 15.66 dB,链路余量充足。

表 2.3　−13 dBi 卫星接收天线增益下 X 频段测控单元遥控链路计算

序号	下行链路计算	遥测链路
1	工作频率/MHz	72xx.00
2	通信距离/m	2 077 000.00
3	发射 EIRP/dBW	57
4	自由空间损耗/dB	176
5	指向、雨衰、极化损耗/dB	3.00
6	信息速率/(kbit·s^{-1})	2.00
7	接收天线 G/T/(dB·K^{-1})	−41.44
8	波耳兹曼常数 K/dB	−228.60
9	信道及解调损耗/dB	3.50
10	接收信号载噪比 C/N/dB	28.66
11	解调门限(1E−5)	13
12	系统余量/dB	15.66

（2）X 数传链路分析

在数传链路中,地面测控系统采用 4.5 m 口径天线,立方星轨道高度为 513 km,按照最低 15°通信仰角设置,在保证数传链路具备 3 dB 以上余量需求下,数传链路计算如表 2.4 所列。

从表 2.4 中可以看出,在侦察、分发和数传同时工作的模式下,数传速率为 10 Mbit/s,在数传单元发射功率为 1 W 的情况下,数传天线增益应保证大于 8.5 dBi。

表 2.4　数传单元下行链路计算

序号	下行链路计算	遥测链路
1	工作频率/MHz	83xx.00
2	通信距离/m	1 436 000.00
3	发射 EIRP/dBW	7.5
4	自由空间损耗/dB	174.08
5	指向、极化损耗、雨衰/dB	3.00
6	信息速率/(kbit·s^{-1})	10 000.00
7	接收天线 G/T/(dB·K^{-1})	27

续表 2.4

序号	下行链路计算	遥测链路
8	波耳兹曼常数 K/dB	−228.60
9	馈线、信道及解调损耗/dB	1
10	接收信号载噪比 C/N/dB	15.02
11	解调门限(1E−5)	12.00
12	系统余量/dB	3.20

2.4.6 信息流设计

如图 2.16 所示,星各分系统间采用 CAN 总线与 RS422 总线进行数据通信,星务计算机与电源分系统、X 数传机通过 CAN 总线进行指令传输与遥测健康信息采集,健康信息主要包括关键部分的二次电源电压、电流、温度信息;与姿控计算机采用 RS422 总线进行通信。

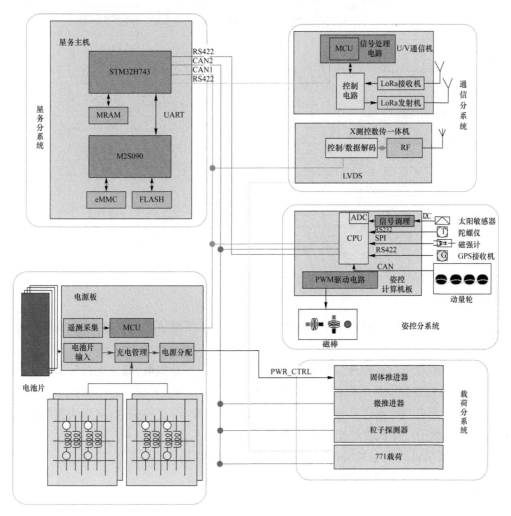

图 2.16 整星信息流图

整星 2 条 CAN 总线功能分配如下：

① CAN1 总线用于星务计算机、电源下位机、姿控计算机和 X 通信机的数据通信；

② CAN2 总线用于星务计算机、姿控计算机、空间探测载荷、环境探测器和微推进之间的数据通信；

2.4.7 配电设计

（1）总体配电流图

"田园一号"立方星的电源控制板负责整星各模块的供配电。图 2.17 所示为星上的配电流图。

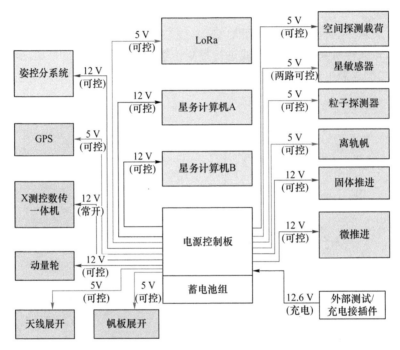

图 2.17 立方星配电图

平台部分：

① X 测控数传一体机的供电采用一次电源（12 V）不带保护直接供电方式，确保星地通信的高可靠性；

② 姿控分系统通过可控开关的一次电源母线（12 V）可控供电，通过姿控计算机上的多路转压芯片，实现对姿控分系统内各个模块的供配电；

③ 星务计算机双机通过可控开关的一次电源母线（12 V）可控供电，双机切换可由上行指令通过 X 测控数传一体机控制配电开关实现；

④ U/V 通信机的供电采用可控通断的二次电源（5 V）；

⑤ 动量轮的供电采用可控通断的一次电源（12 V）。

载荷部分：

① 空间探测载荷采用可控 5 V 供电；

② 固体推进和微推进由能源控制板提供 12 V 供电；

③ 粒子探测器由能源控制板提供 5 V 供电。

（2）接地设计

电源分系统接地示意图如图 2.18 所示。电源系统接地应满足整星等电位,因此设计时应满足如下四点：

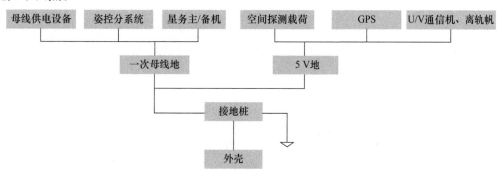

图 2.18 接地示意图

① 太阳电池阵一次地汇流在电容阵前端；

② 锂离子蓄电池组功率输出一次地汇流至电容阵后端；

③ 电源控制器一次地单点接于内部共地焊盘上；

④ 内部共地焊盘通过电源控制器独立公共接地线与整星接地桩单点接整星接地桩。

2.4.8 质量特性

"田园一号"立方星的质量分配如表 2.5 所列。

表 2.5 立方星质量预算表

分系统名称		质量/kg
结构热控	结构	2.0
	热控	0.3
电源	电池阵	1.8
	蓄电池	1.0
	能源控制（控制＋配电）	0.4
	分离开关	0.2
测控	U/V 通信机	0.3
	U/V 天线×2	0.16×2
	X 测控数传一体	0.60
	X 测控天线×2	0.15×2
	X 数传天线	0.2
星务	星务主机	0.3

分系统名称		质量/kg
姿控	姿控计算机	0.3
	太阳敏感器×2	0.16
	零动量轮系	0.14×4
	磁力矩器	0.2×3
	磁强计	在姿控计算机中
	GPS	0.2
推进	微推进	2.5
	固体推进	0.26
载荷	空间探测载荷	0.2
	771载荷	0.3
	离轨帆	0.4
总计		14.26

2.4.9 研制技术流程

以"田园一号"立方星为例,其研制技术流程如图 2.19 所示。

首先根据任务需求进行总体论证,"田园一号"的任务是元器件在轨验证和双星编队任务。从任务需求出发进行大总体的协调、系统方案论证以及分系统方案的论证。通过论证,确定总体设计的方案,当方案通过评审之后,即可开展立方星研制工作。

元器件的采购往往需要一定的周期,所以为了保证准时出厂,在确定方案之后便可以开始采购元器件,对于其余的分系统的研制则可以同步进行。需要注意的是,结构件的加工周期也比较长,但是结构件的尺寸受到内部组件约束,所以需要在分系统研制完毕后第一时间投产。

立方星的总装是立方星研制中最重要的一环,需要注意其时间节点。在总装完成之后即可按照计划开展各种试验,包括整星力学试验、热试验、磁实验、分离与展开试验、太阳电池组光照试验等,流程按照图 2.19 的流程严格进行。在通过以上试验与验收之后即可出厂评审。

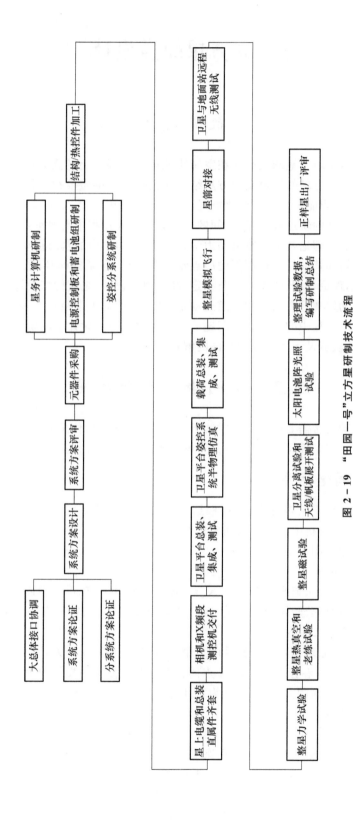

图 2 - 19 "田园一号"立方星研制技术流程

3 立方星轨道设计

3.1 轨道设计概论

人造地球卫星是指环绕地球飞行并在空间轨道运行一圈以上的无人航天器,卫星的运动轨迹称为卫星轨道。立方星的轨道是立方星结构和任务设计的重要决定因素之一,立方星与地面站的通信时间、太阳能帆板功率变化情况、立方星空间热环境、立方星载荷工作时间等诸多问题均与立方星所处的轨道有关,这些问题是立方星设计过程中需要重点考虑的因素。

轨道设计与分析的理论基础是轨道动力学,它以天体力学中的轨道摄动理论为基础,主要研究航天器在重力场和其他外力作用下的质点动力学问题,包括空间环境、二体问题、多体问题、轨道摄动等基础理论,以及轨道测量与确定、特殊轨道设计、星座构型设计等内容。

自牛顿和开普勒发现万有引力和轨道运动定律起,轨道动力学经过了多年的发展,已经可以成熟地应用于航天工程中的轨道设计问题。本章针对立方星设计中的轨道动力学相关理论进行阐述,对典型的轨道设计问题进行具体的解释。

3.2 空间坐标系与时间

描述卫星的运动通常需要确定特定时间下的运动状态(包括位置和速度),在不同空间坐标系下的运动轨迹会有差异,应根据任务需要确定坐标系和时间的表述形式。

3.2.1 空间坐标系

研究卫星运动需要用到多种坐标系,根据坐标的选取方法不同,可以定义各种空间坐标系,在卫星轨道设计与分析中常用的空间坐标系有:日心黄道坐标系、日心球面黄道坐标系、地心惯性坐标系以及地心固连坐标系。

(1) 日心黄道坐标系

如图 3.1 所示,日心黄道坐标系 $O_S x_{sy} y_{sy} z_{sy}$ 的坐标轴 $O_S x_{sy}$ 在黄道面内指向春分点,$O_S z_{sy}$ 轴垂直于黄道面,与地球公转角速度矢量一致;$O_S y_{sy}$、$O_S x_{sy}$、$O_S z_{sy}$ 构成右手坐标系。

(2) 日心球面黄道坐标系

如图 3.1 所示,日心球面黄道坐标系的三个坐标是 r,β 和 θ。r 为日心 O_S 到空间某点 N 的距离;β 在黄道面内,为春分点向东到 N 点的矢经在黄道面内的投影的角距,通常称为黄经;θ 为 N 点的矢经与黄道面的夹角,通常称为黄纬。

(3) 地心惯性坐标系

地心惯性坐标系是一个惯性坐标系,不随地球而转动,也不受地球、太阳运行的章动和岁差的影响。其坐标原点 O_E 位于地心,$O_E X_I$ 轴位于赤道平面内,指向特定某一历元时刻的平春分点位置,$O_E Z_I$ 轴垂直于天球赤道平面,$O_E X_I$、$O_E Y_I$、$O_E Z_I$ 构成右手坐标系,如图 3.2 所示。

由于采用的平春分点历元时刻不同,故存在多种地心惯性坐标系,目前国际上最常用的地心惯性坐标系是 J2000 坐标系,其 $XO_E Y_I$ 平面为 J2000 时刻的地球平赤道面,$O_E X_I$ 轴指向

J2000 时刻的平春分点。

国际天文学联合会（International Astronomical Union，IAU）于 2003 年提出最新的 GCRS 坐标系，即地心天球坐标系，其定义与 J2000 平赤道地心坐标系仅有一个常值偏差矩阵。目前 IAU 推荐使用 GCRS 逐渐取代 J2000 坐标系。

（4）地心固连坐标系

地心固连坐标系是一种固连于地球、伴随地球自转的坐标系。该坐标系原点 O_E 位于地心，$O_E X_E$ 轴指向本初子午线与赤道交点处，$O_E Z_E$ 轴为通过地心指向正北极的线（地轴），$O_E X_E$，$O_E Y_E$，$O_E Z_E$ 构成右手坐标系，如图 3.2 所示。

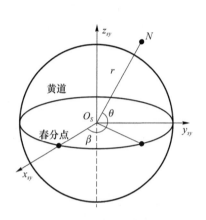

图 3.1　日心坐标系示意图

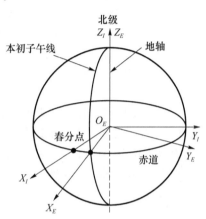

图 3.2　地心坐标系示意图

20 世纪 80 年代中期，GPS 定位技术在全球范围内得到了广泛应用，它采用了 1984 年世界大地坐标（WGS-84）或国际地球参考系（ITRS），目前这两种坐标系已广泛应用于卫星导航系统中。

3.2.2　时间系统

最早的时候，人们根据地球的自转建立了最初的时间系统，以日出日落为基础创立了"天"的概念。但随着人们发现地球自转的不均匀性和地极的移动，时间系统变得复杂起来。因此，后来又建立了以地球公转为基准和以原子震荡为基准的时间系统。

（1）恒星时

恒星时以地球自转为基础，是由春分点的周日视运动确定的时间计量系统。春分点连续两次经过某观测地子午圈的时间间隔称为恒星日。春分点相对某观测地子午圈的时角称为该地的地方恒星时。真春分点在惯性空间中随岁差和章动不断移动，对应于真春分点的恒星时为真恒星时。平春分点只随岁差移动，对应于平春分点的恒星时为平恒星时。

任何瞬间的恒星时正好等于该瞬时上中天恒星的赤经，此时恒星时以角度量表示，单位为恒星时角。恒星时主要用于解算世界时并用于地固系与惯性系之间的转换。

（2）真太阳时和平太阳时

真太阳时也以地球的自转为基础，它以真太阳视圆面中心的时角来计量。太阳中心连续两次到达同一子午圈的时间间隔称为真太阳时。真太阳时具备地方性且最短与最长的真太阳日相差 51 s，因此，真太阳时不适合作为时间的计量单位，从而引出了平太阳时。

平太阳时即日常生活中使用的时间，平太阳时和真太阳时同样具有地方性时。但平太阳是假想点,无法直接观测,必须先通过观测得到恒星时,再换算成平太阳日。平太阳连续两次通过观察点上中天的时间间隔称为一个平太阳日。"日"和"天"都是平太阳日的概念。

$$1 \text{ 平恒星日} = 0.997\,269\,566 \text{ 个平太阳日} = 23 \text{ h } 56 \text{ min } 4.090\,54 \text{ s} = 86\,164.090\,54 \text{ s}$$

$$(3.1)$$

格林尼治平太阳时称为世界时(UT),通过天文观测直接测定的世界时记为UT0,考虑极移修正的世界时记为UT1,再考虑地球自转速度所引起的季节性变化修正得到的较均匀的世界时记为UT2。

(3) 原子时 AT 和世界协调时 UTC

由于原子内部运动稳定性比地球自转高得多,对于某种元素的原子,它的电子在两条确定的轨道之间跃迁时,放出的电磁波的振荡频率总是一定的。用这种振荡频率建立起来的时间标准称为原子时。定义位于海平面上的铯原子基态的两个超精细能级在零磁场中跃迁辐射振荡 9 192 631 770 周所经历的时间为 1 s,称为国际单位秒,取 1958 年 1 月 1 日 0 时 UT1 的瞬间为起算点。

由于 UT2 要受地球自转的长期变化和不规则变化的影响,世界时有长期变慢的趋势,世界时时刻将日益落后于原子时,因此为了兼顾世界时时刻和原子时秒长,建立了一种折中的时间系统,称为世界协调时(UTC)。世界协调时的秒长与原子时秒长一致。为了在时刻上与世界时接近,在年中或年底进行跳秒,每次调整 1 s,这样可以使世界协态时与世界时 UT1 的偏离不超过 0.9 s。

(4) GPS 时间

GPS 时间系统是美国全球定位系统建立的专用时间系统,其单位为国际单位秒。GPS 时间起点为 1980 年 1 月 6 日 0 时 UTC,与国际原子时保持有常数差。除了直接服务于测地学研究和导航测量外,GPS 系统还提供近实时和全球有效的高精度时间信号。GPS 时由一组独立的原子钟实现,与美国海军天文台(USNO)原子钟的时间保持精度 1 μs。GPS 时间与 UTC 时间的关系为

$$\text{GPS} = \text{UTC} + \text{跳秒数} \tag{3.2}$$

GPS 时计时的秒长度与 UTC 一样,采用原子时标,但 GPS 时是连续的,不调整闰秒。在 GPS 数据中,GPS 时通常被表示为 GPS 周和周内秒。例如 2021 年 12 月 23 日 14:46:00 对应 GPS 周 2 189,周内秒 398 760。

(5) 儒略日与简化儒略日

儒略日(JD)是一种不用年和月的纪日法,它以公元前 4713 年 1 月 1 日世界时 12 时为起算点的积累日数。儒略日用于求两个事件之间相隔日数时是非常方便的。但是由于位数太多和起点为正午 12 时,与通常 0 时作为起始点相差 12 h,因此定义简化儒略日(MJD)为

$$\text{MJD} = \text{JD} - 2\,400\,000.5 \tag{3.3}$$

儒略日与简化儒略日仅为一种计算日期的长期记日方法,并非新的时间系统,主要被天文学家广泛使用。

3.3 轨道运动方程

3.3.1 二体问题

可以证明一个均质球对球外一质点的引力等效于其质量集中于球心的质点所产生的引

力,该引力称为中心引力。如果把地球看成一个密度均匀的球体,把卫星看作一个质点,则地球引力场可简化为中心力场,地球质心为引力中心。在均质地球的中心引力作用下的卫星运动问题称为二体问题。

由于卫星质量相对于地球质量很小,可以忽略卫星与地球之间的引力对地球的影响。根据万有引力定律和牛顿运动定律,在地心惯性坐标系中,二体问题下卫星运动微分方程为

$$\boldsymbol{F}_0 = m\ddot{\boldsymbol{r}} = -\frac{GM \cdot m}{r^2} \frac{\boldsymbol{r}}{r} \tag{3.4}$$

式中,$\ddot{\boldsymbol{r}}$ 为卫星运动加速度矢量;G 为万有引力常数;$\boldsymbol{r}$ 为卫星在地心惯性坐标系中的位置矢量;r 为地心距。通常将 GM 称为地球引力常数,用 μ 表示。卫星运动微分方程式表示为

$$\ddot{\boldsymbol{r}} = -\frac{\mu}{r^3}\boldsymbol{r} \tag{3.5}$$

将式(3.5)写成直角坐标分量形式,即

$$\begin{cases} \ddot{x} + \mu\dfrac{x}{r^3} = 0 \\[2mm] \ddot{y} + \mu\dfrac{y}{r^3} = 0 \\[2mm] \ddot{z} + \mu\dfrac{z}{r^3} = 0 \end{cases} \tag{3.6}$$

卫星运动微分方程式(3.6)是三元二阶微分方程,因此,必须确定六个积分常数,才能确定卫星在该坐标系内的运动。在给定六个初始条件,即初始时刻卫星的位置和速度时,此方程组可以通过积分进行求解。

3.3.2　开普勒运动定律

德国天文学家开普勒在天文学家第谷观测火星的基础上总结提出了关于行星运动的三大定律。而后续的科学家也基于上述二体问题运动微分方程,推导验证了开普勒定律,如图 3.3 所示。

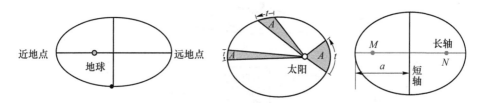

图 3.3　开普勒定律示意图

(1) 开普勒第一定律

通过对上述二体问题运动微分方程的处理可以得到,天体运动轨道是一条圆锥曲线,对于地球卫星,轨道可以表示为圆形($e=0$)或椭圆形($0<e<1$),地球质心在圆心或者椭圆的一个焦点上。

(2) 开普勒第二定律

开普勒第二定律用来描述卫星运动速度是如何随时间变化的:卫星和地球质心的连线在

相等的时间间隔内扫过的面积相等。

根据这一定律,椭圆轨道上的卫星在离地球最近时(近地点)移动最快,在距离地球最远时(远地点)移动最慢。

(3) 开普勒第三定律

开普勒第三定律用来描述轨道半长轴与轨道周期之间的关系:卫星绕地球运动的周期 T 的平方与轨道半长轴 a 的立方成比例,即

$$T = 2\pi \sqrt{\frac{a^3}{\mu}} \tag{3.7}$$

3.3.3 经典轨道根数

卫星在地球的引力场内运动,不管卫星轨道是圆形还是椭圆形,其轨道平面都要通过地球中心,而其大小、形状和在空中的方位则可以是多种多样的。为了描述卫星在地球轨道上的运动,通常使用包含六个参数的一个组合来描述卫星轨道形状、位置及运动等属性,常用的参数组合为经典开普勒轨道根数。

如图 3.4 所示,经典开普勒轨道根数包括:轨道半长轴、轨道偏心率、轨道倾角、升交点赤经、近地点幅角、平近点角。轨道半长轴和偏心率两个参数决定了卫星轨道的形状,轨道倾角和升交点赤经两个参数决定了轨道平面在地心惯性空间里的方位,近地点幅角决定了椭圆轨道在轨道平面内的方位,平近点角决定了卫星在轨道上的瞬时位置。开普勒根数清楚地从几何意义上描述了卫星运动的轨迹。

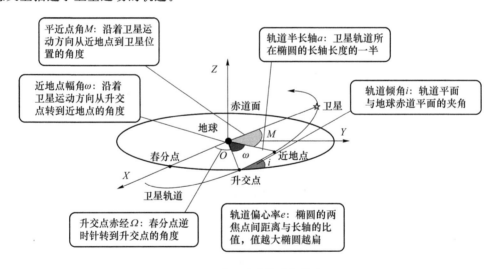

图 3.4 经典开普勒轨道根数定义

开普勒轨道根数可以与三维直角坐标系中的位置速度矢量进行相互转换。通过开普勒轨道根数描述轨道的主要优点在于,对于二体问题,轨道的半长轴、偏心率、倾角、升交点赤经、近地点幅角五个参数是常量,而平近点角与时间之间的关系是线性的,这使得更容易获得轨道运动问题的解析解。开普勒轨道根数的几何定义为轨道设计和分析奠定了坚实的基础。

3.4　轨道预报

上述二体问题下的轨道运动是一种近似解,与卫星的真实轨道运动情况存在一定的差异。事实上,地球的形状并非理想的球体,空间中也存在各种其他的力会对轨道产生扰动。在对卫星的轨道进行精确分析的时候,需要综合考虑这些扰动因素。

3.4.1　卫星轨道摄动

式(3.5)所表达的运动方程仅在地球重力场被视为中心力场且没有其他力作用在卫星上时有效。地球卫星轨道运动微分方程更真实的表现形式为

$$\ddot{r} = -\frac{\mu}{r^3}r + (\ddot{r}_{eg} + \ddot{r}_{3b} + \ddot{r}_{gr}) + (\ddot{r}_{aero} + \ddot{r}_{srp} + \ddot{r}_{erp} + \ddot{r}_{thrust} + \ddot{r}_{other}) \qquad (3.8)$$

地球卫星实际所受作用力可分解为中心引力和附加扰动力,附加扰动力又称为摄动力。卫星轨道摄动可分为两类:引力场摄动和非引力摄动。

引力场摄动主要包括:地球重力场非球形摄动 $\ddot{r}_{eg}$;太阳、月亮和行星等第三体的引力摄动 $\ddot{r}_{3b}$;广义相对论的摄动影响 $\ddot{r}_{gr}$ 。

非引力摄动通常是由于卫星表面与其环境中的粒子(光子、分子、原子)之间的相互作用产生的,主要包括:空气阻力摄动 $\ddot{r}_{aero}$;太阳光压摄动 $\ddot{r}_{srp}$;地球辐射摄动 $\ddot{r}_{erp}$;推进器工作产生的推力 $\ddot{r}_{thrust}$;其他摄动因素 $\ddot{r}_{other}$,如卫星与微流星体的碰撞、带电器部件与地球磁场的作用等,都会对卫星的轨道产生微小的影响。

(1)地球非球形摄动

由于地球并非理想球体,而是更接近于椭球。地球赤道突出部分对卫星的吸引使卫星不再沿一个固定的椭圆运动,这不仅使卫星轨道平面绕地球极轴不断转动,同时还使椭圆轨道在轨道平面内不停旋转。另外,地球形状内部质量分布也不均匀,使地球引力场相当复杂。

通常使用一个球谐函数来表示地球的引力场,许多研究机构已经对地球引力场模型进行了精确的建模。目前最常用的地球引力场模型是EGM2008,该模型是基于GRACE卫星的测量数据获得的。该模型的精度和分辨率都非常高,其球谐展开阶数达到了2 159。

(2)空气阻力摄动

当人造卫星在较低的轨道运行时,来自大气的阻力作用会导致卫星的轨道半长轴逐渐减小。尽管太空中大气极为稀薄,但是随着较长时间的累积,空气阻力摄动产生的影响不可小觑。尤其对于近地卫星来说,大气阻力摄动是决定卫星寿命的主要因素。

(3)太阳光压摄动

航天器在受到太阳照射时,反射或吸收光子而产生的对航天器的压力称为太阳光压。如果没有地球阴影区的影响,它只会使卫星轨道产生周期性变化,但由于地球阴影区的存在,卫星所受的光压是间断的和不对称的,这就使卫星能量发生变化,从而影响半长轴和偏心率。

(4)第三体引力摄动

第三体引力一般指其他天体对卫星的引力摄动,对地球卫星来说,主要是太阳和月亮的引力对卫星轨道的摄动。对于轨道高度较低的卫星,日月引力摄动的量级较小,但随着卫星轨道高度的增加,日月摄动的影响就越来越大,对于地球同步卫星,日月摄动的影响十分显著。

与中心引力相比,摄动力对卫星运动的影响量级仅为千分之一或更小,但摄动力的长期累积作用也不可忽略。为解算出精密轨道,需要对式(3.8)的微分方程中的加速度模型进行精确建模,并借助计算机进行高精度的数值积分,从而可以获得卫星的精确轨道星历。

3.4.2 两行根数

对式(3.8)的高精度积分进行轨道预报通常需要较大的计算量,其轨道预报精度也与初始轨道的精度有关。因此,北美空防司令部(NORAD)通过全球分布的光学和雷达传感器对空间目标进行追踪,以两行根数(TLE)的形式公布了空间目标的轨道信息,并通过 SGP4 模型对卫星轨道进行递推预报,可以较为准确地拟合卫星的轨迹。

TLE 提供的并非真实的卫星轨道,而是平均开普勒轨道,是通过对摄动因素的周期性影响进行拟合,近似得到卫星的长期轨道运动。TLE 主要考虑的摄动影响包括:地球非球形引力摄动、日月引力摄动以及大气阻力摄动。

在较短时间内,TLE 与 SGP4 的轨道预报精度足以满足立方星测控等任务的需求,是立方星轨道信息的主要来源。

3.5 轨道分类及应用

自人类 1957 年第一次发射人造卫星入轨以来,截至 2021 年底,人类共发射了超过 7 800 颗卫星,目前地球周围空间中有 23 522 个人造物体,其空间分布如图 3.5 所示。在不同的轨道上运行的卫星有不同的运动特性,卫星发射入轨的轨道应根据其任务要求来进行选择。本节主要介绍不同类型的轨道的运动特性及其对卫星轨道选择的影响。

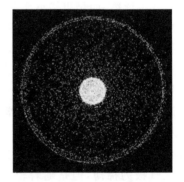

图 3.5 地球轨道物体分布图

3.5.1 近地轨道

近地轨道(low earth orbit,LEO)是指航天器距离地面高度较低的轨道,一般轨道距离地面 2 000 km 以内的近圆形轨道都可以称为近地轨道。由于近地轨道离地球表面较近,对运载火箭要求较低,是卫星最容易部署的区域,也是人造地球卫星最密集的区域。截至 2021 年9 月,在轨存活的 4 550 多颗卫星中,低轨卫星超过 3 790 颗,数量最多,也是立方星的主要应用区域。

同样由于近地轨道与地球表面距离较近的特点,近地轨道部署了大量的地球遥感观测卫星、气象卫星、地球资源卫星,在国土普查、气象监测、资源探索等领域发挥着重要作用。

3.5.2　中地球轨道

中地球轨道(medium earth orbit,MEO)泛指高度高于 2 000 km、低于同步轨道的卫星轨道。卫星运行在中地球轨道可兼具静止轨道和近地轨道的优点,可实现全球覆盖和高效频率复用,运行于中地球轨道的卫星主要是导航卫星,包括美国的 GPS、欧盟的 Calileo、俄罗斯的GLONASS 以及我国的北斗四大卫星导航星座。

如图 3.6 所示,美国的 GPS 星座包括 24 颗工作星,平均轨道高度约为 20 200 km,轨道周期约为 11 小时 58 分钟,分布在 6 个交点互隔 60°的轨道面上,每个轨道面均布 4 颗卫星,轨道倾角约为 55°。卫星的分布使得在全球任何地方、任何时间都可以观测到 4 颗以上的卫星,能提供全球导航能力。

我国自 1994 年起开始建设北斗卫星导航系统,2020 年 6 月 23 日,北斗三号全球卫星导航系统组网工程的最后一颗地球静止轨道卫星成功发射,标志着北斗全球卫星导航系统星座部署全面完成,如图 3.7 所示。目前北斗系统在轨服务卫星共计 45 颗,包括 15 颗北斗二号卫星和 30 颗北斗三号卫星。其中北斗三号卫星由 24 颗中地球轨道卫星、3 颗地球静止轨道卫星和 3 颗倾斜地球同步轨道卫星,共 30 颗卫星组成。北斗卫星星座的中地球轨道高度约为21 500 km,周期约为 12 小时,轨道倾角约为 55°。

北斗卫星导航系统与 GPS 兼容,精度与 GPS 相当,其定位精度为 10 m,测速精度为0.2 m/s,授时精度为 20 ns。由于 6 颗高轨卫星的存在,在亚太地区,北斗系统的定位精度可达 5 m,要高于 GPS。

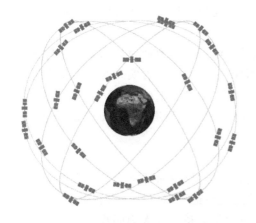

图 3.6　GPS 星座构型示意图

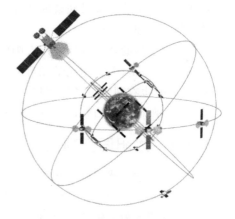

图 3.7　北斗三号星座构型示意图

3.5.3　地球同步轨道

地球同步轨道(geosynchronous orbit,GEO)距离地球的高度为 35 786 km,卫星的运行方向与地球自转方向相同,轨道运行周期等于地球自转周期(23 小时 56 分 4 秒),卫星在轨道上的绕行速度约为 3.07 km/s,卫星的平均轨道角速度等于地球自转的角速度。地球同步轨道上运行的卫星常用于通信、气象、广播电视、导弹预警、数据中继等方面,以实现对同一地区的连续工作。

若轨道倾角为 0°，则称为静止轨道，此时卫星将始终位于赤道上空，相对于地球表面是静止的。在静止轨道上均匀地分布三颗卫星，便可实现除南北极以外的全球通信，因此静止轨道是通信卫星的高密集区。部署在静止轨道的卫星主要用于通信、气象、广播电视、导弹预警、数据中继等方面。

3.5.4 高椭圆轨道

高椭圆轨道(highly elliptical orbit，HEO)是一种具有较低近地点和极高远地点的椭圆轨道，其远地点高度大于静止卫星的高度。根据开普勒定律，卫星在远地点附近区域的运行速度较慢，因此这种极度拉长的轨道的特点是卫星到达和离开远地点的过程很长，而经过近地点的过程极短。这使得卫星对远地点下方的地面区域的覆盖时间可以超过 12 小时。具有大倾斜角度的高椭圆轨道卫星可以覆盖地球的极地地区，对高纬度国家的卫星通信具有较高的应用价值。

最典型的高椭圆轨道是闪电(Molniya)轨道，是以自 1960 年起使用此轨道的苏联"闪电"型通信卫星命名的。闪电轨道的轨道倾角为 63.4°，远地点高度为 40 000 km 左右，轨道周期为 0.5 天。运行于闪电轨道上的卫星大部分时间在北半球的俄罗斯、北欧、格陵兰及加拿大等高纬度地区的上空，所以苏联是最重视发展高椭圆轨道卫星的国家。

3.6 典型立方星轨道设计

随着平台及载荷技术的成熟，立方星不再仅限于技术演示验证，而已经迈出了产业化的脚步。尤其是立方星适合批量部署的特性，基于立方星构建地球遥感星座可以大大提高对地观测的时间分辨率和覆盖能力。

对地观测卫星的轨道设计采用太阳同步回归轨道，以保证对地面目标的观测条件保持不变，使对地观测载荷，尤其使光学相机获得的地面图像更易于处理，可实现对特定目标进行周期性观测，同时也有利于卫星的测控，如 LANDSAT、ENVISAT、RADARSAT 等地球观测卫星均运行于太阳同步回归轨道。本节针对太阳同步轨道和回归轨道的设计原理进行介绍。

3.6.1 太阳同步轨道

由于对地光学遥感相机对光照条件的要求较高，光学遥感卫星通常会运行在太阳同步轨道(sun-synchronous orbit，SSO)上。太阳同步轨道是轨道平面绕地球自转轴的旋转方向、角速度与地球绕太阳公转的方向、角速度相同的地球卫星轨道。在太阳同步轨道上运行的卫星，可以保证对特定区域有较好的光照条件，便于空间光学遥感相机的对地拍摄。

所谓太阳同步轨道是指 β 角(卫星轨道面与太阳光线间的夹角)保持不变的轨道。在二体问题中，卫星的轨道面在地心惯性空间是不动的，若地球与太阳的位置不发生改变，则轨道的 β 角也将保持不变。但地球存在围绕太阳的公转运动，因此产生了 β 角每天增加 0.985 6° 的现象。

为了保持 β 角不变，必须使卫星的轨道面也向东转动。如果轨道向东转动的角速度恰好等于 0.9856°/天，则由于公转引起的 β 角的变化将会消除，即可实现太阳同步。

由轨道摄动理论可知，地球的非球形摄动会迫使轨道面产生进动，进动速度的大小可以用升交点赤经的变化率来表示：

$$\dot{\boldsymbol{\Omega}} = -\frac{3J_2 R_e^2}{2(1-e^2)^2 a^2}\sqrt{\frac{\mu}{a^3}}\cos i \qquad (3.9)$$

式中，R_e 为地球半径；J_2 为地球非球形摄动的一阶长期项。可以看到在地球非球形摄动影响下，轨道面的进动速度取决于轨道半长轴、偏心率和倾角。考虑到近地轨道大多为近圆形轨道，偏心率极小，式(3.9)可以近似为

$$\dot{\boldsymbol{\Omega}} = -\frac{3J_2 R_e^2}{2a^2}\sqrt{\frac{\mu}{a^3}}\cos i \qquad (3.10)$$

若轨道要满足太阳同步的条件，则必须满足：

$$0.9856 = \int_0^{24\times60\times60}\left(\frac{180}{\pi}\cdot\dot{\boldsymbol{\Omega}}\right)\mathrm{d}t \qquad (3.11)$$

即

$$0.9856 = -\frac{3}{2}\cdot\frac{180\times86\,400}{\pi}\cdot\sqrt{\frac{\mu}{a^3}}\cdot\left(\frac{R_e}{a}\right)^2 J_2\cos i \qquad (3.12)$$

由式(3.12)可知，太阳同步轨道建立的关键在于轨道半长轴与倾角两个参数之间的关系，换言之，太阳同步轨道的轨道倾角取决于轨道高度，如图 3.8 所示。

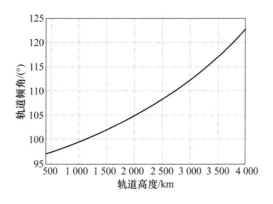

图 3.8　太阳同步轨道倾角随轨道高度的变化曲线

3.6.2　回归轨道

卫星与地心的连线与地面的交点称为卫星的星下点。随着卫星在轨道上的运动，星下点在地面上的位置也在不断地变化，将各时刻星下点连接起来在地面形成的轨迹称为星下点轨迹。

星下点轨迹在地球面上的漂移是地球自转、轨道面进动和卫星轨道运动的合成。星下点轨迹本次和下次同方向穿过赤道平面交点的间隔角 $\Delta\lambda$ 为

$$\Delta\lambda = T_N(\omega_e - \dot{\boldsymbol{\Omega}}) \qquad (3.13)$$

式中，ω_e 为地球自转速度；$\dot{\boldsymbol{\Omega}}$ 为轨道面进动速率，可由式(3.9)计算；T_N 为轨道运动的平均交点周期，即在 J_2 摄动影响下，星下点连续两次同方向通过赤道面的时间间隔为

$$T_N = \frac{2\pi}{\dot{\omega} + \dot{M}} \qquad (3.14)$$

其中

$$\dot{\omega}=\frac{3J_2R_e^2}{4(1-e^2)^2a^2}\sqrt{\frac{\mu}{a^3}}(5\cos^2i-1),\quad \dot{M}=\sqrt{\frac{\mu}{a^3}}-\frac{3J_2R_e^2}{4(1-e^2)^{3/2}a^2}\sqrt{\frac{\mu}{a^3}}(1-3\cos^2i)$$

可以看到轨道平均交点周期 T_N 取决于轨道半长轴和倾角的数值。通过对轨道的半长轴和倾角进行设计,可使 T_N 满足:

$$R\cdot T_N(\omega_e-\dot{\Omega})=N\cdot 2\pi \tag{3.15}$$

式(3.15)表示,星下点经过 N 天重复通过赤道上同一点,这期间卫星绕地球共转 R 圈,也就是卫星将沿着 N 天前的星下点轨迹进行运动。星下点轨迹周期性重复,即经过一定时间后星下点轨迹又重新回到原先已经过的路线,这种类型的轨道称为回归轨道。

在对回归轨道进行设计时,首先需要根据任务需求确定回归周期 N,并以此为基础选择回归系数 Q:

$$Q=\frac{R}{N}=\frac{2\pi}{\Delta\lambda}=I\pm\frac{C}{N} \tag{3.16}$$

Q 表示卫星在一天内绕地球运行的轨数,可以表示成整数和分数的组合:整数 I 为一天中卫星绕地球的整轨数,C 为偏移因子。结合式(3.15)可以得到轨道平均交点周期的值,并以此设计轨道半长轴和倾角的数值。

3.7　卫星轨道仿真

相较于卫星的部组件,卫星轨道较为抽象,为了客观地进行轨道设计和分析,出现了诸多轨道仿真软件,应用最广泛的是由 AGI 公司开发的 STK(Satellite Tool Kit)软件。借助于 STK 航天动力学库和可视化系统,可对陆、海、空、天场景下的任务进行规划、设计、仿真和分析。本节基于 STK 软件,以"田园一号"立方星的测控任务为例,开展轨道仿真与分析。

3.7.1　测控窗口分析

使用 STK 进行航天任务的仿真,首先需要创建一个场景(Scenario)来包含任务中的卫星、地面站等。同时要设定仿真的起止时间以及星历时刻等参数。以 2022 年 1 月 22 日 12:00 至 1 月 25 日 12:00(北京时间)期间,南京理工大学 X 测控站对"田园一号"立方星进行测控的窗口为例进行分析,如图 3.9 所示。

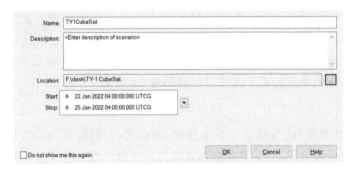

图 3.9　STK 场景设定

（1）创建卫星对象

STK 提供了多种轨道递推算法，包括常用的二体递推（TwoBody）、J2/J4 摄动递推（J2/J4 Perturbation）、高精度轨道递推（HPOP）、SGP4 轨道递推等。对于测控任务，通常使用三天内的 TLE 数据和 SGP4 递推算法建立卫星轨道模型。

可以通过 www.space-track.org 网站获取所需要的 TLE 信息，通过 NORAD ID 编号进行查询，"田园一号"立方星的 NORAD ID 为 49325，从而获得 2022 年 1 月 22 日发布的 TLE 数据，如图 3.10 所示。

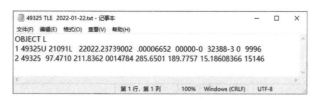

图 3.10　NORAD ID 49325 的 TLE 数据（2022 年 1 月 22 日）

在 STK 场景中创建"Satellite"对象，通过"From TLE File"方式，可根据下载的 TLE 数据通过 SGP4 方法在 STK 中新建卫星轨道模型，如图 3.11 所示。

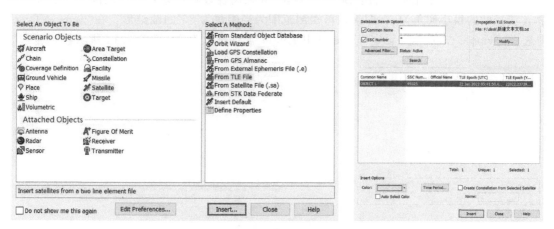

图 3.11　通过 TLE 文件创建"田园一号"立方星模型

可以在 STK 的三维窗口和二维窗口分别看到"田园一号"立方星在惯性空间下的轨道和星下点轨迹，如图 3.12 所示。

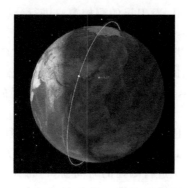

图 3.12　"田园一号"立方星三维轨道及星下点轨迹

（2）创建地面测控站模型

在 STK 场景中创建"Facility"对象，并在属性中对地面站的位置进行定义。南京理工大学 X 测控站的经度为 118.858°，纬度为 36.026 2°，海拔高度为 0.06 km，如图 3.13 所示。

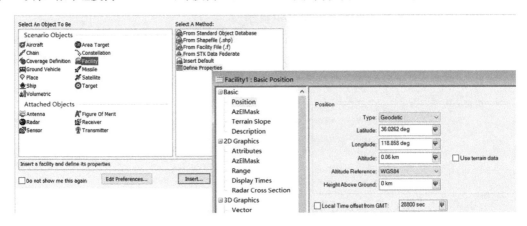

图 3.13　创建南京理工大学测控站

之后要基于地面站对象创建"Sensor"对象，并在属性设置中设置角度范围。南京理工大学 X 测控站的最小仰角为 5°，即天线可探测范围为半锥角为 85° 的圆锥形。在"Sensor Type"中选择"Symple Conic"，并设定"Cone Half Angle"属性参数为 85，如图 3.14 所示。

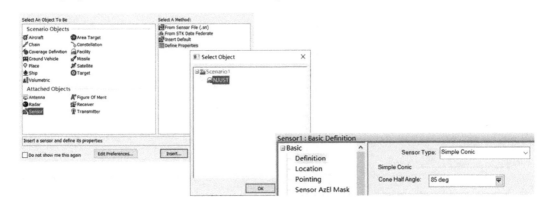

图 3.14　为地面站创建天线

（3）可见性分析

通过 STK 的可见性分析工具，对卫星的测控窗口进行分析。选择"Analysis - Access"，在可见性分析设置窗口中的"Access for"中选择地面测控站的天线对象，之后在下面选择测控的目标卫星，并单击"Compute"进行可见性计算。在右侧"Compute Time Period"中单击"Specify Time Period"可对分析时间范围进行修改（此范围必须在所设置的场景时间范围之内）。单击"Reports"中的"Access"，可生成地面站天线与卫星的可见性分析报告，即卫星测控窗口分析报告，如图 3.15 所示。

STK 生成的报告中包含了卫星的每一次入境时间和出境时间以及每一过境的持续时间。可以看到，从 2022 年 1 月 22 日 12：00 至 1 月 25 日 12：00（北京时间）期间，南京理工大学测控站共有 12 次对"田园一号"立方星进行测控的时间窗口，每天均有四次测控，如图 3.16 所示。最长测控时间为 561 s。可依据该报告安排卫星的测控任务。

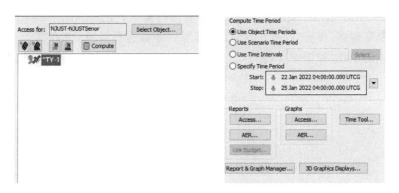

图 3.15　可见性分析设置

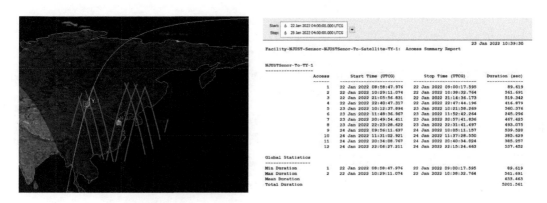

图 3.16　"田园一号"过境弧段及测控窗口分析报告

3.7.2　离轨时间分析

目前空间碎片问题日益严重,根据太空交通管理的相关法律法规,卫星在寿命末需要受到管控,必须具备一定的离轨能力。"田园一号"立方星搭载了离轨阻力帆装置,可以在任务结束后释放离轨帆,通过增大与外太空稀薄大气的接触面积,增大空气阻力摄动对卫星轨道高度的影响,加速离轨进程。

空气阻力摄动对卫星轨道的影响主要取决于大气密度、卫星质量以及迎风面面积,结合大气密度模型,可以对卫星的轨道寿命进行估算。利用 STK 中的"Lifetime"功能对卫星轨道寿命进行分析。"田园一号"卫星质量为 10 kg,正常飞行的迎风面为 3 单元,即 $0.03\ \mathrm{m}^2$,如图 3.17 所示。

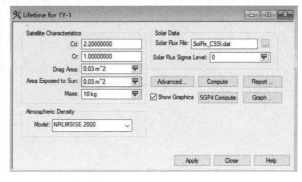

图 3.17　卫星寿命计算设置

在"Lifetime"中对"Drag Area""Mass"等参数进行设定,并在"Atmospheric Density"中选取合适的大气密度模型,单击"Compute"可以对卫星寿命进行计算,并在"Graph"中生成轨道高度随时间变化的曲线,如图 3.18 所示。

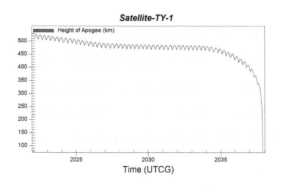

图 3.18　正常飞行状态下"田园一号"立方星的轨道寿命

可以看到在正常飞行状态下,"田园一号"立方星的轨道高度预计在 15.8 年后降低至 100 km 以下。同时可以看到,在卫星轨道高度低于 300 km 以后,轨道高度会快速下降,这是因为随着轨道高度的降低,大气密度逐渐增大,对卫星轨道的影响也越来越大。

若"田园一号"立方星展开离轨帆,迎风面积可扩大为 1 m²。重新设置"Drag Area"参数,对"田园一号"立方星的轨道寿命进行分析,如图 3.19 所示。

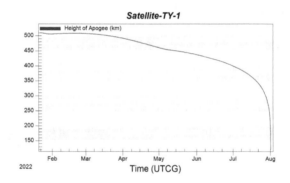

图 3.19　展开离轨帆后"田园一号"立方星的轨道寿命

可以看到,在展开离轨帆后,"田园一号"立方星的轨道高度预计在 190 天后即可降低至 100 km 以下。证明"田园一号"立方星所搭载的离轨帆是一种有效的碎片减缓载荷。

4 立方星结构设计与分析

4.1 立方星结构设计概述

立方体卫星作为一种小型航天器,其独特的立方体结构设计为其低成本、短研发周期地完成各种航天任务提供了便利。立方体卫星的结构用于落实星上设备布局,承受发射过程的力学载荷,对结构的设计旨在满足多种任务需求,适应不同的应用场景。立方星结构设计涉及结构强度、材料选择等多个方面,是立方体卫星设计中的重要环节。

结构强度是立方体卫星结构设计中需要考虑的重要因素。卫星的结构需要能够承受发射过程中的振动和加速度,以及在轨运行期间的外部力和应力。通过精确的结构分析和优化设计,立方体卫星可以实现强度和刚度的平衡,确保其在任务期间的稳定性和可靠性。

在材料选择方面,立方体卫星的设计需同时满足物理性能(密度、热膨胀、抗辐射)和机械性能(模量、强度、韧性)的要求,不同材料的组合可以提供所需的性能和特性,以满足卫星在各种环境下的需求。

热管理是立方体卫星结构设计中的另一个重要方面,由于卫星在轨道运行过程中会经历极端的温度变化,结构设计时必须考虑隔热、导热和散热面的设计,这包括使用适当的隔热材料、采用合理的导热结构和设计一定面积的散热和隔热面来维持卫星的正常工作温度范围。

结构设计不仅受到不同子系统和发射环境的影响,还受到航天器应用和预期环境的影响,需要根据任务环境和任务需求进行针对性设计。设计后的立方星结构应该具有以下功能:

(1)承受载荷

立方体卫星结构的主要功能之一是承受各种静态和动态载荷,这些载荷包括地面实验、装配、操作和运输过程中产生的载荷,运载火箭发射过程中对卫星产生的加速度、振动、冲击和噪声载荷,轨道运行时的温度变化和真空状态下的载荷。因此卫星结构应具备足够的强度和刚度,以保证在以上载荷的作用下依然能实现结构的各种功能,保持一定的结构完整性,不发生破坏或变形,从而保证星上其他相关分系统和有效载荷能够正常工作。

(2)安装设备

立方体卫星结构为星上其他分系统提供设备安装空间,能够可靠落实各种符合安装标准的设备并为其提供具体的安装方式和连接件。依靠结构安装的设备包括星上各类电单机、电池、星敏/太敏、天线以及太阳能电池板等附件。同时,结构为星上设备提供的安装位置应满足其不同的安装精度需求,并提供在空间环境下的防护能力。

(3)提供构型

立方体卫星结构作为整个卫星的主体骨架,决定了卫星的构型。结构系统为卫星本体提供基本的构型,确定包络尺寸大小,并确保各种接口关系和连接形式,包括与运载火箭的连接、与展开附件的连接以及与地面操作设备的连接等。立方体卫星的立方体结构为其在空间中的部署、展开和操作提供了便利性和稳定性。

立方体卫星结构设计的关键在于平衡结构的强度、刚度和重量等因素,并确保在各种载荷和环境条件下,卫星结构能够保持稳定性和可靠性。通过合理选择材料、优化结构设计和使用先进的制造技术,可以实现立方体卫星结构的高性能和高可靠。

4.2 立方星主承力结构设计

4.2.1 主承力结构设计标准

立方星的设计规范由美国加州理工大学开发,并且定义了立方体卫星的物理和接口规范(见图 4.1)。根据设计标准,立方星的结构可分为1U~12U结构(图 4.2 所示为3U立方星结构)。

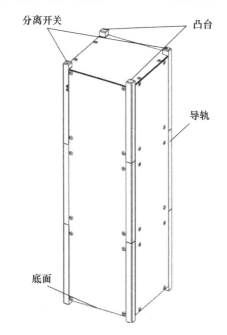

图 4.1 立方星设计规范

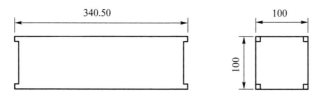

图 4.2 3U 立方星尺寸图(mm)

目前立方体卫星的尺寸在国际上已经有了比较完善的标准,各个尺寸立方星的外部尺寸均有以下要求:

① 每一单元外包络 x 和 y 方向尺寸为(100±0.1)mm,z 向一单元立方星尺寸小于(113.5±0.1)mm,z 向三单元立方星尺寸小于(340.5±0.3)mm,要求设计卫星质心与形心偏差在20 mm 以内;

② 立方体卫星的配置和物理尺寸应符合表 4.1、表 4.2 的要求;

③ 所有组件不得超过垂直于导轨平面的 6.5 mm;

④ 除指定的立方体卫星导轨外,外部立方体卫星组件不得接触分离机构的内表面;

⑤ 导轨的最小宽度应为 8.5 mm;

⑥ 导轨的表面粗糙度不得大于 1.6 μm;

⑦ 每个底面凸台与分离推板的接触面积应至少为 6.5 mm×6.5 mm;

⑧ 至少 75% 的导轨应与分离机构轨道接触,导轨的任何部分都不得超过规范。

表 4.1　1U～3U 立方星的外部尺寸

参　数	1U	2U	3U
底面积/mm²	(100±0.1)×(100±0.1)	(100±0.1)×(100±0.1)	(100±0.1)×(100±0.1)
高/mm	113.5±0.1	227±0.1	340.5±0.1
凸台面积/mm²	(8.5±0.1)×(8.5±0.1)	(8.5±0.1)×(8.5±0.1)	(8.5±0.1)×(8.5±0.1)
导轨	外部边缘应倒角45°×1 mm		

表 4.2　6U～12U 立方星的外部尺寸

参　数	6U	8U	12U
底面积/mm²	(100±0.1)×(226.3±0.1)	(226.3±0.1)×(226.3±0.1)	(226.3±0.1)×(226.3±0.1)
高/mm	340.5±0.1	227±0.1	340.5±0.1
凸台面积/mm²	(8.5±0.1)×(8.5±0.1)	(8.5±0.1)×(8.5±0.1)	(8.5±0.1)×(8.5±0.1)
导轨	外部边缘应倒角45°×1 mm		

4.2.2　主承力结构设计与制造

目前,国内外的立方星主承力结构的材料大多选用高性能铝合金,其中以 6061 及 7075 铝合金为典型代表牌号。立方星主承力结构的制造工艺有拼接法、线切割法、折弯法、增材制造法等。目前,立方星结构的制作大多采用机械拼接或整体实心坯料机械加工方法。

结构设计的主要思想之一是减少所需零件数量、简化制造和装配过程。以下以 GomSpace 6U 纳米卫星框架的通用结构为例,该 6U 卫星结构包含外框架、分离开关和安装环。

1. 外框架

外框架是 GomSpace 6U 结构中最重要的部件之一。它使结构具有良好的刚度、稳定性和抗剪切力。内部安装框架、盖板、太阳能电池阵等部件均直接或间接部署在外框架上。

卫星结构的外框架由两个大框架和四个连接框架的横梁组成,每个横梁都通过两个螺钉与两个大框架固定(见图 4.3)。

外框架上预留了安装孔位,分别可用于作内部安装框架沉孔、中央覆盖板孔、太阳能电池板孔和外部系统安装孔。

在结构框架的顶部有四个开关,当卫星放置在分离机构中时开关被按下。当开关被按下时,卫星无法启动。一旦卫星被释放,开关弹出,卫星就可以启动并正常工作。

图 4.3　GomSpace 6U 外框架

2. 内部安装框架

考虑到卫星平台的模块化设计及星上设备的可靠性,星上电单机通常安装在内部框架(见图 4.4)内,每个框架中的单机之间通过 PC104 接口相互连接。内部框架是一个非常重要的中间部件,其功能为连接子系统并将负载传递到主框架侧板,提供结构的完整性和稳定性,连接两个侧板并支持子系统。

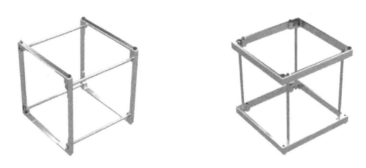

图 4.4　GomSpace 内部框架

内部安装框架通过螺钉固定在外框架上预留的安装孔位上,图 4.5 是三个内部框架的安装示意图。

图 4.5　GomSpace 内部框架安装示意图 1

在实际任务中,考虑到执行不同任务卫星平台所需携带的探测载荷不同,内部安装框架的大小可根据需求改变,图 4.6 是一个新的布局设计。

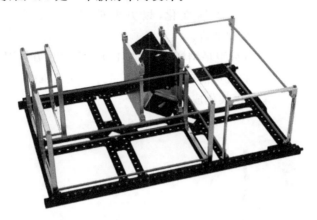

图 4.6　GomSpace 内部框架安装示意图 2

4.2.3　典型的主承力结构产品

目前有几家公司专门提供立方体卫星的主要结构,通常被称为框架或底盘。立方体卫星的主要结构主要采用 6061 或 7075 铝合金进行加工,并设计了多个组件安装位置,以灵活满足不同类型的航天器任务。其提供的产品中以 1U、3U 和 6U 框架最为普遍,其中 1U 框架为 10 cm×10 cm×10 cm 的结构,这些产品一般是通过拼接法制成。以 Pumpkin 公司提供的一单元立方星主承力结构(见图 4.7)为例,该结构由底板组件、卫星框架、盖板组件以及四根螺柱组成,星上设备通过空心套筒固定在螺柱上,设备之间通过 PC104 实现连接,最后用螺钉固定。这种制造方法可以大大降低制造成本,实现大规模的立方星结构制造。

Pumpkin 公司为全球 150 多位客户提供了完整的立方星结构组件,其产品被誉为“立方星领域的实际标准”。产品的主要承力结构(见图 4.8)由 A15052-H32 钣金件和 AI7075-T6 机加工件制成,表面经过阳极氧化处理。

图 4.7　一单元立方星主承力结构

图 4.8　Pumpkin 公司 3U 结构

AAC Clyde Space 提供了 1U 到 3U 的单体立方体卫星结构(见图 4.9)。1U 结构的总质量为 0.155 kg,尺寸为 100 mm×100 mm×113.5 mm;2U 结构的质量为 0.275 kg,尺寸为 100 mm×

100 mm×227 mm;3U 结构的质量为 0.394 kg,尺寸为 100 mm×100 mm×340.5 mm。AAC Clyde Space 公司对其组件进行了标准化,以方便航天器的配置。1U 和 3U 结构与 NanoRacks 等所有标准分发器接口兼容。

ISISPACE 公司研制的立方体卫星结构(见图 4.10)是根据立方体卫星标准开发的通用、模块化卫星结构。其装配方式非常灵活,星上设备和飞行模块的堆叠可以首先在二级结构中建立,并在装配的最后与主承力框架集成。

图 4.9　AAC Clyde Space 3U 结构　　　　图 4.10　ISISPACE 3U 结构

4.3　立方星帆板结构

早期立方星星上设备功耗低,星上一般采用体装式太阳能电池阵。随着立方星星上设备功耗的增加,现在立方星上的电池阵一般由太阳电池基板、锁紧分离机构和展开机构组成。其中锁紧分离机构有弹簧销锁紧分离装置、熔线锁紧分离装置、电机驱动锁紧分离装置等,展开机构有铰链式展开机构、连杆式展开机构、基于形状记忆合金展开机构和基于折纸方法展开机构。

4.3.1　太阳电池阵的作用

太阳电池阵是卫星的主电源,在光照区由太阳电池阵将光能转换成电能,一方面给星上负载供电,另一方面给蓄电池充电。在阴影区由蓄电池供电,当光照区出现短期功耗超过太阳电池阵的供电能力时,由蓄电池补充供电,当太阳电池阵输出功率有富裕时,可由分流器分掉多余的功率。

4.3.2　太阳电池阵装配

星上电池阵可以分为体装式和展开式太阳电池阵。

(1) 体装式太阳电池阵

太阳电池直接铺设或安装在航天器本体表面的某些部位上,因此这种太阳电池阵称为体装式太阳电池阵(见图4.11)。对于这类太阳电池阵,支承太阳电池的结构(一般称为太阳电池阵的"基板")往往就是航天器的外壳结构,或者是固定在外壳表面上的结构。体装式太阳电池阵为早期航天器空间电源的常用形式。由于航天器本体能够提供铺设太阳电池的面积很有限,因此一般只能适应功率较小(一般在500 W以下)的小型航天器。

(2)展开式太阳电池阵

展开式太阳电池阵是先把大面积的太阳电池阵收拢在航天器本体上,待航天器与运载火箭分离之后,在空间轨道上再把太阳电池阵展开到航天器本体之外的所需位置上(见图4.12)。

图4.11　体装式太阳电池阵

图4.12　展开式太阳电池阵

星上太阳能电池片按材料来分主要有硅电池、碲化镉薄膜电池、砷化镓太阳电池、铜铟镓锡太阳电池、钙钛矿太阳电池、非晶硅薄膜太阳电池等,光电转换效率一般在30%左右。尺寸可分为2 cm×4 cm、4 cm×6 cm、4 cm×8 cm。太阳电池的工作温度为－85 ℃～＋120 ℃。图4.13、图4.14所示是NanoAvionics公司和AZUR SPACE生产的太阳能电池片。

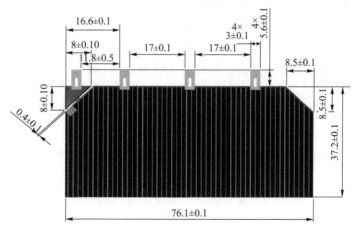

图4.13　NanoAvionics公司生产的太阳能电池片(单位:mm)

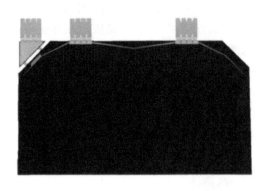

图 4.14　AZUR SPACE 生产的太阳能电池片

4.3.3　典型太阳电池阵产品

AAC Clyde Space 公司研制出了采用单面或双面粘贴电池片来满足功率需求的立方体卫星太阳能帆板,这种太阳能帆板为一维展开式,可针对 1U～3U 规格的立方体卫星,如图 4.15 所示。

图 4.15　AAC Clyde Space 公司研制的一维展开太阳能帆板

AAC Clyde Space 公司研制的 PHOTON 太阳能电池板(见图 4.16)可以与 AAC Clyde Space ZAPHOD 结构系列兼容。侧面太阳能电池板可用于安装在主承力结构的侧板上,PHOTON 太阳能电池板普遍采用效率为 30.7% 的 Spectrolab XTJ-Prime 太阳能电池和 FR4 基板组合构建。

近年来,细胞卫星技术受到了包括美国和德国在内许多国家的广泛关注。细胞卫星能够在轨装配实现快速响应,可以在轨替换失效航天器的失效模块,重复利用失效航天器的可用部件。为了配合细胞星的装配方式,细胞星上的太阳能电池阵(见图 4.17)具有独特的结构。

为了进一步满足现代微纳卫星越来越高的电能需求,以前被看作是大型航天器标准设备的太阳能电池阵驱动装置已经越来越需要被应用到微纳卫星当中。太阳能电池阵的驱动装置在国际上被称为 SADA(solar array drive assembly)

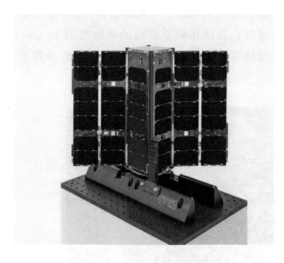

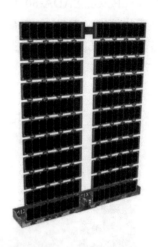

图 4.16　PHOTON 太阳能电池板　　　　图 4.17　细胞星上的太阳能电池阵

　　法国矿业大学研制了一种基于三单元微纳卫星的 SADA(见图 4.18),它由两个独立的太阳能阵列和旋转机构组成,目标是使两个太阳能阵列围绕一个轴恒定地对准太阳方向。旋转系统由驱动齿轮组、步进电机和滑环组成。较高的齿轮减速比和两个专用光电二极管(作为太阳能传感器)使得系统指向精度小于 5°,最大输出速度可达 4°/s,平均功率为 35 W。

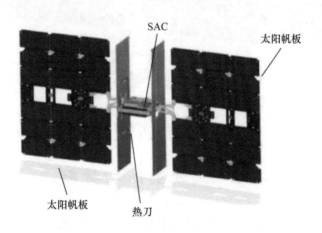

图 4.18　法国矿业大学的三单元立方星 SADA

　　意大利罗马大学研制了基于三单元立方星的模块化 SADA(见图 4.19),包括两个可展开的太阳能电池阵系统,每个系统由三个太阳能电池板制成,总共部署了六个太阳能电池板。铰链、弹簧和可展开太阳能电池板系统均为模块化设计,可搭载于单(1U)、双(2U)、三(3U)和六个(6U)单元的立方星上。展开系统基于塑料纤维线和热刀,确保电池阵展开的可靠性。同时开发了用于太阳能电池阵展开测试的测试台,用于再现太阳能电池阵列在轨道中的动态情况。该系统提供的最大功率约为 50.4 W,大大提高了立方星太阳能电池阵列的性能。

　　GomSpace 公司将 SADA 应用在卫星上,研制出具有太阳跟踪功能的可部署太阳能电池阵列(见图 4.20),能够为卫星平台提供大功率输出。它可以收拢在小至 6U 的立方体卫星平台,并通过 NanoPower SADA-50 变速箱沿一个轴提供太阳跟踪。在发射过程中,太阳能电池阵列被压紧机构锁定在卫星上,折叠的太阳能电池阵面板的体积从结构的导轨突出 10 mm 左右。当卫星分离后,低质量碳纤维支撑结构的电池阵每一侧能展开 980 mm。每侧电池阵可以产生高达 45 W 的功率输出。

图 4.19 意大利罗马大学的三单元立方星模块化 SADA

图 4.20 GomSpace 公司研制的电池阵

4.4 立方星结构材料

在立方星结构设计中,结构材料的选择对卫星的性能和功能至关重要。立方星的结构性能在很大程度上依赖于所采用材料的性能,因此,在设计立方体卫星时,需要选择合适的结构材料来降低重量、提高刚度和强度,并满足其他特定要求。实际设计中通常选择密度小、弹性模量和强度高的材料。此外,线膨胀系数小的材料可以有效减小热变形和热应力。

在航天器结构设计中,典型结构的制造涉及金属和非金属材料,每一种材料都有其优点和缺点。金属趋向于更均匀和各向同性,这意味着每个点和每个方向上的性质都相似。非金属材料如复合材料,在设计上是不均匀和各向异性的,这意味着性能可以根据方向载荷进行调整。目前,基于树脂或光致聚合物的增材制造已经足够先进,可以制造各向同性零件。一般来说,结构材料的选择取决于航天器的运行环境,同时要确保足够的发射和操作负载裕度。

4.5 "田园一号"立方星结构设计

4.5.1 "田园一号"立方星主承力结构设计

"田园一号"立方星主承力结构分系统(见图4.21)的主要功能是维持整星的结构稳定,承受发射段的力学载荷,落实星上设备布局。

卫星承力结构部分由2个3U框架、1个连接支架和4个固定框组成,如图4.22所示,其容易拆卸、设计灵活性高,方便对立方体卫星部分进行单独装配和修改,在保证结构强度的情况下减轻了立方星总质量,降低了一体化加工的难度,节省了制造立方星的成本。

图 4.21　卫星主承力结构

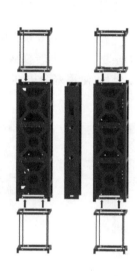

图 4.22　卫星承力机构爆炸图

2个3U主结构框架的外形尺寸均为100 mm×100m m×340.5 mm。向阳面采用了加固结构,与以往立方星相比,在尽可能降低结构质量的前提下大大加强了结构刚度。该框架材料选用6061铝合金,其具有良好的可成形性、可焊接性、可机加工性能,同时具有中等强度。框架表面做了黑色阳极氧化处理,使导轨的耐磨性得到进一步提高。3U框架考虑热控分系统的情况下,在标准的三单元主结构框架的基础上,提高了结构刚度和热控性能,其背阴面为全铝板覆盖,这样能够使星内热量更好地向外发散。

连接支架主要起连接作用,通过3 mm螺钉将两个3U框架可靠地连接,其结构强度和配合精度很高。其外形尺寸为43 mm×104 mm×325.4 mm。该支架材料选用7075铝合金,7075铝合金是高强度可热处理合金,具有良好的机械性能,具备耐磨、抗腐蚀、抗氧化等特点。

电单机固定框架通过M3螺钉与3U框架相连,8个加固框架外形均为100 mm×100 mm的正方形。

"田园一号"卫星是一颗六单元立方星,其中4个单元(姿控单元、通信单元、电源单元、星务单元)用作落实星上设备,2个单元用作容纳卫星推进系统。3U框架依靠笼型结构保护内部电单机,给卫星提供支撑,装配关系如图4.23所示。

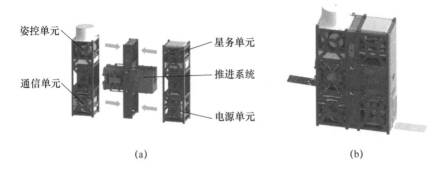

图 4.23 "田园一号"卫星星上设备布局

4.5.2 "田园一号"立方星太阳电池阵设计

"田园一号"立方体卫星有 5 块太阳能电池阵,如图 4.24 所示,每块电池阵面积为 329.4 mm× 197.8 mm。材料为平均光电转换效率不小于 30% 的三结砷化镓太阳电池,布阵方式为合阵。在轨寿命为 12 个月,使用寿命末期,输出电压不小于 13 V。

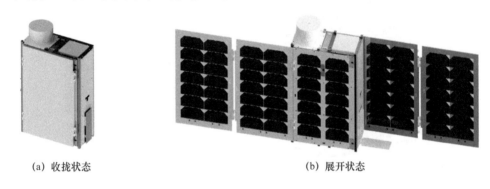

(a) 收拢状态   (b) 展开状态

图 4.24 "田园一号"卫星展开电池阵设计

4.5.3 "田园一号"立方星结构特性分析

"田园一号"卫星坐标系定义如图 4.25 所示。其中,OZ 轴指向地面;OX 轴与卫星飞行方向同向;OY 轴按右手法则确定,指向向阳面。

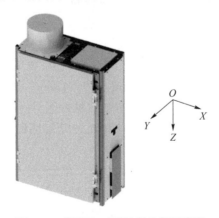

图 4.25 "田园一号"卫星坐标系定义

"田园一号"卫星总重 10 kg,质心位于 X 方向偏离形心 14 mm,Y 方向偏离形心 0.3 mm,Z 方向偏离形心 2.4 mm 处。质量参数如表 4.3 所列。

表 4.3 卫星质量特性参数表

质量/kg		10.0±1
质心位置/mm	X	14±5
	Y	0.3±5
	Z	2.4±5
质心处转动惯量/(kg·mm²)	I_{XX}	67 000±3 000
	I_{YY}	87 000±4 000
	I_{ZZ}	35 000±2 000
	I_{XY}	−900±45
	I_{YZ}	−700±35
	I_{XZ}	6 000±300

5 立方星热控系统设计与分析

5.1 立方星热控系统概述

热控系统是卫星不可或缺的一环,目的是为了保证其在太空轨道上有正常工作的环境。

卫星对热控系统的要求因其大小和种类而异,一般对于大型卫星来说热控主要有以下四方面的要求:

① 常温要求。对于星上一般的电子元器件来说,其工作环境的温度一般都是按照地面常温的条件来设定的。一般的电子设备保持在−20～+55 ℃的范围,而对于星上的充电电池来说,温度需要在−5～35 ℃的范围。

② 恒温要求。在星上的某些仪器设备需要一个恒定的温度环境,例如某卫星上的CCD相机要求工作环境温度为(18±3)℃。对于某些恒温要求很严格的载荷来说,一般都是在载荷的设计过程中解决温控问题。

③ 低温要求。是针对星上特殊的载荷而提出的,例如某星上的红外探测器,为了减少背景热噪声,需要很低的背景温度。低温要求一般是应用于大型航天器上,需要单独的热控设计。

④ 温度均匀性要求。是针对星上特殊载荷或者结构来要求的,特别是某些对于结构稳定性有极高要求的载荷,必须严格控制其热变形。Hubble望远镜恒温21.1 ℃,温差0.1 ℃,用36路精密加热器控温。

相较于大型卫星来说,立方星的热控又有少许的不同,具体有以下特点:

① 立方星的质量轻、结构简单、自身热容小,温度会随日照与阴影热流变化,卫星表面及星内载荷温度变化会比较大;

② 立方星由于体积较小,故能在一年四季任何时刻发射,而卫星在不同的热环境的轨道运行时,所受到的空间外热流变化较大,故需要立方星具有良好的轨道适应性;

③ 立方星体积小、星内仪器设备布置密度大、换热条件差,这需要充分利用和优化隔热、导热、辐射热交换条件等,更加有效地寻求散热方法;

④ 立方星的星上功耗一般不高,但往往星内元器件密集,热流密度大,热控措施也需要针对每颗卫星单独考虑。

因此,对立方星热控分系统的设计,不能因其质量轻、尺寸小而忽视与简化,需要给予足够的重视,认真分析研究立方星的热性能特点和热设计要求来"对症下药"。

5.2 立方星被动热控技术

对于立方星热设计来说,热控手段往往以被动热控手段为主。被动热控的优点是工作可靠,使用寿命长。被动热控手段主要有热控涂层、多层隔热和涂抹导热硅脂等。

5.2.1   热控涂层

热控涂层是在卫星结构的表面或者星体内部喷涂特殊的涂层材料,通过调整材料本身的热辐射性质来散热的。众所周知,在卫星所处的太空环境当中是没有稠密大气存在的,所以无法将卫星内部的热量通过热对流的方式传递出去,只能通过热辐射的形式散热,而单位面积辐射散热量的大小主要是由卫星表面材料的热辐射性质决定的。

通常情况下,卫星表面的材料都是铝合金,而铝的吸收率和发射率都很低,小于0.1,因此很难通过热辐射的形式散热。我们常用的手段是在星外表面喷涂白漆,提高星体的辐射率,降低吸收率。在星内对框架结构采用黑色阳极氧化处理,提高星内的辐射率,使热量更好地辐射到星体上散热。常用材料的太阳吸收率和辐射率如表5.1所列。

表 5.1   常用材料的太阳吸收率和发射率

涂层类型	涂层名称	太阳吸收率	辐射率
铝和铝合金	铝光亮阳极氧化	0.12~0.16	0.10~0.68
	铝合金光亮阳极氧化	0.18~0.32	0.10~0.74
	铝合金黑色阳极氧化	0.95	0.90~0.92
镀黑镍	铝镀黑镍	0.85~0.95	0.13~0.89
	不锈钢镀黑镍	>0.90	0.10~0.86
白漆	SR107 白漆	0.17±0.02	0.86~0.88
	S781 白漆	0.17	0.87
灰漆	S956 灰漆	0.71~0.92	0.87
	EZ665ZC 漆	0.30~0.80	>0.85
黑漆	ES665NFCG 漆	0.85	0.85
	S956 黑漆	0.93	0.88
第二表面镜	F46 薄膜镀铝	0.11~0.14	0.70~0.80
	聚酰亚胺薄膜镀铝	0.41	0.68
	石英玻璃镀铝	0.10	0.81

涂层手段是立方星热控最基本也是最重要的手段之一。任何在轨飞行的卫星表面都必须喷涂一定的热控涂层。一般情况下热控涂层需要满足以下几点性质:① 热控涂层需要具有一定的稳定性,尤其是对太阳辐射具有一定的耐性;② 具有可实施性,对于被喷涂材料具有一定的适应性;③ 喷涂材料应满足安全性、低污染性和低挥发性等要求。

5.2.2   多层隔热组件

多层隔热组件一般被称为多层,是热控措施当中不可缺少的一种重要材料。多层隔热材料具有极好的隔热性能,理论上多层隔热材料的导热系数可低至 10^{-5} W/(m·K),其导热性能和真空度有着密切关系,真空状态下的隔热性能比常态气压下的隔热性能要优几个量级。

此外,多层的质量轻,无粉尘,安装方便,普遍应用于各种航天器上。

多层隔热材料的基本结构一般由反射辐射热的辐射层和隔离传导热的间隔层组成。辐射层的材料一般由有机薄膜镀铝或者金属箔构成,其中有机薄膜的材料一般为聚酯膜或者聚酰亚胺薄膜。聚酰亚胺材料是热控当中经常使用的材料之一,在做热控试验时需要用由聚酰亚胺材料做成的胶带来固定试验卫星。金属箔的材料一般为铝箔。间隔层的材料一般是尼龙网或者其他低导热材料制成的网状物。多层基本上就是由 10~15 层上述材料构成的,多层结构示意图如图 5.1 所示。

图 5.1　多层结构示意图

在立方星上使用多层隔热组件一般有两个目的:一是尽可能减少星上仪器设备的热量损失;二是隔离外界环境所带来的外热流。在一般的大型航天器上,除了航天器本体的散热面、太阳能电池表面以及其他敏感元器件表面不覆盖多层材料以外,其余部分基本上都包覆多层隔热材料。此外,多层隔热材料也被用于航天器内部的推进液体储槽箱、推进管路部分和蓄电池舱部分。

相较于多层材料在大型卫星上的应用,多层在立方星上的应用更显得尤为重要。因为在立方星上的热控手段还是以被动热控为主,缺少了大型卫星上有的主动热控手段,立方星便只能通过打开散热面散热,但由于立方星的热容较小,故在散热的同时还需要隔热,对于立方星来说外界的热源主要是来自太阳的辐射。立方星上有太阳能电池阵接收太阳辐射来充电,太阳能电池阵在受太阳辐射时自身的温度可达到 70~90 ℃,若不将太阳能电池阵与卫星本体的隔热措施做好,很容易将热传导到卫星结构上,从而造成卫星内部的环境温度偏高,严重时会直接导致星上载荷失效。故对于立方星来说,多层的应用至关重要。

5.2.3　安装界面热阻

安装界面热阻简称接触热阻,是用来形容两个接触面之间传热能力的优劣。固体表面之间的传热能力不仅取决于两接触物体自身的材料特性,还与诸多因素有关,例如两接触面的表面状况、连接方式、安装工艺和接触面力的大小有关,这就造成接触热阻往往难以精确计算。接触热阻的大小对于立方星能否长期工作有着重要的影响。

接触热阻也分隔热和散热的作用,对于需要隔热的系统,接触热阻可以起到减少热流通路的热量流失,常见的可以采用隔热垫片。对于需要导热的系统,可以增大两表面之间的热传导率,使热量更方便传出外界。固体接触表面热传递的方式主要有三种形式:① 通过固体表面之间有效接触的部分传递热量;② 通过两固体表面间隙间的气体、液体或者其他杂质填料传递热量;③ 通过间隙之间的辐射传热。常见固体材料的导热性能如表 5.2 所列。

表 5.2　常见材料接触热阻

接触表面材料	均方根粗糙度/μm	接触压力/(10^6 Pa)	导热率/ (10^3 W·m^{-2}·K^{-1})
钛(6AL4V)	0.102	5.72	0.74
		13.93	2.95
		18.48	12.27
镁(Z31B)	0.102	3.24	5.45
		10.41	28.23
		18.41	121.00
铜(OFHC)	0.102	0.20	7.44
		2.28	10.11
		7.65	14.14
铝(7075)	0.102	3.65	7.04
		9.03	27.15
		17.10	134.6

对于需要导热的界面,最常用到的材料是导热脂。导热脂是一种方便、清洁的热控材料,能够有效提高固体接触面之间的导热性能,导热脂常由硅油、矿物油辅以银、铜、铁、氧化锌等导热填料制成,其中由硅油制成的导热脂称为导热硅脂,是立方星上常用的一种导热脂。立方星的结构较为固定,所以有时星上功率较大时整星散热面的面积会不足,这时需要将导热硅脂涂抹在结构与散热面之间,增加星内结构的热传导,使星内的热量更好地传导出去,常见导热硅脂的导热率如表 5.3 所列。

表 5.3　常见导热脂导热率

样品号	状　　态	针入度	导热率/ (W·m^{-2}·K^{-1})
77-07	较稀	—	14 828
77-08	均匀脂状物	82	18 045
SZ	均匀脂状物	72	25 766
77-10	均匀脂状物	60	29 642
77-11	胶状物	34	28 074

5.3　立方星主动热控技术

由于立方星自身的体积受限,一般仅采用加热片主动加热的手段来防止星内重要载荷的温度过低。

聚酰亚胺是耐热较好的材料,故常用聚酰亚胺制成的薄膜电加热片给星上加热。这种电加热片的优点是厚度小,一般情况下可以做到只有 0.09～0.14 mm 的厚度,且聚酰亚胺加热片的可塑性好,可以根据不同的环境制成相应的形状。在选取电加热片时需要先根据功率大小计算出阻值,其中需求功率根据热控设计需要确定。

对于一个电阻率为 ρ 的电热元件来说,若电热线的总长度为 L、截面积为 A,则电热元件的电阻值 R 为

$$R = \rho \frac{L}{A} \tag{5.1}$$

单位时间内的发热量为

$$Q = I^2 R \tag{5.2}$$

对于箔状电热元件来说,我们定义 ζ 为箔材的厚度,b 为加热线条宽,则该薄膜加热片的电阻为

$$R = \rho \frac{L}{\zeta b} \tag{5.3}$$

常用的一些薄膜电加热器的性能如表 5.4 所列。

表 5.4　薄膜电加热器性能

电加热片类型	厚　度	使用温度/℃	绝缘电阻/MΩ	耐电压/V
聚酰亚胺	0.09～0.14	−180～+180	>100	500
硅橡胶	0.2～0.5	−40～+200	>10	500
硅橡胶	0.5～1.0	+200	>10	500

5.4　立方星热控系统设计

5.4.1　立方星热控设计要求

立方星热控设计的基本准则与大型卫星的略有不同,具体总结为以下几点:

① 首先要正确处理热控分系统与卫星总体之间的关系,热控分系统为总体(尤其是卫星的有效载荷)服务,使卫星各部件温度处于设计温度范围内;其次,热控分系统也要向总体及其他分系统提出相应的技术要求,特别是在总体布局、结构设计等方面,只有做到统筹安排,才能使热控设计达到事半功倍的效果。

② 综合考虑卫星任务的各个阶段。卫星任务阶段分为地面段、上升段、轨道段、返回段、着落段。轨道段肯定应是卫星热设计中最应着重考虑的阶段,但其他各个阶段也应在热设计方案制定之前能适度考虑到。

③ 确保高的可靠性。卫星在论证、研制过程中,可靠性应始终被放在一个很高的高度。热设计的好坏、星上温度水平的差异,对卫星任务是否能完成有至关重要的影响。因此,在卫星的热设计时,要充分考虑可靠性原则。首先,如果被动热控措施能满足星上对热控系统的任务要求,就尽量不使用复杂的主动热控机制;其次,若未验证新的热控措施,应尽量使用成熟的、在轨验证过的热控方法。

④ 应具有良好的工艺性和较高的适应性。卫星必定要经历总装、测试、地面模拟试验等过程,只有具有良好的工艺性和较高的适应性,才能很方便地完成这些操作。而且这些操作过

程有可能对热控措施造成一定损坏,如何便捷地做到修补或替换,这些都应在选择热控措施时考虑到。

⑤ 应尽可能少消耗或不消耗卫星上的能源。卫星上的能源来源一般只能是太阳能电池阵产生的电量,但电量往往有个极限值,随着立方星功能集成度越来越高,功耗需求越来越多,立方星上电量越来越紧张,若在热控分系统中消耗更多电量,很可能导致星上电量不够用或有些载荷不能搭载的状况。

⑥ 要尽量减小热控系统的质量。立方星空间和重量有限,减小热控系统的质量,就可以放宽质量方面对载荷及其他分系统的限制。因此,在选用热控措施时,应统筹考虑热控效果和热控材料质量之间的关系。

但是,在实际的热控设计时,想要完全遵守上述各项原则几乎是不可能的,因为它们之间有些是相互限制约束的。这就需要在立方星总体设计和热设计时,从系统工程的角度,综合分析,仔细对比,争取为具体卫星任务做出合适的热控系统设计方案。

立方星热控的目的是保证星上载荷有一个适合的工作环境温度,立方星上常见的载荷及其适合工作的环境温度如表 5.5 所列。

表 5.5 "田园一号"立方星载荷环境适合温度

设备编号	设备名称	温度设计指标/℃	设备编号	设备名称	温度设计指标/℃
1	动量轮	−20～+50	8	X 频段数传机发射模块	−40～+60
2	动量轮控制板	−40～+60	9	下位机	−40～+60
3	配电板	−40～+60	10	姿控板	−40～+60
4	磁力矩器	−40～+60	11	电源控制板	−40～+60
5	蓄电池(充电)	0～+35	12	U/V 通信机	−40～+60
6	蓄电池(放电)	−20～+60	13	GPS 接收机	−40～+60
7	星务计算机	−40～+60	14	太阳能电池阵	−85～+85

5.4.2　典型部件的热设计

对于立方星来说,一般会有以下几种典型的热设计:

① 多层隔热的使用。在立方星的向阳面必然会安装太阳能电池阵,当立方星在轨工作时,电池阵的温度可达到+70～+90 ℃,所以必须在电池阵的背面与结构框架接触的中间安装隔热多层,一般多层的厚度为 10～15 层。

② 对于星内的框架一般都是做黑色喷漆或者黑色阳极氧化处理,这样可以增加框架结构的整体吸热能力,使整星温度更均匀,导热能力更强。同时对于星内的 PCB 板来说,一般都选用黑色的板子,以增大板子的辐射率,方便更好散热。同样对于立方星内表面也是喷涂黑漆,以增强吸收率。

③ 对于星外表面来说,在散热面的外表面都会喷涂白漆,增大辐射率,减少吸收率,使星内的热量更好散出去。在某些情况下,会在太阳能电池阵的背面贴上一层单层的镀铝膜,因为对于太阳能电池阵的高温来说,在背面贴上一层镀铝膜能够有效地减少辐射率,降低太阳能电池阵高温对星体的影响。

④ 对于星上某些敏感载荷,例如蓄电池等对温度要求较高的元器件来说,有时会用加热片或者加热电阻丝来确保该载荷的温度不会低于零下。

5.5 立方星热分析技术

5.5.1 热分析概述

卫星的热平衡是热设计的基础,可以根据能量守恒原理分析卫星在轨运行时的热平衡。对于一个在轨运行的卫星,其从宇宙吸收的能量与本身产生的能量之和等于卫星向空间放出的热量与卫星内能变化之和。总的能量平衡关系如下:

$$Q_1 + Q_2 + Q_3 + Q_4 + Q_5 = Q_6 + Q_7 \tag{5.4}$$

式中,Q_1 为卫星吸收的太阳辐射;Q_2 为卫星吸收的地球反照辐射;Q_3 为卫星吸收的地球辐射;Q_4 为空间背景加热;Q_5 为卫星自身产生的热流;Q_6 为卫星向空间宇宙的辐射;Q_7 为卫星内能变化,如图 5.2 所示。

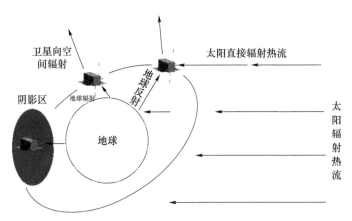

图 5.2　热平衡示意图

式(5.4)将卫星当作一个整体来看,描述了热平衡的基本原理,却无法真实反映卫星的传热及平衡状态。详细的热分析是将卫星分成许多微小单元,采用节点换热的方法,将卫星看作一个整体系统,根据卫星内部仪器设备的情况、内外换热方式、表面与环境的换热,将卫星离散化为若干个节点。每个节点的温度可以看作是相同的,但是不同节点的温度是有区别的,认为卫星内部不存在对流换热,只有辐射和传导两种形式。通过节点建立复杂的换热关系,离散化的卫星节点换热如图 5.3 所示。

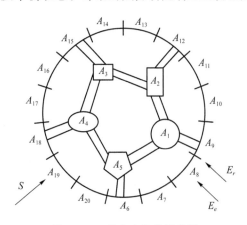

图 5.3　卫星节点换热示意图

根据换热关系建立物理模型,通过一系列热平衡方程组进行数值计算,其结果即为卫星的温度场。卫星在轨运行时,没有地面上存在的对流换热的情况,整星节点热平衡方程可以

表示为

$$(\alpha_{si}S\phi_{1i} + \alpha_{si}E_r\phi_{2i} + \varepsilon_{ei}E_e\phi_{3i})A_i + \sum_{j=1}^{N}B_{ji}A_j\varepsilon_j\sigma T_j^4 + Q_i +$$

$$\sum_{j=1}^{N}K_{ij}(T_j - T_i) = A_i(\varepsilon_{ii} + \varepsilon_{ei})\sigma T_i^4 + m_i c_i \frac{\mathrm{d}T_i}{\mathrm{d}\tau} \tag{5.5}$$

式中，A_i 为第 i 表面的表面积；B_{ji} 为第 i 表面对其他 j 表面辐射的吸收系数；K_{ij} 为第 i 节点与有关 j 点的导热组合参数；ε_{ii} 和 ε_{ei} 表示节点本身的发射率，对于卫星表面的节点，既有与内部的辐射换热，还有向太空的热辐射；m_i 为节点的质量；c_i 为节点的比热容；τ 为时间。

式(5.5)中的 E_r 及 E_e 由下式决定：

$$E_r = \rho S, \quad E_e = \frac{1-\rho}{4}S \tag{5.6}$$

式中，ρ 为地球对太阳辐射的平均反射率。

目前热分析技术主要采用仿真计算软件，只需要分析出立方星自身的工况及其外部条件因素，接着再将这些因素当作条件参数输入到仿真软件当中即可，软件会求解出温度场。需要注意的是，输入条件必须以实际情况为准，并且每一步都必须合理，否则计算得出的结果往往会与实际偏差很大。

5.5.2　轨道空间辐射外热流计算

立方星在太空中所处的热环境非常复杂，主要热量来源有三种：第一种也是最主要的一种热源是太阳，太阳到地球的距离相对固定，故太阳对地球的热辐射也变化不大，我们称太阳对地球的辐射大小为太阳常数，大小一般约为 1 367 W/m²；第二种热源是地球对太阳辐射的反射，这种热量和诸多因素有关，例如大气层、地球表面的地形等；第三种热源是地球的红外辐射。立方星在空间当中所受到的空间辐射外热流对于星体的受热分析至关重要，这不仅关系到我们对于星体热控操作的实施，也是地面上做热平衡试验的重要依据。

太阳辐射到卫星表面的热流是到达卫星表面的最主要热流。太阳光线虽在地球附近具有 0.5° 的发散角，但是在热设计中，一般将其视为平行光束。到达卫星上某一个表面 A 上的太阳辐射与阳光和该表面法线之间的夹角有关，可表达为

$$Q_1 = S \cdot \phi_1 \cdot A \tag{5.7}$$

式中，S 为太阳常数；ϕ_1 为太阳辐射角系数。

假设理想状态下地球反照为均匀漫反射，遵循兰贝特定律，且其反射光谱与太阳相同，反照率一般取为 $a = 0.30 \sim 0.35$。但是在不同轨道位置上到达卫星不同表面的反照外热流是各不相同的，因此到达卫星表面 A 的地球反照外热流可表示为

$$Q_2 = S \cdot a \cdot A \cdot \phi_2 \tag{5.8}$$

式中，ϕ_2 为地球反照角系数。

对于到达卫星某表面 A 的地球红外辐射外热流可表示为

$$Q_3 = \frac{(1-a)}{4}S \cdot \phi_3 \cdot A \tag{5.9}$$

式中，a 为地球对太阳光的反照率；ϕ_3 为地球红外角系数。

5.5.3　典型工况确定

立方星在轨时的工况通常较为复杂，影响因素众多，但在我们分析立方星在轨热况的时候

往往只用考虑高温工况和低温工况,只要保证立方星在这两种工况下的温度能够保持正常,则其他工况下的温度就都会在这两种工况的包络范围之内。

立方星的高温工况与星上的载荷和轨道有关。当立方星的轨道为高温时段,即立方星所受太阳的光照最接近直射时,同时星上的载荷也为最大功率时,这时立方星所受的外界热源与内部热源最大,定义为高温工况。在高温工况下应该重点考虑立方星的散热问题,防止星内温度过高,造成星内元件损伤。

立方星的低温工况一般选取卫星在轨时所受太阳照射的角度最小,同时星上载荷的功率也最小的时候,此时立方星所受的外界热源及内部热源都是最小的。在这种情况下需要考虑立方星的保温,防止星上温度过低。

因为立方星体积较小,所以自身的热容也较小,对于热量的吸收和流失都比较快。而热控需要做的事就是保证立方星在轨时候的温度始终保持在一个合适的状态且不会有太大的波动。

5.5.4　立方星温度场计算

采用 UG-NX 空间热分析模块,以"田园一号"卫星为例介绍立方星温度场仿真分析过程。

首先将真实模型简化(见图 5.4),再根据简化后的模型画网格(见图 5.5)。

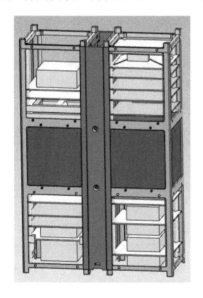

图 5.4　"田园一号"卫星简化后模型　　　　图 5.5　分析的网格模型

"田园一号"卫星网格都采用的是 2D 壳网格,对于星内的 PCB 板,选取了其中一个表面画了一层单层网格,再设置对应的网格属性。具体属性如图 5.6 所示。

一般情况下,星内的元件包括结构框架的吸收率和辐射率,都采用黑漆的吸收率和辐射率,方便散热。结构框体的参数如图 5.7 所示。

图 5.6　PCB 板薄壳属性　　　　　　　　图 5.7　结构体属性参数

（1）"田园一号"卫星热耦合实施

"田园一号"卫星的热耦合操作遵从凡是接触的部分都施加热偶的原则，对每个 PCB 板与螺柱接触的部分都添加了 $150\text{W}/(\text{m}^2 \cdot \text{C})$ 的热耦合，如图 5.8 所示。

图 5.8　耦合参数

（2）"田园一号"卫星热载

"田园一号"卫星单机热功耗如表 5.6 所列。

表 5.6 "田园一号"星上载荷功耗

载 荷	功耗/W	载 荷	功耗/W
771 载荷	1.5	固体推进	瞬时 120 W/ms
微推进	2	星务计算机	1.5
电源控制板	2.5	X 数传一体机	4.5
U/V 通信机 Rx	1(8 min)	动量轮	1
U/V 通信机 Tx	2.5(8 min)	姿控计算机	1.5
GPS	1.2	磁力矩器	0.5

(3)"田园一号"卫星辐射施加

在"辐射"类型当中选择"所有辐射",勾选"包括辐射环境",在"计算方法"里面选择"Monte Carlo(蒙特卡洛法)",设置"射线数量",一般是 2 000,数值越大计算越精细,但耗时越久,如图 5.9 所示。

图 5.9 辐射条件设置

(4)"田园一号"卫星轨道条件施加

"田园一号"卫星入轨参数要求为：

① 半长轴:6 888 km;

② 轨道倾角:97.463 3°;

③ 偏心率:0;

④ 降交点地方时:18:00 PM。

1 年内(1 Oct 2021 12:00:00.000 UTCG ~ 1 Oct 2022 12:00:00.000 UTCG)内太阳光照角变化情况如图 5.10 所示。

太阳光在冬至附近达到最小(约 58°),春分和秋分点前达到最大(接近 90°);夏至前后太阳光照角约为 73°;冬至附近受晒因子最小,约为 0.76,每年 2 月 9 号至 11 月 1

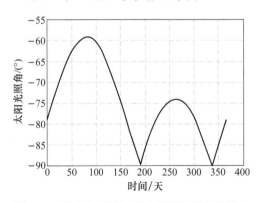

图 5.10 "田园一号"卫星太阳光照角变化情况

号器件满足全光照条件,受晒因子为 1;1 年内全光照时间持续 9 个月,期间太阳光照角≥70°。

因此,高温工况选春秋分的时候,且内部单机功耗最大,即在春秋分时接受星上数据,X 数传打开的情况。低温工况对应的应为冬至日的时候,且星内单机功耗最小,即冬至日 X 数传未开的情况。

综上,"田园一号"的轨道参数在"仿真对象类型"中的"轨道加热"施加,春秋分为高温工况,冬至为低温工况,具体如图 5.11 与图 5.12 所示。

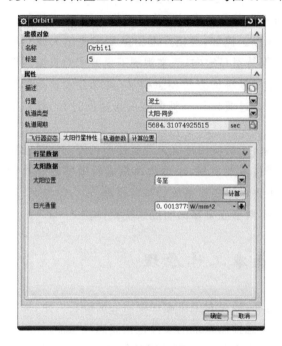

图 5.11 轨道参数

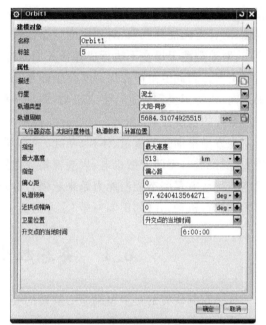

图 5.12 轨道参数

5.5.5 "田园一号"卫星温度场计算案例

星内载荷高温和低温工况温度范围如表 5.7 所列。

表 5.7 高低温工况星内载荷温度对比

星内单机	高温工况/℃	低温工况/℃	工作温度范围/℃
星务板	40~45	34~41	−40~+60
电池	27~32	20~25	−5~+35
固推内	23~28	20~24	−15~+45
固推外	12~16	5~9	−20~+55
X 数传	45~48	38~44	−40~+60
动量轮	24~28	20~24	−40~+60
姿控板	38~41	33~36	−40~+60

综上所述,由于"田园一号"卫星轨道为太阳同步晨昏轨道,且自身功耗较大,星上散热面有限,所以计算获得的温度偏高,但是总体符合卫星在轨温度需求。

6 立方星姿控系统设计与分析

姿态确定与控制分系统是卫星平台的重要组成部分之一，主要实现卫星姿态的实时测量、姿态的精确指向和姿态的机动控制等功能，支持星上载荷完成对地稳定成像、对固定目标凝视成像、对日定向能源获取、对地定向数据传输等任务。例如，通信广播卫星要求通信天线对地定向，对地观测卫星在不执行成像任务期间都要保持对日定向，天文观测卫星要求对日或某颗恒星定向。因此卫星需要保持本体坐标系相对参考基准的方位姿态稳定，实现有效载荷的精确指向；或者卫星需要进行姿态机动，即从一种姿态过渡到另一种姿态的再定向过程，都需要姿控系统的精准控制。

立方星早期受到重量、体积、功耗、成本等约束，无法使用传统大卫星使用的姿态测量敏感器和执行机构，但随着微机电、大规模集成电路等技术的发展，小型化高集成的敏感器和执行机构使得立方星姿态控制能力越来越强。本章主要讲述姿控系统的基本原理、动力学基础、敏感器和执行机构，并以"田园一号"立方星为例介绍典型立方星的姿控系统设计。

6.1 姿态控制基本工作原理

姿态控制研究的是卫星绕质心旋转的姿态运动，通过对卫星施加绕质心的旋转力矩，保持或按需改变卫星在空间的方位。一般而言，卫星姿态控制系统的硬件包括姿态敏感器、控制器和执行机构三部分，软件则包括敏感器测量信息处理和控制逻辑所需的算法。随着空间技术的发展，卫星执行的空间任务越发复杂，对姿态确定与控制分系统的功能和性能要求也随之提高。卫星姿控系统原理图如图 6.1 所示。

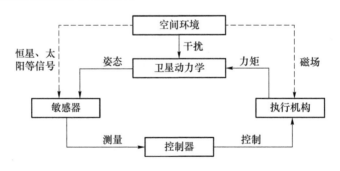

图 6.1 卫星姿控系统原理图

姿态控制系统包括姿态确定子系统和姿态控制子系统两部分。姿态确定子系统利用星上的姿态敏感器测量外部参考坐标（如恒星、太阳等）相对星体坐标系的方位，确定星体相对参考坐标系的姿态角，输出卫星的三轴姿态参数；姿态控制子系统根据姿态误差形成指令，通过执行机构产生控制力矩来实现卫星的姿态控制。姿控系统通过闭环反馈，完成对卫星姿态的精准控制。

6.1.1 姿态确定原理

姿态确定是姿态控制的前提,它的输入信息是姿态敏感器的测量数据,输出是卫星的三轴姿态参数。姿态确定系统主要由姿态敏感器和相应的信息处理算法即姿态确定算法组成,姿态确定精度受姿态敏感器测量精度和姿态确定算法精度的综合影响。

1. 姿态测量敏感器

姿态测量敏感器由测量变换器和信号处理线路两部分组成,姿态测量敏感器根据测量变换器不同可分为光学敏感器、惯性敏感器、射频敏感器和磁敏感器等。光学敏感器可通过测量外部参考坐标(如恒星、太阳、地球)相对星体坐标系的方位来确定星体相对某参考坐标系的姿态角。但受敏感器带宽限制,仅利用这些角度敏感器无法精确获得卫星姿态的动态变化信息,一般需配合惯性敏感器,比如高精度速率(积分)陀螺,通过连续测量星体姿态角速度,把测量结果作为星体姿态基准。但陀螺定姿精度会受到陀螺漂移的影响,因此需要其他类型敏感器提供校正信息。因此,卫星姿态确定系统往往采用以陀螺为基准,几种角度敏感器组合对陀螺漂移进行校正的方式。

下面介绍四种敏感器。

(1) 光学敏感器

光学敏感器对某些姿态参考源(主要是天体)发出或反射的光辐射敏感,并借此获取卫星相对于这些参考源的姿态信息。光学敏感器按参考源分类可分为地球敏感器、太阳敏感器、恒星敏感器、月球敏感器和行星敏感器等。

(2) 惯性敏感器

惯性敏感器利用力学规律获取卫星相对于惯性空间的姿态信息。惯性敏感器包括陀螺仪和惯性平台。与其他姿态敏感器相比,惯性敏感器不但能得到姿态参数,还能输出姿态参数的变化率。此外,它的工作方式是自主的,完全不依赖外界条件,有利于保证卫星在特殊情况下不失去姿态信息。

(3) 射频敏感器

射频敏感器可接收人工发射站发射的射频电波,并借此获得卫星相对于发射站的姿态信息。常用的射频敏感器有单脉冲比相射频敏感器和单脉冲比幅射频敏感器两种。前者利用的工作原理是两副天线所收到的射频信号的相位差与姿态有一定的关系,后者利用的工作原理是两副天线所收到的射频信号的幅度差与姿态有一定的关系。

(4) 磁敏感器

磁敏感器利用天体(主要是地球)的磁场获取卫星相对于天体的姿态信息,习惯上多称之为磁强计。常用的磁敏感器有搜索线圈式和磁通门式两种。搜索线圈式磁强计的线圈在磁场中运动,线圈中感应电势的相位是姿态的函数。磁通门式磁强计有两个分别用交流激磁的铁芯,外磁场使这两个铁芯的总磁通出现二次谐波,其大小和符号是姿态的函数。

对姿态敏感器的各项性能进行比较,比较结果如表 6.1 所列。

表 6.1 卫星姿态敏感器的比较

类 别	优 点	缺 点	精度范围
地球敏感器	信号强、轮廓分明、分析方便,适合对地飞行的近地轨道	易受太阳干扰	0.5°～0.03°
太阳敏感器	信号源强、视场大、功耗低、质量轻	阴影区没有信号输出	0.5°～0.01°
星敏感器	精度高、自主性强、没有活动部件、不受轨道高度的干扰	结构与系统复杂、成本高、视场一般较小、对环境要求高	20″～1″
三轴磁强计	使用成本较低、功耗小、对低轨道卫星的敏感程度高	受轨道高度影响大、容易受星上电磁干扰	3°～0.3°
光纤陀螺仪	精度高、动态响应速度快、不受轨道干扰	功耗一般较大、具有漂移、对环境要求高	0.1°～0.000 1°/h

2. 姿态确定算法

对于卫星的姿态确定系统,其采用的姿态确定算法直接决定了姿态确定精度,且能弥补姿态确定系统硬件不可避免的系统误差和外界干扰带来的不利影响,从而提高姿态确定精度。姿态确定方法分为两类,一类是确定性方法,另一类是状态估计方法。

确定性方法是根据一组矢量观测值求出卫星的姿态,有 TRIAD、q-方法、QUEST 法等。确定性方法结构简单清晰,但是无法考虑测量过程和模型中的各种误差,而且只能处理星敏感器这类输出观测矢量敏感器输出的数据,无法处理陀螺数据。

状态估计算法根据姿态敏感器的测量模型,以姿态确定系统中的某些参数作为状态变量,建立系统状态方程和量测方程,通过估计算法以观测量估计出状态量。针对卫星姿态确定系统这一非线性系统,常用的状态估计算法有拓展卡尔曼滤波(Extended Kalman Filter,EKF)、无迹卡尔曼滤波(Unscented Kalman Filter,UKF)、容积卡尔曼滤波(Cubature Kalman Filter,CKF)和粒子滤波(Particle Filter,PF)。

6.1.2 姿态控制原理

卫星在轨运行时,经常会受到太阳、地球的干扰,这些外界环境干扰产生的力矩对卫星的姿态有所影响,导致卫星的三轴姿态指向发生变化,因此必须保证卫星姿态足够的指向精度和控制稳定度。卫星的姿态控制对卫星的姿态精度和稳定度起决定性作用。根据对卫星的不同工作要求,卫星姿态的控制方法也不同,按是否采用专门的控制力矩装置和姿态测量装置,可把卫星的姿态控制分为被动姿态控制和主动姿态控制两类。

1. 被动姿态控制

被动姿态控制系统是指不需要任何姿态执行机构、姿态传感器来对卫星三轴姿态进行控制的系统,它是通过利用外界较为稳定的地球磁场、地球重力、卫星自旋等组合进行卫星的姿态控制。姿态的被动控制系统一般分成两种姿态控制类型:

① 自旋稳定:自旋稳定作为被动控制中最简单的方法,其原理是利用航天器绕自旋轴旋转所固定的陀螺轴来确定航天器在惯性空间中自旋轴的方向,但不具有控制自旋速度和重定向或使自旋轴前移的能力。卫星从自旋开始以后,就不需要再添加其他控制,但是由于外界环境的扰动,又会导致自旋轴的进动和动量矢量的漂移。如果不进行校正,定位精度就会降低,因此,这种方法不适合长期作业。

② 环境力矩稳定:环境力矩稳定是卫星被动控制方法的另一种类型。地球的磁力、重力、大气阻力以及太阳辐射压力都能够对卫星产生力矩作用。卫星可通过结构设计来对外界的干扰力矩进行利用,通过选取不同的轨道高度,卫星可利用的外界力矩种类也不尽相同,但只要能够利用外界力矩使卫星三轴姿态达到稳定状态,则卫星姿态控制系统稳定。

2. 主动姿态控制

主动姿态控制系统通过传感器来实时测量立方星的三轴姿态,通过控制算法对执行机构发送指令,执行机构产生控制力矩可使卫星达到目标三轴姿态,属于闭环控制系统。姿态控制系统一般由控制器、执行机构、传感器组成。一种典型的零动量三轴稳定卫星姿态控制系统的工作原理如图 6.2 所示。

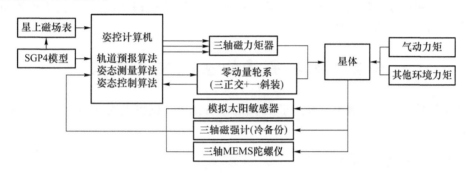

图 6.2 卫星姿态主动控制系统工作原理图

立方星通过传感器接收到测量数据以后,经过相关计算得到卫星实时的三轴姿态角及角速度。计算可知三轴姿态与期望姿态的偏差值,通过姿态控制算法计算出需要的控制量并发送给执行机构。姿态执行机构根据控制算法给出的控制量控制飞轮等执行机构,产生相应的控制力矩,实现对卫星本体姿态的控制。

因此,可以看出在卫星的姿态控制系统中,姿态控制器和姿态执行机构是两个重要的部分。提高姿态控制精度的关键是设计合理的执行机构和选择一个合适的能够运用到工程上的控制算法。目前卫星的执行机构有很多种,下面介绍常用于微纳卫星的三种执行机构。

(1) 动量轮

动量轮的工作原理是通过控制器传给电机的电流大小来控制动量轮的角动量,形成与角加速度成正比的控制力矩,从而达到使卫星产生姿态机动的效果,这个过程称作动量轮控制过程。动量轮通过控制电机电流实现控制转子角加速度,提供输出力矩的目的。根据安装位置和工作原理,动量轮可分为零动量轮和偏置动量轮。

零动量轮是通过控制飞轮转速变化来为星体提供控制力矩的,以实现对立方星的姿态控制。偏置动量轮是通过保持飞轮自身以恒定转速高速旋转,来抵抗外部干扰。相较于偏置动量控制,零动量控制能实现高精度的三轴稳定控制,具有集成度较高、冗余度高、可靠性高以及寿命长等优点,可保证立方星在轨长期正常工作。

(2) 磁力矩器

磁力矩器是通过控制器控制磁棒中的电流大小及方向来控制磁力矩器产生的磁矩大小,其产生的磁矩与地球磁场作用产生力矩来控制卫星的三轴姿态。磁力矩器由磁棒和缠绕在磁棒外侧的线圈构成。一般在进行低轨立方星总体设计的时候,会分别在卫星的 X 轴、Y 轴、Z 轴安装一个磁力矩器,磁力矩器通过驱动电路供电以后产生期望的磁矩,与地球的磁场作用产生力矩,从而起到控制卫星姿态的作用。磁力矩器通常用于卫星的速率阻尼任务或动量轮的磁卸载任务。

(3)推进器

各种形式的推进器既可以作为卫星轨道控制的执行机构,也可以作为立方星的姿态控制执行机构。空间使用的推进器主要分为化学推进器、微型电推进器以及冷气推进器等。立方星三轴安装的推力器可产生控制力矩直接完成姿态控制,或提供动量轮卸载力矩,还可提供轨道机动过程中的推力偏心补偿等。

姿态控制器中的核心是控制律。姿态控制器利用期望值(输入姿态角)与实际值(输出姿态角)之间的误差信号,根据所施加的控制律将误差信号转换为控制信号,控制信号作用到执行机构上使卫星的姿态趋近于期望姿态角。经典的控制率有 PID 控制理论、鲁棒控制理论、模糊控制理论和变结构控制理论。

6.2 立方星姿控系统发展现状

立方星姿控系统的发展主要经历了三个阶段,分别是纯磁控系统、偏置动量控制系统和零动量控制系统。

6.2.1 纯磁控系统

纯磁控属于早期的卫星姿态控制技术,早在 20 世纪 70 年代,大部分卫星采用自旋稳定方式,再利用磁力矩器实现自旋卫星的进动控制和章动阻尼。许多学者设计了多种磁控制律,如 PID 控制、滑模控制、自抗干扰控制等,并在实际工程中进行应用。

ION 卫星为美国伊利诺伊州立大学学生研制的一颗双单元立方星,卫星于 2006 年发射入轨,主要用于测试微型电推力器和进行对地遥感成像,如图 6.3 所示。卫星采用 Honeywell 公司的 HMC2003 磁强计和体贴式的太阳电池阵辅助进行姿态测量,采用磁线圈作为姿控执行机构(见图 6.4),实现的姿态指向精度为 20°,姿态稳定度为 0.12°/s。

图 6.3 ION 立方星　　　　　图 6.4 ION 立方星用到的磁线圈(打印在 PCB 板内部)

COMPASS-1 卫星是由德国亚琛应用技术大学研制的一颗对地遥感立方星,如图 6.5 所示,2008 年发射入轨,采用太阳敏感器和磁强计测量卫星姿态,使用三轴磁力矩器输出控制力矩,姿态指向精度为±8°。

SwissCube 是洛桑联邦理工学院、洛桑和瑞士大学的多个实验室联合开展的立方体卫星项目,是一颗 1 单元立方星,质量不足 1 kg,如图 6.6 所示,该星的载荷为一块 AIS 接收机,于 2009 年发射入轨。

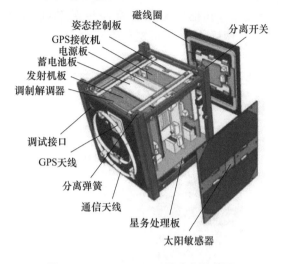

图 6.5　COMPASS-1 卫星内部结构图

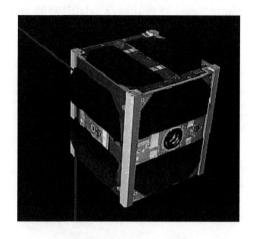

图 6.6　SwissCube 卫星

SwissCube 卫星姿态确定敏感器由三轴磁强计、3 个单轴 MEMS 陀螺仪以及 6 个 MEMS 太阳敏感器组成,使用主动磁控的方式进行卫星姿态控制,其内部部组件爆炸图如图 6.7 所示。

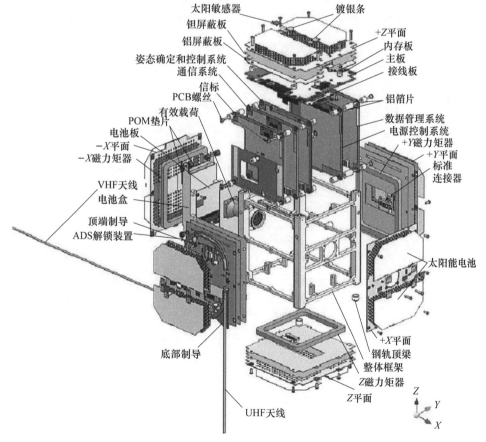

图 6.7　SwissCube 卫星内部分解图

RAX-1 和 RAX-2 为两颗三单元的射电极光探测立方星,如图 6.8 所示,分别于 2010 年和 2011 年发射,主要任务是对地球电离层地磁场进行探测。RAX 系列立方星采用了 OSRAM 公司 SFH430 光电二极管作为粗太阳敏感器,其他姿态测量组件包括 PNI 公司 MicroMag-3 磁强计以及 ADIS16405 惯性测量单元。两颗立方星的姿态控制均为纯磁控方式,姿态控制执行机构主要为磁力矩器,控制精度为 ±10°。

(a) RAX-1 (b) RAX-2

图 6.8 RAX 系列立方星

AAUSat3 是丹麦奥尔堡大学电子系统系在校学生开发的第三颗 1 单元立方星,于 2013 年作为次级载荷发射入轨,如图 6.9 所示,该星的任务是接收全球分布的船舶自动识别信号。

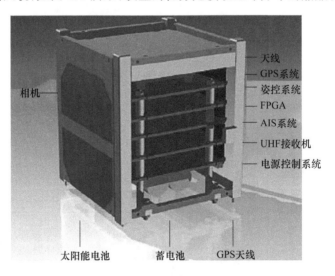

图 6.9 AAUSat3 立方星

AAUSat3 的姿态控制系统使用磁力矩器作为执行执行机构提供三轴稳定力矩,磁强计和陀螺仪分别提供姿态和角速率测量,其 ADCS 框图如图 6.10 所示。

纯磁控的优点在于系统硬件架构简单,无活动的执行机构,在轨工作可靠性高,且磁力矩器的功耗较低、成本较为低廉。但由于仅能输出垂直于地磁矢量方向的磁控力矩,导致姿态控制精度仅为 10°左右,且由于磁控力矩很小,导致姿态控制时间通常在数百秒以上。纯磁控适用于对姿态控制精度要求较低的场合。

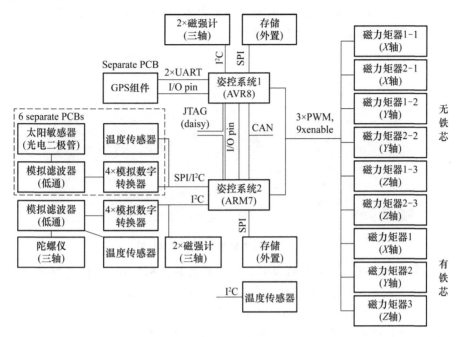

图 6.10　AAUSat3 卫星 ADCS 框图

6.2.2　偏置动量控制系统

偏置动量控制的原理是利用偏置角动量的定轴性在滚动-偏航轴产生陀螺罗盘效应进行姿态稳定。偏置动量控制系统的执行机构为偏置动量轮,需保证飞轮转速不过零,且整星角动量为一个偏置值。单独使用偏置动量轮对卫星进行姿态控制时,偏置动量轮只能起到类似于陀螺的定轴作用,这种情况下控制精度比较低,大部分在±5°～±10°,不适合高精度姿态控制任务。目前,偏置动量轮与磁力矩器联合进行姿态控制,是微纳卫星最为常见的一种姿态控制方式,在控制转速使星体定向的同时,还能够实现星体的进动和章动控制。在国内外已经发射的卫星中,偏置动量技术应用已较为成熟。

加拿大多伦多大学空间实验室研制了 Canx 系列立方星,其中 Canx-2 是一颗三单元立方星,采用的姿态控制方式为偏置动量控制模式,如图 6.11 所示。

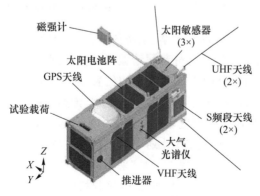

图 6.11　Canx-2 立方星

该星搭载了大气光谱仪,可对地球大气进行探测。其姿态控制系统执行机构主要包括安装在 Y 方向的 30 m·N·ms 偏置动量轮和三轴磁力矩器,如图 6.12 所示,姿态测量系统主要包括磁强计与太阳敏感器,三轴姿态控制精度可达 ±1°。

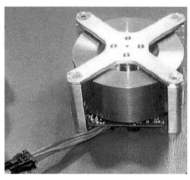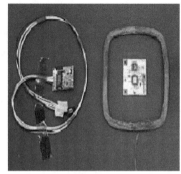

图 6.12　Canx-2 立方星 ADCS 部组件

加州理工学院和萨里大学萨里航天中心联合研制的 AAReST 卫星,包括两个 MirrorSat 和两个 CoreSat,MirrorSat 是一颗三单元立方星,如图 6.13 所示。

MirrorSat 立方星的传感器如图 6.14 所示,包括磁强计、太阳敏感器、粗太阳敏感器以及 MEMS 陀螺仪,执行机构包括磁力矩器、俯仰轴动量轮以及丁烷冷气推进装置。

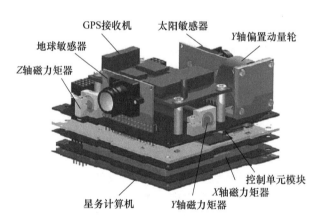

图 6.13　MirrorSat 立方星　　　　**图 6.14　MirrorSat 立方星 ADCS**

近年来,国内南京理工大学、浙江大学、国防科技大学、哈尔滨工业大学和西北工业大学等单位研制的立方星姿态控制系统大部分都属于偏置动量控制方式。其中,浙江大学研制的"皮星一号"系列卫星(见图 6.15)是国内发射最早的偏置动量微纳卫星,重约 3 kg。"皮星一号"的姿态确定系统采用基于 Honeywell HMC1001/1002 传感器的三轴磁强计,以及粗太阳敏感器和 MEMS 陀螺。姿态控制采用偏置动量轮加磁力矩线圈的设计。

"南理工二号"立方星是欧盟 QB50 计划中的一颗大气科学探测卫星,于 2017 年由国际空间站发射入轨,如图 6.16 所示。"南理工二号"采用两个 Y 轴偏置动量轮冷备份的姿控方式,姿态测量使用三轴磁强计和陀螺仪,搭载的 GPS 接收机用于实现定轨和授时。

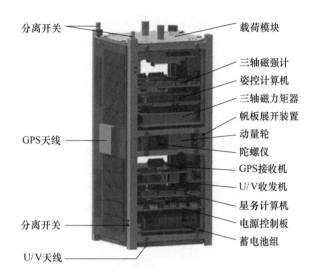

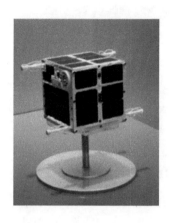

图 6.15　浙大"皮星一号"　　　　**图 6.16　"南理工二号"立方星内部布局图**

　　偏置动量控制方式通常仅需要在俯仰轴安装一个偏置动量轮,且动量轮恒速即可,无须频繁加减速或正反转,因此系统相对较为简单可靠;因为整星偏置角动量的存在使得姿态具备一定的抗干扰能力,所以系统的稳定性也较好。但同时也由于偏置角动量的存在,使得滚动通道和偏航通道存在较大的耦合,姿态控制精度无法满足高精度指向应用的需求。

6.2.3　零动量控制系统

　　零动量姿态控制系统是目前立方星广泛应用的姿态控制方式,适用于高精度姿态控制任务。零动量控制的工作原理是通过卫星与动量轮之间的角动量交换,实现卫星的三轴姿态控制。零动量控制系统的执行机构为动量轮,需保证动量轮的转速和方向可调,且整星角动量维持在零附近。在工程应用中最为普遍的是三正交一斜装的动量轮系统,因其具有控制算法简单、动量轮安装要求低、具有一定冗余能力等优点,成为应用最多的零动量控制系统。

　　芬兰阿尔托大学研制的 Aalto-1 立方星如图 6.17 所示,其姿态控制方式为零动量控制。Aalto-1 是一颗三单元立方星,尺寸为 34 cm×10 cm×10 cm,质量约为 4 kg。

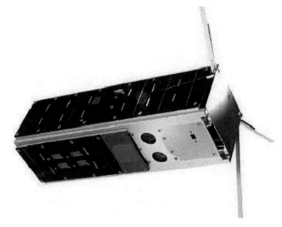

图 6.17　Aalto-1 立方星

Aalto-1 立方星采用 3 个反作用轮及 3 个磁力矩器结合的方式进行姿态控制,如图 6.18 所示,姿态敏感器包括 MEMS 陀螺仪、纳型星敏感器及磁强计等,指向精度远小于 1°。

图 6.18   Aalto-1 立方星 ADCS 部组件

IOD-1 GEMS(在轨示范一号/全球环境监测立方星)由 Innovate UK 公司及 Catapult 公司管理研发,如图 6.19 所示。IOD-1 GEMS 外形基于标准三单元立方星,采用 3 个反作用轮、5 个磁力矩器以及推进器结合的方式进行零动量控制,姿态敏感器包括 5 个粗太阳传感器、GPS 接收器、三轴磁强计、陀螺仪以及 4 个额外的太阳敏感器,在太阳光下指向精度小于 0.5°,并具有小于 2°的指向控制。

图 6.19   IOD-1 GEMS 立方星

ABEX 卫星项目由阿拉巴马州的多所大学合作开发,其外形为十二单元的立方星,质量约为 25 kg,如图 6.20 所示。ABEX 立方星采用 3 个动量轮、3 个磁力矩器以及推进器结合的方式进行零动量控制,姿态敏感器包括星敏感器、GPS、陀螺仪、太阳敏感器以及三轴磁强计。

美国 Terran Orbital 公司开发的近距离操作演示(CPOD)项目于 2022 年 5 月 26 日发射入轨,将使用 2 颗三单元立方星在轨演示交会、近距离操作和对接任务。每颗立方星的尺寸为 10 cm×10 cm×33 cm,重约 5 kg,如图 6.21 所示。

CPOD 卫星具有三轴姿态测量和控制能力,可以实现对地面跟踪、对地三轴稳定和对日定向功能,其姿控系统如图 6.22 所示,姿态敏感器包括三轴太阳敏感器、三轴磁强计、2 个星敏感器等,执行机构包括三轴反作用轮、三轴磁力矩器以及 8 个冷气推进器。反作用轮最大转速 10 000 r/min,输出力矩为 3 mN·m,CPOD 卫星指向精度小于 0.15°。

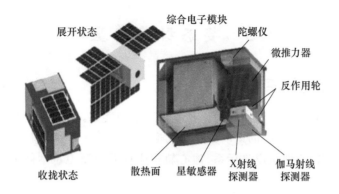

图 6.20 ABEX 立方星

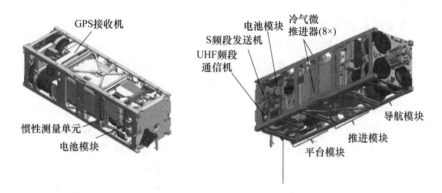

图 6.21 CPOD 立方星

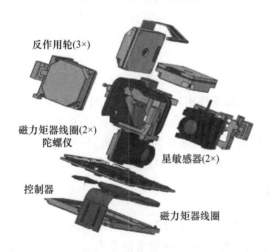

图 6.22 CPOD 立方星姿态控制系统组成

目前,随着有效载荷小型化和低功耗技术的不断进步,使用立方星平台完成复杂空间任务的需求日益增多,因此高精度的姿态控制也成为了立方星控制系统的研究重点。其中,姿控系统中执行机构和控制算法的设计是提高卫星控制精度的关键,相较于早期卫星的纯磁控、偏置动量控制方式,零动量控制具有更高的精度及稳定性,应对复杂的系统时其控制也更为灵活,因此零动量控制已成为立方星高精度姿态控制的主要方式。

6.3 姿态动力学基础

6.3.1 参考坐标系

卫星的姿态是相对于坐标系而言的。要说明卫星的姿态,首先需要选定坐标系。基于不同的坐标系描述卫星姿态,对应的运动方程形式也不同。常见的参考坐标系包括地心惯性坐标系、地心固连坐标系、当地轨道坐标系、地心轨道坐标系以及卫星本体坐标系等,如图 6.23 所示。

地心惯性坐标系 $O_E X_I Y_I Z_I$ 的坐标系原点 O_E 在地心处,$O_E X_I$ 轴在赤道平面内指向春分点,$O_E Z_I$ 轴与地球的自转方向重合,且以指向北极的方向为正,$O_E Y_I$ 轴与另外两轴构成右手直角坐标系。该坐标系通常用于描述卫星在惯性空间中的位置与速度。

地心固连坐标系 $O_E X_E Y_E Z_E$ 的坐标系原点 O_E 在地心处,$O_E X_E$ 轴在赤道平面内指向子午线与赤道平面的交点,$O_E Z_E$ 轴与地球的自转方向重合,且以指向北极的方向为正,$O_E Y_E$ 轴与另外两轴构成右手直角坐标系。

通常而言,当地轨道坐标系 $O_C X_O Y_O Z_O$ 的坐标系原点 O_C 在卫星质心处,不过由于在某些情况下卫星的质心会发生变化,为了便于建立动力学方程,也可以将坐标系原点 O_C 放在卫星形心处。$O_C X_O$ 轴在轨道平面内指向卫星的飞行方向,$O_C Y_O$ 轴垂直于轨道平面,且以轨道平面的负法线方向为正,$O_C Z_O$ 轴与另外两轴构成右手直角坐标系,当卫星轨道为圆轨道时 $O_C Z_O$ 轴指向地心方向。该坐标系通常作为描述卫星姿态的参考坐标系。没有特殊说明的情况下,在文献中提到的"轨道坐标系"一般是指当地轨道坐标系。

地心轨道坐标系 $O_E X_P Y_P Z_P$ 的坐标系原点 O_E 在地心处,$O_E X_P$ 轴在轨道平面内指向卫星的质心,$O_E Z_P$ 轴垂直于轨道平面,且以轨道平面的正法线方向为正,$O_C Y_P$ 轴与另外两轴构成右手直角坐标系。

卫星本体坐标系 $O_C X_B Y_B Z_B$ 与当地轨道坐标系相同,坐标系原点 O_C 可以放在卫星的质心或形心处,且三轴均与卫星的惯性主轴重合。对于对地定向卫星而言,当卫星的姿态角均为零时,本体坐标系与当地轨道坐标系重合,$O_C X_B$ 轴在轨道平面内指向卫星的飞行方向,也称滚动轴(roll axis),$O_C Y_B$ 轴垂直于轨道平面,且以轨道平面的负法线方向为正,也称俯仰轴(pitch axis),$O_C Z_B$ 轴与另外两轴构成右手直角坐标系,也称偏航轴(yaw axis)。

6.3.2 姿态描述

卫星的姿态就是卫星本体坐标系相对于参考坐标系的位置关系。常见的姿态描述方式包括欧拉角、四元数、罗德里格参数和修正罗德里格参数等。由于卫星的姿态是唯一确定的,因此各种姿态参数之间可以相互转换。

(1) 欧拉轴/角参数

假设旋转轴 $e = [e_1, e_2, e_3]^T$,且 $e_1^2 + e_2^2 + e_3^2 = 1$,旋转角为 ϕ,则姿态矩阵为

$$\boldsymbol{A}_{e,\phi} = \begin{bmatrix} \cos\phi + e_1^2(1-\cos\phi) & e_1 e_2(1-\cos\phi) + e_3\sin\phi & e_1 e_3(1-\cos\phi) - e_2\sin\phi \\ e_2 e_1(1-\cos\phi) - e_3\sin\phi & \cos\phi + e_2^2(1-\cos\phi) & e_2 e_3(1-\cos\phi) + e_1\sin\phi \\ e_3 e_1(1-\cos\phi) + e_2\sin\phi & e_3 e_2(1-\cos\phi) - e_1\sin\phi & \cos\phi + e_3^2(1-\cos\phi) \end{bmatrix}$$

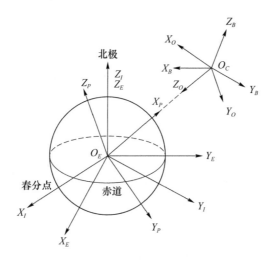

图 6.23 常见的参考坐标系示意图

需要注意的是,在工程上,由于欧拉轴/角参数会随时间变化,且难以掌握变化规律,故一般不予采用。但是欧拉轴/角参数具有鲜明的物理意义,有助于理解卫星的姿态变化和其他的姿态参数。

(2)欧拉角

根据欧拉定理,刚体绕固定点的角位移可以是绕该点的若干次有限转动的合成。因此,将参考坐标系旋转三次即可得到卫星本体坐标系,每一次旋转的角度就是欧拉角。对于对地定向卫星而言,一般采用当地轨道坐标系作为参考坐标系,按照 3－1－2 的顺序依次旋转偏航角 ψ、滚动角 φ、俯仰角 θ 后,就得到了卫星本体坐标系。姿态矩阵为

$$\boldsymbol{A}_{\psi,\varphi,\theta}=\begin{bmatrix} \cos\theta\cos\psi-\sin\varphi\sin\theta\sin\psi & \cos\theta\sin\psi+\sin\varphi\sin\theta\cos\psi & -\cos\varphi\sin\theta \\ -\cos\varphi\sin\psi & \cos\varphi\cos\psi & \sin\varphi \\ \sin\theta\cos\psi+\sin\varphi\cos\theta\sin\psi & \sin\theta\sin\psi-\sin\varphi\cos\theta\cos\psi & \cos\varphi\cos\theta \end{bmatrix}$$

在小角度机动的情况下,姿态矩阵可以简化为

$$\boldsymbol{A}_{\psi,\varphi,\theta}=\begin{bmatrix} 1 & \psi & -\theta \\ -\psi & 1 & \varphi \\ \theta & -\varphi & 1 \end{bmatrix}$$

假设滚动角为 $\pm 90°$,则 $\boldsymbol{A}_{\psi,\varphi,\theta}$ 变成如下形式:

$$\boldsymbol{A}_{\psi,\varphi,\theta}=\begin{bmatrix} \cos(\psi+\theta) & \sin(\psi+\theta) & 0 \\ 0 & 0 & 1 \\ \sin(\psi+\theta) & -\cos(\psi+\theta) & 0 \end{bmatrix}$$

可以看到,此时改变偏航角 ψ 和俯仰角 θ 所产生的效果是一致的,也就是在空间上失去了一个自由度,这就是欧拉角的万向锁,也称死锁。

(3)四元数

由参考坐标系到卫星本体坐标系的四元数为 $\boldsymbol{q}=[q_0,q_1,q_2,q_3]^{\mathrm{T}}$,有

$$q_0=\cos\frac{\phi}{2}, \quad q_1=e_1\sin\frac{\phi}{2}, \quad q_2=e_2\sin\frac{\phi}{2}, \quad q_3=e_3\sin\frac{\phi}{2}$$

$$q_0^2 + q_1^2 + q_2^2 + q_3^2 = 1$$

其中，$e = [e_1, e_2, e_3]^T$ 是旋转主轴；ϕ 是旋转角；$\bar{q} = [q_1, q_2, q_3]^T$ 是四元数的矢量部分；q_0 是四元数的标量部分。

采用超复数来描述四元数，即 $q = q_0 + q_1 i + q_2 j + q_3 k$，其中 i, j, k 是超虚数。四元数通常有 Hamilton 四元数和 JPL 四元数两种定义，区别就在于 Hamilton 四元数是右手直角坐标系，而 JPL 四元数是左手直角坐标系。没有特殊说明的情况下，在文献中提到的"四元数"，一般是指 Hamilton 四元数。

Hamilton 四元数满足乘法法则 $ii = jj = kk = -1, ij = -ji = k, jk = -kj = i, ki = -ik = j$，而 JPL 四元数满足乘法法则 $ii = jj = kk = -1, ij = -ji = -k, jk = -kj = -i, ki = -ik = -j$。卫星是右手直角坐标系，采用 Hamilton 四元数，由此得到四元数的乘法法则为

$$\boldsymbol{p} \otimes \boldsymbol{q} = \begin{bmatrix} p_0 & -p_1 & -p_2 & -p_3 \\ p_1 & p_0 & -p_3 & p_2 \\ p_2 & p_3 & p_0 & -p_1 \\ p_3 & -p_2 & p_1 & p_0 \end{bmatrix} \begin{bmatrix} q_0 \\ q_1 \\ q_2 \\ q_3 \end{bmatrix}$$

结合欧拉定理和四元数定义，姿态矩阵

$$\boldsymbol{A}_q = (q_0^2 - \bar{q}^T \bar{q}) \boldsymbol{I}_{3 \times 3} + 2 \bar{q} \cdot \bar{q}^T - 2 q_0 [\bar{q} \times]$$

$$[\bar{q} \times] = \begin{bmatrix} 0 & -q_3 & q_2 \\ q_3 & 0 & -q_1 \\ -q_2 & q_1 & 0 \end{bmatrix}$$

经计算得

$$\boldsymbol{A}_q = \begin{bmatrix} q_0^2 + q_1^2 - q_2^2 - q_3^2 & 2(q_1 q_2 + q_0 q_3) & 2(q_1 q_3 - q_0 q_2) \\ 2(q_1 q_2 - q_0 q_3) & q_0^2 - q_1^2 + q_2^2 - q_3^2 & 2(q_2 q_3 + q_0 q_1) \\ 2(q_1 q_3 + q_0 q_2) & 2(q_2 q_3 - q_0 q_1) & q_0^2 - q_1^2 - q_2^2 + q_3^2 \end{bmatrix}$$

在小角度机动的情况下，姿态矩阵可以简化为

$$\boldsymbol{A}_q = \begin{bmatrix} 1 & 2q_3 & -2q_2 \\ -2q_3 & 1 & 2q_1 \\ 2q_2 & -2q_1 & 1 \end{bmatrix} = \boldsymbol{I}_{3 \times 3} - 2 [\bar{q} \times]$$

与欧拉角相比，四元数没有死锁的问题，因此在工程上，尤其是大角度机动的情况下，常用四元数来描述卫星的姿态。

（4）经典罗德里格参数（CRP）

由四元数计算而来的经典罗德里格参数 $\boldsymbol{\sigma} = [\sigma_1, \sigma_2, \sigma_3]^T$，也称罗德里格参数、罗德里格斯参数等。定义是

$$\sigma_i = \frac{q_i}{q_0} = e_i \tan \frac{\phi}{2}, \quad i = 1, 2, 3$$

在小角度机动的情况下，罗德里格参数可以简化为

$$\sigma_i = e_i \frac{\phi}{2}, \quad i = 1, 2, 3$$

此时可以近似看作是线性关系。

假设 $\phi=\pm\pi$,则罗德里格参数趋于无穷大,这就是正切函数的奇点问题。工程上很少直接采用罗德里格参数。

(5) 修正罗德里格参数(MRP)

由于罗德里格参数存在奇点问题,因此一般采用修正罗德里格参数来代替。修正罗德里格参数的定义是

$$\hat{\sigma}_i=\frac{q_i}{1+q_0}=e_i\tan\frac{\phi}{4},\quad i=1,2,3$$

假设 $\phi=\pm2\pi$,则罗德里格参数趋于无穷大。与罗德里格参数相比,修正罗德里格参数将有效范围从 $(-\pi,\pi)$ 扩大到 $(-2\pi,2\pi)$,此时已经包括了卫星姿态控制时的所有角度。姿态矩阵为

$$\boldsymbol{A}_{\mathrm{MRP}}=\boldsymbol{I}_{3\times3}+\frac{8[\hat{\boldsymbol{\sigma}}\times]^2}{(1+\hat{\boldsymbol{\sigma}}^{\mathrm{T}}\hat{\boldsymbol{\sigma}})^2}-\frac{4(1-\hat{\boldsymbol{\sigma}}^{\mathrm{T}}\hat{\boldsymbol{\sigma}})[\hat{\boldsymbol{\sigma}}\times]}{(1+\hat{\boldsymbol{\sigma}}^{\mathrm{T}}\hat{\boldsymbol{\sigma}})^2}$$

$$[\hat{\boldsymbol{\sigma}}\times]=\begin{bmatrix}0 & -\hat{\sigma}_3 & \hat{\sigma}_2\\\hat{\sigma}_3 & 0 & -\hat{\sigma}_1\\-\hat{\sigma}_2 & \hat{\sigma}_1 & 0\end{bmatrix}$$

经计算得

$$A_{\mathrm{MRP}}=\frac{1}{(1+\Sigma)^2}\begin{bmatrix}4\ (\hat{\sigma}_1^2-\hat{\sigma}_2^2-\hat{\sigma}_3^2)^2+\Sigma'^2 & 8\hat{\sigma}_1\hat{\sigma}_2+4\hat{\sigma}_3\Sigma' & 8\hat{\sigma}_1\hat{\sigma}_3-4\hat{\sigma}_2\Sigma'\\8\hat{\sigma}_1\hat{\sigma}_2-4\hat{\sigma}_3\Sigma' & 4\ (\hat{\sigma}_2^2-\hat{\sigma}_1^2-\hat{\sigma}_3^2)^2+\Sigma'^2 & 8\hat{\sigma}_2\hat{\sigma}_3+4\hat{\sigma}_1\Sigma'\\8\hat{\sigma}_1\hat{\sigma}_3+4\hat{\sigma}_2\Sigma' & 8\hat{\sigma}_2\hat{\sigma}_3-4\hat{\sigma}_1\Sigma' & 4\ (\hat{\sigma}_3^2-\hat{\sigma}_1^2-\hat{\sigma}_2^2)^2+\Sigma'^2\end{bmatrix}$$

$$\Sigma=\hat{\sigma}_1^2+\hat{\sigma}_2^2+\hat{\sigma}_3^2,\quad \Sigma'=1-\Sigma$$

6.3.3 姿态运动学

1. 基于姿态矩阵描述

姿态运动学方程是姿态参数在姿态机动过程中变化的方程,令姿态相对于参考坐标系的转速是 $\boldsymbol{\omega}$,转轴是 $\boldsymbol{e}$,则有 $\boldsymbol{\omega}=\omega\boldsymbol{e}$。假设在 t 时刻的姿态矩阵是 $\boldsymbol{A}(t)$,在 $t+\Delta t$ 时刻的姿态矩阵是 $\boldsymbol{A}(t+\Delta t)$,则有

$$\boldsymbol{A}(t+\Delta t)=\boldsymbol{A}'\boldsymbol{A}(t) \tag{6.1}$$

其中,$\boldsymbol{A}'$ 是绕定轴 $\boldsymbol{e}$ 转过 $\Delta\varphi=\omega\cdot\Delta t$ 的转换矩阵,有

$$\boldsymbol{A}'=\begin{bmatrix}\cos\Delta\varphi+e_1^2(1-\cos\Delta\varphi) & e_1e_2(1-\cos\Delta\varphi)+e_3\sin\Delta\varphi & e_1e_3(1-\cos\Delta\varphi)-e_2\sin\Delta\varphi\\e_2e_1(1-\cos\Delta\varphi)-e_3\sin\Delta\varphi & \cos\Delta\varphi+e_2^2(1-\cos\Delta\varphi) & e_2e_3(1-\cos\Delta\varphi)+e_1\sin\Delta\varphi\\e_3e_1(1-\cos\Delta\varphi)+e_2\sin\Delta\varphi & e_3e_2(1-\cos\Delta\varphi)-e_1\sin\Delta\varphi & \cos\Delta\varphi+e_3^2(1-\cos\Delta\varphi)\end{bmatrix}$$

采用矢量形式可以表述为

$$\boldsymbol{A}'=\cos\Delta\varphi\cdot\boldsymbol{I}_{3\times3}+(1-\cos\Delta\varphi)\cdot\boldsymbol{e}\boldsymbol{e}^{\mathrm{T}}-\sin\Delta\varphi\cdot[\boldsymbol{e}\times] \tag{6.2}$$

$$[\boldsymbol{e}\times]=\begin{bmatrix}0 & -e_3 & e_2\\e_3 & 0 & -e_1\\-e_2 & e_1 & 0\end{bmatrix} \tag{6.3}$$

当 $\Delta t\rightarrow0$ 时,有 $\Delta\varphi\ll1$,此时 $\sin\Delta\varphi=\Delta\varphi=\omega\cdot\Delta t$,则式(6.2)可以简化为

$$\boldsymbol{A}'=\boldsymbol{I}_{3\times3}-[\boldsymbol{\omega}\times]\cdot\Delta t \tag{6.4}$$

$$\left[\boldsymbol{\omega}\times\right]=\begin{bmatrix}0 & -\omega_3 & \omega_2 \\ \omega_3 & 0 & -\omega_1 \\ -\omega_2 & \omega_1 & 0\end{bmatrix} \tag{6.5}$$

因此,在 $t+\Delta t$ 时刻,姿态矩阵可以展开为

$$\boldsymbol{A}(t+\Delta t)=\boldsymbol{A}(t)-\left[\boldsymbol{\omega}\times\right]\boldsymbol{A}\cdot\Delta t \tag{6.6}$$

则基于姿态矩阵描述的姿态运动学方程为

$$\frac{\mathrm{d}\boldsymbol{A}}{\mathrm{d}t}=\lim_{\Delta t\to 0}\frac{\boldsymbol{A}(t+\Delta t)-\boldsymbol{A}(t)}{\Delta t}=-\left[\boldsymbol{\omega}\times\right]\boldsymbol{A} \tag{6.7}$$

2. 基于欧拉角描述

从欧拉角的转动顺序可以得到姿态运动学方程。姿态相对于参考坐标系的转速 $\boldsymbol{\omega}=[\omega_1, \omega_2, \omega_3]^{\mathrm{T}}$,单位转轴 $\boldsymbol{e}$,且

$$\boldsymbol{e}_1=\begin{bmatrix}1 \\ 0 \\ 0\end{bmatrix}, \quad \boldsymbol{e}_2=\begin{bmatrix}0 \\ 1 \\ 0\end{bmatrix}, \quad \boldsymbol{e}_3=\begin{bmatrix}0 \\ 0 \\ 1\end{bmatrix}$$

该转速可以视为三次坐标系旋转的合成,以 3-1-2 的顺序为例,有

$$\begin{aligned}\boldsymbol{\omega} &= \boldsymbol{R}_2(\theta)\dot{\theta}\boldsymbol{e}_2+\boldsymbol{R}_2(\theta)\boldsymbol{R}_1(\varphi)\dot{\varphi}\boldsymbol{e}_1+\boldsymbol{R}_2(\theta)\boldsymbol{R}_1(\varphi)\boldsymbol{R}_3(\psi)\dot{\psi}\boldsymbol{e}_3 \\ &= \begin{bmatrix}-\dot{\psi}\sin\theta\cos\varphi+\dot{\varphi}\cos\theta \\ \dot{\psi}\sin\varphi+\dot{\theta} \\ \dot{\psi}\cos\theta\cos\varphi+\dot{\varphi}\sin\theta\end{bmatrix}\end{aligned} \tag{6.8}$$

由姿态动力学方程计算得到姿态角速率,再利用式(6.8)求解姿态角的变化,得到基于欧拉角描述的姿态运动学方程为

$$\begin{bmatrix}\dot{\psi} \\ \dot{\varphi} \\ \dot{\theta}\end{bmatrix}=\frac{1}{\cos\varphi}\begin{bmatrix}-\omega_1\sin\theta+\omega_3\cos\theta \\ \omega_1\cos\theta\cos\varphi+\omega_3\sin\theta\cos\varphi \\ \omega_1\sin\theta\sin\varphi+\omega_2\cos\varphi-\omega_3\cos\theta\sin\varphi\end{bmatrix} \tag{6.9}$$

易知该方程的解在 $\theta=0°$ 和 $\varphi=90°$ 时存在奇异点。

3. 基于四元数描述

根据四元数描述的姿态矩阵

$$\boldsymbol{A}=\begin{bmatrix}q_0^2+q_1^2-q_2^2-q_3^2 & 2(q_1q_2+q_0q_3) & 2(q_1q_3-q_0q_2) \\ 2(q_1q_2-q_0q_3) & q_0^2-q_1^2+q_2^2-q_3^2 & 2(q_2q_3+q_0q_1) \\ 2(q_1q_3+q_0q_2) & 2(q_2q_3-q_0q_1) & q_0^2-q_1^2-q_2^2+q_3^2\end{bmatrix}$$

反推出四元数与姿态矩阵 $\boldsymbol{A}$ 的关系为

$$\bar{\boldsymbol{q}}=\frac{1}{4q_0}\begin{bmatrix}A_{23}-A_{32} \\ A_{31}-A_{13} \\ A_{12}-A_{21}\end{bmatrix} \tag{6.10}$$

$$q_0=\pm\frac{1}{2}(\mathrm{tr}\boldsymbol{A}+1)^{\frac{1}{2}} \tag{6.11}$$

对式(6.11)微分,可得

$$\dot{q}_0 = \frac{1}{8q_0}(\dot{A}_{11} + \dot{A}_{22} + \dot{A}_{33}) \tag{6.12}$$

有

$$\begin{cases} \dot{A}_{11} = \omega_3 A_{21} - \omega_2 A_{31} \\ \dot{A}_{22} = -\omega_3 A_{12} + \omega_1 A_{32} \\ \dot{A}_{33} = \omega_2 A_{13} - \omega_1 A_{23} \end{cases} \tag{6.13}$$

代入式(6.12),得到

$$\dot{q}_0 = -\frac{1}{2}(q_1\omega_1 + q_2\omega_2 + q_3\omega_3) \tag{6.14}$$

同理可得其他欧拉角参数与四元数的关系,归纳为

$$\begin{bmatrix} \dot{q}_0 \\ \dot{q}_1 \\ \dot{q}_2 \\ \dot{q}_3 \end{bmatrix} = \frac{1}{2} \begin{bmatrix} 0 & -\omega_1 & -\omega_2 & -\omega_3 \\ \omega_1 & 0 & \omega_3 & -\omega_2 \\ \omega_2 & -\omega_3 & 0 & \omega_1 \\ \omega_3 & \omega_2 & -\omega_1 & 0 \end{bmatrix} \begin{bmatrix} q_0 \\ q_1 \\ q_2 \\ q_3 \end{bmatrix} \tag{6.15}$$

这就是基于四元数描述的姿态运动学方程,可以简化为

$$\dot{\boldsymbol{q}} = \frac{1}{2}\boldsymbol{\Omega}(\omega)\boldsymbol{q} \tag{6.16}$$

其中,$\boldsymbol{\Omega}(\omega)$可以表述为

$$\boldsymbol{\Omega}(\omega) = \begin{bmatrix} 0 & -\boldsymbol{\omega}^{\mathrm{T}} \\ \boldsymbol{\omega} & -[\boldsymbol{\omega}\times] \end{bmatrix} \tag{6.17}$$

令四元数的模$\| \boldsymbol{q} \| = \boldsymbol{q}^{\mathrm{T}}\boldsymbol{q}$,则有

$$\frac{\mathrm{d}}{\mathrm{d}t} \| \boldsymbol{q} \| = \dot{\boldsymbol{q}}^{\mathrm{T}}\boldsymbol{q} + \boldsymbol{q}^{\mathrm{T}}\dot{\boldsymbol{q}} = \boldsymbol{q}^{\mathrm{T}}[\boldsymbol{\Omega}^{\mathrm{T}} + \boldsymbol{\Omega}]\boldsymbol{q} \tag{6.18}$$

因为有$\boldsymbol{\Omega}^{\mathrm{T}} = -\boldsymbol{\Omega}$,故基于四元数的姿态运动学方程的解的模为常值。

6.3.4　姿态动力学

卫星的姿态运动是卫星绕自身质心的转动,姿态动力学方程可以从刚体的动量矩定理推导而来,即欧拉-牛顿法:刚体对惯性空间中某一固定点的角动量的变化率等于作用在刚体的所有外力对该固定点的力矩的总和。

如图6.24所示,在以固定点S为原点的惯性坐标系中,角动量定理可以表述为

$$\frac{\mathrm{d}\boldsymbol{H}_S}{\mathrm{d}t} = \boldsymbol{M}_S \tag{6.19}$$

其中,$\boldsymbol{H}$和$\boldsymbol{M}$分别是刚体的角动量和作用在刚体的外力矩,下标是相对基准点。

刚体角动量是刚体内质量元相对于基准点的动量矩之和,可以表述为

$$\boldsymbol{H}_S = \int \boldsymbol{R} \times \dot{\boldsymbol{R}} \mathrm{d}m \tag{6.20}$$

其中,$\mathrm{d}m$是刚体的质量元;$\boldsymbol{R}$和$\dot{\boldsymbol{R}}$是$\mathrm{d}m$在当前坐标系下的位置和速度。

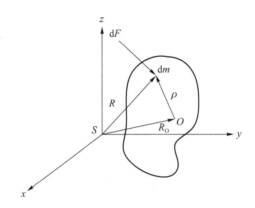

图 6.24　刚体的角动量定理

作用在 $\mathrm{d}m$ 上的外力 $\mathrm{d}\boldsymbol{F}$ 对 S 点的外力矩之和为

$$\boldsymbol{M}_S = \int \boldsymbol{R} \times \mathrm{d}\boldsymbol{F} = \int \boldsymbol{R} \times \ddot{\boldsymbol{R}}\, \mathrm{d}m \qquad (6.21)$$

假设 O 点是刚体内任一固定点，存在几何关系 $\boldsymbol{R} = \boldsymbol{R}_O + \boldsymbol{\rho}$，代入式(6.20)和式(6.21)，有

$$\boldsymbol{H}_S = \int \boldsymbol{\rho} \times \dot{\boldsymbol{R}}\mathrm{d}m + \boldsymbol{R}_O \times \int \dot{\boldsymbol{R}}\mathrm{d}m \qquad (6.22)$$

$$\boldsymbol{H}_O = \int \boldsymbol{\rho} \times \dot{\boldsymbol{R}}\mathrm{d}m \qquad (6.23)$$

$$\boldsymbol{M}_S = \int \boldsymbol{\rho} \times \ddot{\boldsymbol{R}}\, \mathrm{d}m + R_O \times \int \ddot{\boldsymbol{R}}\, \mathrm{d}m \qquad (6.24)$$

$$\boldsymbol{M}_O = \int \boldsymbol{\rho} \times \ddot{\boldsymbol{R}}\, \mathrm{d}m \qquad (6.25)$$

将式(6.22)至式(6.25)代入式(6.19)，有

$$\frac{\mathrm{d}\boldsymbol{H}_O}{\mathrm{d}t} = \boldsymbol{M}_O - \dot{\boldsymbol{R}}_O \times \int \dot{\boldsymbol{R}}\mathrm{d}m \qquad (6.26)$$

再以 O 点为原点建立惯性坐标系，则 $\mathrm{d}m$ 的速度为 $\boldsymbol{\rho}$，存在 $\dot{\boldsymbol{R}} = \dot{\boldsymbol{R}}_O + \dot{\boldsymbol{\rho}}$。代入式(6.23)，则有

$$\boldsymbol{H}_O = \boldsymbol{H}_\infty - \dot{\boldsymbol{R}}_O \times \int \dot{\boldsymbol{\rho}}\, \mathrm{d}m \qquad (6.27)$$

$$\boldsymbol{H}_\infty = \int \boldsymbol{\rho} \times \dot{\boldsymbol{\rho}}\, \mathrm{d}m \qquad (6.28)$$

其中，$\boldsymbol{H}_\infty$ 是刚体相对于 O 点的相对角动量。

联立式(6.26)至式(6.28)，有

$$\frac{\mathrm{d}\boldsymbol{H}_\infty}{\mathrm{d}t} = \boldsymbol{M}_O + \ddot{\boldsymbol{R}}_O \times \int \boldsymbol{\rho}\mathrm{d}m \qquad (6.29)$$

式(6.29)等号左端是刚体在以 O 点为原点的惯性坐标系中相对于 O 点的角动量变化率。从式(6.29)等号右端可以看出，当 O 点做等速运动（$\ddot{\boldsymbol{R}}_O = \boldsymbol{0}$）或 O 点与刚体的质心重合（$\int \boldsymbol{\rho}\mathrm{d}m = \boldsymbol{0}$）时，角动量定理可以直接应用于刚体的相对角动量，即

$$\frac{\mathrm{d}\boldsymbol{H}_\infty}{\mathrm{d}t} = \boldsymbol{M}_O \qquad (6.30)$$

下面提到的角动量都是相对角动量,故省略下标∞。

质量元 dm 在质心惯性坐标系下的移动速度是由刚体相对于质心的转动所引起的,有 $\dot{\boldsymbol{\rho}} = \boldsymbol{\omega} \times \boldsymbol{\rho}$,其中 $\boldsymbol{\omega}$ 是刚体在质心惯性坐标系下的转速矢量。将该式代入式(6.28),则有

$$H = \int \boldsymbol{\rho} \times (\boldsymbol{\omega} \times \boldsymbol{\rho}) \, dm \tag{6.31}$$

假设质量元 dm 的位置分量为 x、y、z,转速分量为 ω_1、ω_2、ω_3,由矢量叉乘公式 $\boldsymbol{a} \times (\boldsymbol{b} \times \boldsymbol{c}) = (\boldsymbol{a} \cdot \boldsymbol{c})\boldsymbol{b} - (\boldsymbol{a} \cdot \boldsymbol{b})\boldsymbol{c}$,得

$$\begin{aligned}
\boldsymbol{\rho} \times (\boldsymbol{\omega} \times \boldsymbol{\rho}) = &[\omega_1(y^2+z^2) - \omega_2(xy) - \omega_3(xz)]\boldsymbol{e}_1 + \\
&[-\omega_1(xy) + \omega_2(x^2+z^2) - \omega_3(yz)]\boldsymbol{e}_2 + \\
&[-\omega_1(xz) - \omega_2(yz) + \omega_3(x^2+y^2)]\boldsymbol{e}_3
\end{aligned} \tag{6.32}$$

代入式(6.31),得

$$\boldsymbol{H} = \boldsymbol{I} \cdot \boldsymbol{\omega} \tag{6.33}$$

其中,$\boldsymbol{I}$ 是刚体的惯性矩阵,用公式表述为

$$\boldsymbol{I} = \begin{bmatrix} I_x & -I_{xy} & -I_{xz} \\ -I_{xy} & I_y & -I_{yz} \\ -I_{xz} & -I_{yz} & I_z \end{bmatrix} \tag{6.34}$$

对角线上的元素分别是刚体绕坐标轴 x、y、z 的转动惯量,其他元素是惯量积,即

$$I_x = \int(y^2+z^2)\,dm, \quad I_y = \int(x^2+z^2)\,dm, \quad I_z = \int(x^2+y^2)\,dm$$

$$I_{xy} = I_{yx} = \int(xy)\,dm, \quad I_{yz} = I_{zy} = \int(yz)\,dm, \quad I_{xz} = I_{zx} = \int(xz)\,dm$$

综上所述,刚体的惯性矩阵的一般形式为

$$\boldsymbol{I} = \int(\boldsymbol{\rho}^{\mathrm{T}}\boldsymbol{\rho}\boldsymbol{E}_{3\times3} - \boldsymbol{\rho}\boldsymbol{\rho}^{\mathrm{T}})\,dm = \int(-[\boldsymbol{\rho}\times][\boldsymbol{\rho}\times]^{\mathrm{T}})\,dm \tag{6.35}$$

$$[\boldsymbol{\rho}\times] = \begin{bmatrix} 0 & -z & y \\ z & 0 & -x \\ -y & x & 0 \end{bmatrix} \tag{6.36}$$

其中,$\boldsymbol{E}_{3\times3}$ 是单位矩阵。

由于质心惯性坐标系往往与刚体并不固连,在实际应用中,卫星的惯性矩阵一般不是常值,难以进行动力学分析,因此一般采用卫星的本体坐标系作为参考坐标系,以此获得常值惯性矩阵,再在本体坐标系中描述卫星相对于惯性空间的角动量及角动量定理,也就是在动坐标中描述矢量相对于固定坐标系的变化。

假设卫星的本体矢量为 $\boldsymbol{a}$,在参考坐标系中的坐标为 $\boldsymbol{a}'$,根据姿态矩阵的定义,有 $\boldsymbol{a} = \boldsymbol{A}\boldsymbol{a}'$,写成微分形式为

$$\frac{d\boldsymbol{a}}{dt} = \frac{d\boldsymbol{A}}{dt}\boldsymbol{a}' + \boldsymbol{A}\frac{d\boldsymbol{a}'}{dt} \tag{6.37}$$

代入式(6.7),即

$$\frac{d\boldsymbol{A}}{dt} = -[\boldsymbol{\omega}\times]\boldsymbol{A}$$

展开得

$$A\frac{\mathrm{d}\boldsymbol{a}'}{\mathrm{d}t}=\frac{\mathrm{d}\boldsymbol{a}}{\mathrm{d}t}+[\boldsymbol{\omega}\times]A\boldsymbol{a}'=\frac{\mathrm{d}\boldsymbol{a}}{\mathrm{d}t}+\boldsymbol{\omega}\times\boldsymbol{a} \tag{6.38}$$

其中,运用了矩阵叉乘公式 $\boldsymbol{b}\times\boldsymbol{c}=[\boldsymbol{b}\times]\times\boldsymbol{c}$。

式(6.38)可以简写成

$$\frac{\mathrm{d}\boldsymbol{a}}{\mathrm{d}t}=\dot{\boldsymbol{a}}+\boldsymbol{\omega}\times\boldsymbol{a} \tag{6.39}$$

其中,$\mathrm{d}/\mathrm{d}t$ 表示绝对微分;(·)表示相对微分。

最后,将式(6.30)代入式(6.39),得到卫星的姿态动力学方程为

$$\dot{\boldsymbol{H}}+\boldsymbol{\omega}\times\boldsymbol{H}=\boldsymbol{M} \tag{6.40}$$

或者

$$\dot{\boldsymbol{H}}+[\boldsymbol{\omega}\times]\boldsymbol{H}=\boldsymbol{M} \tag{6.41}$$

将式(6.41)展开,即

$$\begin{cases}\dot{H}_1+\omega_2 H_3-\omega_3 H_2=M_1\\ \dot{H}_2+\omega_3 H_1-\omega_1 H_3=M_2\\ \dot{H}_3+\omega_1 H_2-\omega_2 H_1=M_3\end{cases} \tag{6.42}$$

其中,H_1、H_2、H_3 由式(6.33)定义,即

$$\begin{cases}H_1=I_x\omega_1-I_{xy}\omega_2-I_{xz}\omega_3\\ H_2=-I_{xy}\omega_1+I_y\omega_2-I_{yz}\omega_3\\ H_3=-I_{xz}\omega_1-I_{yz}\omega_2+I_z\omega_3\end{cases} \tag{6.43}$$

6.4 姿态敏感器和执行机构

立方星常用的姿态敏感器包括磁强计、太阳敏感器、星敏感器和陀螺等。对精度要求一般的姿态确定系统一般使用磁强计和太阳敏感器结合的姿态确定方法。对精度和可靠性要求较高的姿态确定系统通常采用以星敏感器和陀螺结合的定姿方式为主,磁强计和太阳敏感器结合的定姿方式为辅的姿态确定方法。

立方星常用的执行机构包括动量轮和磁力矩器。动量轮是根据角动量守恒原理,依靠和卫星之间的角动量交换来实现控制的。磁力矩器主要通过产生磁矩和环境磁场相互作用而产生磁控力矩,适用于对卫星进行姿态消旋控制和角动量控制(包括对动量轮卸载)。目前立方星的控制系统大多数以动量轮作为主要执行机构,磁力矩器用于辅助控制。

6.4.1 磁强计

磁强计通常由磁敏感器、后端处理和采集电路构成。对于微纳卫星而言,选择磁强计作为姿态测量敏感器是因为其体积小、功耗低的特点,最为常用的磁强计有磁阻式磁强计和磁通门式磁强计。

磁阻式磁强计是通过测量不同磁场环境下导体电阻的变化来测量磁场的。目前,借助MEMS工艺,该类型磁强计尺寸已在毫米级,因而它能够在对体积和功耗限制较为苛刻的环

境下使用,比如适合微纳卫星的搭载。磁阻效应磁强计的主要劣势在于其较高的噪声和较差的温度稳定性。

磁通门式磁强计测量的基本原理是法拉第电磁感应定律。由于磁通门技术具有在各种恶劣环境和复杂工作条件下的适应性,以及其体积、重量、可靠性、分辨力和精度上的综合优势,三轴磁通门磁强计被世界各国90%以上的航天器选用作为磁场测量的载荷,在深空探测任务中也得到了广泛应用。

1. 工作原理

(1) 磁阻式三轴磁强计

磁阻式三轴磁强计由磁阻效应敏感器、信号放大电路、模数转换电路、置复位电路以及微控制器组成。首先,敏感器通过惠斯通电桥原理,将磁场量转化为微弱的差分电压信号量,信号量经由信号放大电路放大,同时信号噪声比也被提升。得到的电压信号经由模数转换器转换,并通过内部滤波器进行滤波,消除固定频率干扰(如工频干扰)。此外,模数转换器在每次采样之前,可由置复位功能模块对磁敏感器进行置位和复位操作,用以抵消磁强计的零点偏移。将处理完成后的数据传送至微处理器,微处理器根据预设的标定矩阵对读数值进行修正,并经由温度补偿矩阵得到最终的真实磁场读数。

磁阻效应是指某些金属或半导体材料的电阻在磁场中会随磁场的变化而变化的现象(见图6.25)。利用磁阻效应,建立所施加的磁场和材料电阻变化的关系,可以很方便地实现对磁场的间接测量。

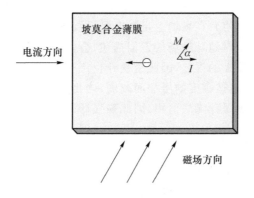

图 6.25 磁阻效应原理图

(2) 磁通门式磁强计

磁通门式磁强计是一种利用磁通门原理对微弱磁场进行测量的传感器。传感器由绕在磁芯上的初级绕组和包围磁芯的次级线圈组成。在初级线圈上加载一定频率的激励电流脉冲,每个激励电流脉冲在磁芯中产生磁感应强度 B,每个周期内磁芯饱和2次。次级线圈中的感应电动势由两部分组成:激励脉冲产生的奇次谐波和外磁场产生的偶次谐波,偶次谐波的幅度正比于外磁场的大小。磁通门磁强计利用次级线圈中二次谐波正比于外磁场的原理,将磁信号转换为电信号,实现外磁场的测量。

典型的磁通门磁强计由三轴磁通门传感器和信号处理电路组成,工作原理如图6.26所示。磁通门传感器分为3个线圈:激励线圈、信号线圈和反馈线圈。激励线圈通过交变电流产生交变磁场,内部磁芯反复饱和;信号线圈将外磁场产生的二次谐波转换为感应电动势信号;反馈线圈的作用是产生与外界相反的磁场,使激励线圈和信号线圈始终工作在零场下。信号处理电路包括输入放大器、带通滤波器、移相器、同步解调器、积分器、低通滤波器等。

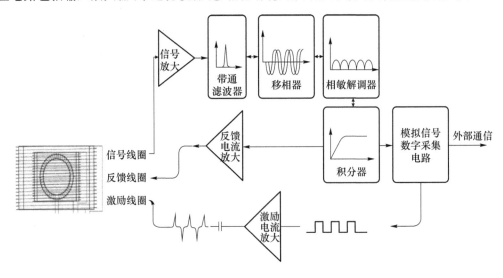

图 6.26 磁通门磁强计工作原理图

2. 工作特点

由于磁强计是借助地磁场工作的,这一特殊性使得它可以全天候工作。同时,因为在工作电路中存在置位复位的机制,所以磁强计的误差不累积,再加上磁强计质量轻、性能可靠、功耗低、工作温度范围宽等优点,使其在微纳卫星姿态测量领域得到了广泛应用。

由于地球磁场模型仅是对地球磁场的近似描述,会伴随不可忽略的误差,以此模型作为磁强计测量的基准将会带来较大的误差,因此磁强计仅用于对卫星姿态测量精度要求不高的场合。此外,地球磁场强度随轨道高度的增加而减弱,当到一定轨道高度后,卫星本身的剩磁将超过地球磁场强度而使得磁强计无法适用,因此磁强计往往用于低轨道卫星。

6.4.2 太阳敏感器

太阳敏感器是通过对太阳光线的收集来测量太阳方向矢量的敏感器。它可以根据精度分为粗太阳敏感器和精太阳敏感器,也可以根据工作原理的不同分为模拟式、数字式和 0－1 式三种。

模拟式太阳敏感器主要由光学头部端盖、硅光电池片、后盖组成,其输出信号为模拟量,并且是关于太阳光入射角的连续函数。由于硅光电池片输出的电流与太阳光入射角成余弦规律变化,因此模拟式太阳敏感器通常又叫作余弦检测器。

数字式太阳敏感器的输出信号是与太阳入射角相关的编码形式的离散函数。在结构上,数字太阳敏感器主要由狭缝、码盘、光敏元件阵列、放大器和缓冲寄存器组成,光敏元件阵列是由一排相互平行且独立的光电池条组成,其数量决定了太阳敏感器输出编码的位数,从而影响到敏感器的分辨率。

0－1 式也称为太阳出现探测器。当太阳出现在敏感器视场内,并且信号超过阈值时,探测器输出为“1”,表示见到了太阳;当信号低于阈值时,探测器输出为“0”,表示没见到太阳。0－1 式太阳敏感器主要用于捕获太阳或判断太阳是否在视场内,常用于卫星轨道阴影区和阳照区的判断以及卫星应急模式下的太阳搜索。

1. 工作原理

（1）模拟式太阳敏感器

模拟式太阳敏感器的基本原理是利用电池片光生电流余弦特性：

$$I(\theta) = I_0 \cos\theta \cdot S$$

其中，I 为光电池片产生的电流；I_0 为光电池片在光线垂直入射时的响应率，即电池片单位面积产生的电流；θ 为光线入射角度；S 为受光线照射面积。光电池片受光线照射面积的不同所产生的电流也不同。四象限光电池片是在一块光电池片上刻出 4 个面积相同且相互独立的区域，定义成 4 个象限，形成二维 XOY 坐标系，逆时针依次标号为 1、2、3、4，共输出 4 路电流。光电池片的工作部分尺寸为 $4L \times 4L$（L 为电池片的一个象限边长的一半），受太阳光照射产生的光斑如图 6.27 所示。

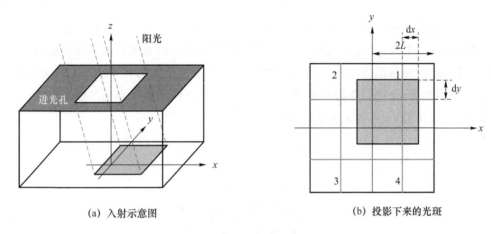

（a）入射示意图　　　　　　（b）投影下来的光斑

图 6.27　光照示意图

（2）数字式太阳敏感器

1）码盘式太阳敏感器

码盘式太阳敏感器多用于自旋卫星，利用格雷码图案来测量卫星自旋轴和太阳光线的夹角。码盘式太阳敏感器角度测量原理如图 6.28 所示，它根据输出的格雷码序列来判断当前的太阳角。

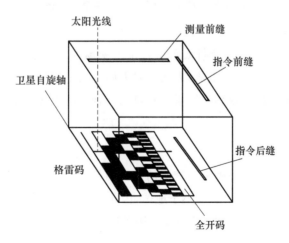

图 6.28　测角原理

码盘分为测量码盘和指令码盘,测量码盘光刻成如图 6.26 所示的格雷码图案,指令码盘设计为与测量缝垂直的无图案码盘,码盘的下面粘结光电池。测量码盘上面的窄缝为测量缝,下表面左六道为格雷码,右边另有一道在整个测角范围内都透光的码,称为全开码。全开码在整个测量视场范围内都有输出信号,此信号有两个作用:一是用其输出信号的一半作为各格雷码道信号的门限值,即光电池的输出大于全开码道输出的一半时,此码道处理为"1",反之,处理为"0";二是作为辅助指令码盘来判断输出太阳角的码盘。

2) 阵列式太阳敏感器

阵列式太阳敏感器采用的探测器主要是 CCD 与 CMOS 图像传感器。基于面阵 CCD 或 CMOS 图像传感器的数字式太阳敏感器主要由光学系统、图像传感器和数字信号处理电路组成。如图 6.29 所示,光学系统通过在掩模板上刻蚀出小孔,采用小孔成像原理对太阳进行成像。后续处理电路用算法提取光斑中心位置,然后计算出太阳入射角。太阳光束经过光线引入器上的小孔阵列射入,在光探测器上所成的像为亮斑阵列,而敏感器输出的测量值是所有亮斑中心位置对应的测量值的平均。阵列式结构的太阳敏感器因为多个(几百个)测量值取平均,所以可以提高测量精度,在同样的测量精度下可以允许降低单个小孔的测量精度。阵列式太阳敏感器具有体积小、视场大和精度高的特点。

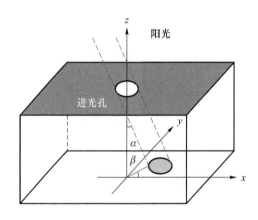

图 6.29 数字式太阳敏感器原理示意图

(3) 0-1 式太阳敏感器

0-1 式太阳敏感器主要用于判断太阳是否位于视场内。如果安装在狭缝内部的光电池感应到光线的存在,就会产生信号电流,表明此时太阳进入了视场。但是这种方法很容易受到外界光源及其反射光的干扰导致测量结果不够可靠,因此 0-1 式太阳敏感器通常不会作为独立工作的姿态敏感器。

2. 工作特点

太阳敏感器是微纳卫星姿态确定系统中的重要测量器件,其特点主要有以下几点:

① 在卫星上测得的太阳视角要远小于地球,因此容易实现高精度;

② 太阳比其他星体的辐射更强,从而使太阳敏感器信号处理电路变得简单、体积小、功率小、可行性高;

③ 当太阳被地球挡住时,卫星就"看"不到太阳,此时太阳敏感器就起不了作用,而且从阴影区出来时环境变化较大,对太阳敏感器的工作有不利影响。

总的来说,与其他种类姿态敏感器相比,太阳敏感器具备结构简单、抗电磁干扰、姿态测量精度良好、应用范围广、生产成本较低等一系列优点。

6.4.3　星敏感器

星敏感器是测量空间基准场的仪器,它以亮度高于+5.5 可见星等的恒星为基准,测量恒星相对于卫星的位置,将所得信息做适当的数据处理后获得恒星在卫星本体坐标系的分量,并通过与星历表中该星在惯性坐标系下的参数进行比较,借助参考矢量法来确定卫星的姿态。星敏感器具有测量精度高的特点,由于恒星张角非常小($0.04''\sim0.05''$),致使星敏感器的测量精度能达到角秒级,这比太阳敏感器要高出一个数量级,是姿态敏感器中最精确的测量仪器,因此它被广泛应用于高精度姿态确定系统。

星敏感器有星图仪和星跟踪器两种类型。星图仪又称星扫描器,一般都是狭缝式,用在自旋卫星上,利用星体的旋转来搜索和捕获目标恒星。星跟踪器又可分为框架式和固定式两种形式。框架式星跟踪器是把敏感头装在可动框架上且通过旋转框架来搜索和捕获目标;固定式星跟踪器的敏感头相对卫星固定,在一定的视场内具有搜索和跟踪能力。

1. 工作原理

星敏感器主要由遮光罩、光学镜头、图像传感器、成像电路、图像处理电路、电源和数据接口以及机壳组成,下面分别对各组成部分的功能进行简要介绍:

① 遮光罩:消除杂散光,避免其对星敏感器的成像质量造成影响。

② 光学镜头:将恒星星光映射到图像传感器的靶面上。

③ 图像传感器:实现光信号到电信号的转换。

④ 成像电路:实现图像传感器的成像驱动和时序控制。

⑤ 图像处理电路:实现星敏感器图像和数据的处理。

⑥ 电源和数据接口:实现星敏感器的稳定供电和数据通信。

星敏感器从工作原理上主要分为成像系统和图像处理系统两部分。首先利用光学镜头和图像传感器对恒星成像,经过星点提取和质心定位得到星点在图像传感器靶面上的位置信息,然后通过星图识别获得星点在星表中对应的恒星,最后根据识别结果通过姿态解算得到卫星的姿态信息,为载体控制系统提供姿态数据。星敏感器的原理框图如图 6.30 所示。

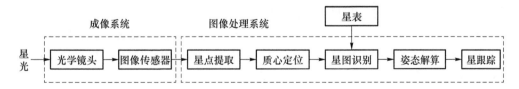

图 6.30　星敏感器工作原理

定义星敏感器坐标系为 $O_bX_sY_sZ_s$,Z_s 轴沿中心光轴,X_s 轴、Y_s 轴沿 CCD 面阵的正交基准,如图 6.31 所示。

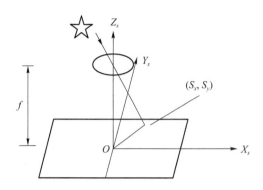

图 6.31　星敏感器测量模型

星像的中心位置可由下式确定:

$$S_x = \frac{\sum x_{ij} R_{ij}}{\sum R_{ij}}$$

$$S_y = \frac{\sum y_{ij} R_{ij}}{\sum R_{ij}}$$

式中,R_{ij} 为 CCD 元素 (i,j) 敏感的辐射强度;x_{ij}、y_{ij} 为 CCD 元素 (i,j) 沿 X_s 轴和 Y_s 轴的坐标。令光学系统的焦距为 f,根据聚焦几何关系,由星光像元在敏感器平面坐标的测量值 S_x、S_y,可得星光矢量 $\boldsymbol{C}$ 在敏感器坐标的方向为

$$(\boldsymbol{C})_s = \frac{1}{\sqrt{S_x^2 + S_y^2 + f^2}} \begin{bmatrix} S_x \\ S_y \\ f \end{bmatrix}$$

再由敏感器的安装矩阵 $\boldsymbol{M}$(即 $\boldsymbol{R}_{sb} = \boldsymbol{M}$)得星光矢量在本体坐标系的观测量为

$$(\boldsymbol{C})_b = \boldsymbol{M}^{\mathrm{T}} (\boldsymbol{C})_s$$

2. 工作特点

星敏感器具有以下特点:

① 基于 CCD 的星敏感器的视场大,具有相对较低的探测星等,可实现较高的数据更新速率,能够达到中高等级的测量精度,同时它采用一体化和模块化的设计,具有体积重量小、功耗低等特点。

② 基于 APS 的星敏感器的测量精度可优于 $2''(1\sigma)$,能够拥有 8 年及以上的长寿命。相比基于 CCD 的星敏感器,它体积更小、功耗更低。

③ 动态性能好。动态性能是衡量在卫星不同程度运动下敏感器有效姿态数据输出的能力,该性能是研制厂商追求的主要技术指标之一。比如 SODERN 研制的 HYDRA 星敏感器可实现卫星即使在姿态丢失的情况下,仍可在幅值为 $8°/s$ 的角速度下完成姿态捕获,在 $10°/s$ 角速度和 $5°/s^2$ 角加速度的运行情况下数据更新速率保持在 30 Hz。

④ 容易受到杂光干扰。恒星光是弱光,零等星的照度只有 2.1×10^{-6} lx 左右,所以很容易受到太阳光、地球反照光等杂散光的干扰。

⑤ 恒星识别难度高。太空中的恒星数量非常庞大,亮于星等+6 等的恒星太空中有 5 000 多颗,不像太阳、月球、地球都只有一个,所以要准确地进行识别具有一定的难度。

6.4.4 陀螺仪

陀螺是卫星姿态控制系统中一种极其重要的敏感器,它输出卫星三轴相对于惯性空间的角速率,常与其他姿态敏感器联合使用进行卫星姿态确定。根据陀螺的工作原理可分为机械陀螺、光学陀螺和 MEMS 陀螺。

机械陀螺是利用一个高速旋转体来敏感其自旋轴在惯性空间的定向变化。该陀螺具有进动性和定轴性两大特性。进动性是指当陀螺受到外力矩作用时,陀螺旋转轴将沿最短的途径趋向于外力矩矢量,进动角速度正比于外力矩大小;定轴性是指当陀螺不受外力矩作用时,陀螺旋转轴相对于惯性空间保持方向不变。在机械陀螺的支承形式上,存在液浮、气浮、磁悬浮、静电悬浮、挠性支承、超导悬浮等多种形式。根据支承形式的不同,相应地形成了液浮陀螺、基于液浮/气浮/磁悬浮支承组合的陀螺、静电陀螺和基于挠性支承的动力调谐陀螺等。

光学陀螺是一种基于萨格奈克效应的新型角速度敏感器,与传统的机械陀螺相比无运动部件和磨损部件,具有动态范围大、寿命长和可靠性高等特点。其主要包含光纤陀螺和激光陀螺。光纤陀螺的成本低,适合大批量生产,在民用领域有着广泛应用,但其稳定性差,易受温度影响。激光陀螺不仅精度高而且动态误差小,在需要即时作战的特种军事领域应用甚广。

MEMS 陀螺主要采用微/纳米技术,将微机电系统装置与电子线路集成到微小的硅片衬底上,通过检测振动机械元件上的科氏加速度来实现对转动角速度的测量。MEMS 陀螺仪主要包括角振动式、线振动式、振动环式及悬浮转子式四种类型。

1. 工作原理

传统的陀螺仪是基于角动量守恒原理的,如图 6.32 所示,中间金色的转子是陀螺,它因为惯性作用而保持稳定,周边三个钢圈则会因为设备姿态的改变而跟着改变。这三个钢圈所在的轴也就是三轴陀螺仪里面的"三轴",即 X 轴、Y 轴、Z 轴。

MEMS 陀螺仪的基本原理是利用科里奥利力进行能量的传递,将谐振器的一种振动模式激励到另一种振动模式,后一种振动模式的振幅与输入角速度的大小成正比,通过测量振幅实现对角速度的测量。科里奥利力加速度是动参系的转动与动点相对动参系运动相互耦合引起的加速度,它的方向垂直于角速度矢量和相对速度矢量,判断方法按照右手螺旋准则进行判断。为了产生这种力,MEMS 陀螺仪通常要安装两个方向的可移动电容板:径向的电容板加振荡电压迫使物体做径向运动,横向的电容板测量由横向科里奥利运动带来的电容变化。因为科里奥利力正比于角速度,所以由电容的变化可以导出科里奥利力,从而计算出角速度。

图 6.33 所示为科里奥利力计算示意图,其中质量块 P 固连在旋转坐标系的 XOY 平面,假定其沿 X 轴方向以相对旋转坐标系的速度 v 运动,旋转坐标系绕 Z 轴以角速度 ω 旋转,产生的科里奥利力为

$$F_{Cor} = -2m\vec{\omega} \times \vec{v}$$

其中,m 为质量块 P 的质量。可以看出科里奥利力 F_{Cor} 直接与作用在质量块 P 上的输入角速度 ω 成正比,并会引起质量块在 Y 轴方向的位移,若获得该位移的信息即可获得输入角速度 ω 的信息,而在 MEMS 陀螺仪中该位移作用在横向的电容板上,体现为电容板电容发生变化,所以由电容的变化可以计算出输入角速度 ω 的信息。

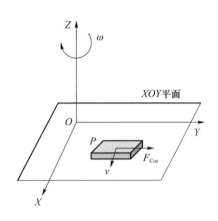

图 6.32　传统陀螺仪示意简图　　　　图 6.33　受力示意图

2. 工作特点

目前,市面上有各种各样功能不同的陀螺仪,如激光陀螺仪、光纤陀螺仪以及 MEMS 陀螺仪等。其中 MEMS 陀螺仪已经在工业的各个领域得到了广泛的应用,比如航天、航海以及移动机器人等。与其他类型的陀螺仪相比 MEMS 陀螺仪有以下特点:

① 体积小、重量轻、集成度高;

② 低成本、低功耗;

③ 高可靠性、大量程。

另外,影响 MEMS 陀螺仪精度的因素主要有常值漂移等。常值漂移是指当陀螺仪处于静止的状态时,由于受到外界各方面因素的影响,其输出值往往与标准值有一定的误差,从而给后面的计算引进误差。随机游走误差是其中最难处理的一类误差,因为它没有一定的规律可循,通常按照统计规律建立其误差模型,然后通过特定的数学方程进行建模与补偿。

6.4.5　动量轮

动量轮又称飞轮或反作用轮,是航天器姿态控制系统中的惯性执行部件。在航天器姿控系统中,动量轮按照姿控系统指令提供合适的控制力矩,校正航天器的姿态偏差,或实现期望的姿态机动。零动量控制方式的动量轮工作时转速大小和方向均可以改变,整星平均角动量几乎为零。偏置动量控制方式的动量轮转速不过零且通常为恒定值,整星的平均角动量为一个偏置值。

1. 工作原理

当卫星不受外力矩作用时,按角动量守恒原理,动量轮角动量的变化必然会引起卫星本体角动量的反向变化,如果使动量轮的角动量变化量始终与外扰动力矩的冲量相等,那么卫星本体的角动量和姿态将保持不变。

详细解释如下:

卫星本体的角动量包括动量装置的角动量和本体的角动量两部分:

$$H = H_s + h_\omega$$

式中,H 表示卫星总的角动量,H_s 表示卫星本体部分的角动量,h_ω 表示卫星上动量装置的角动量。由于动量系统的控制力矩属于内力矩,所以其仅改变卫星本体与动量系统之间的角动量分配,不改变卫星整体角动量的大小。

在受到外扰动力矩的作用后,角动量的变化趋势为

$$\dot{H} = T_d + T_c$$

式中,T_d 为卫星所受的干扰力矩,T_c 为卫星所受的控制力矩(如推力器或磁力矩器产生的力矩)。

两式联立可得

$$\dot{H}_s = -\dot{h}_\omega + T_d + T_c$$

在讨论星体任意时刻状态,可以看成将转动惯量在时间上进行积分:

$$\int_0^t \dot{H}_s \mathrm{d}t = \int_0^t -\dot{h}_\omega \mathrm{d}t + \int_0^t T_c \mathrm{d}t + \int_0^t T_d \mathrm{d}t$$

$$H_s(t) - H_s(0) = h_\omega(0) - h_\omega(t) + \int_0^t T_c \mathrm{d}t + \int_0^t T_d \mathrm{d}t$$

令 $H_c = \int_0^t T_c \mathrm{d}t, H_d = \int_0^t T_d \mathrm{d}t$,有

$$H_s(t) = H_s(0) + h_\omega(0) - h_\omega(t) + H_c(t) + H_d(t)$$

式中,H_c 表示在星体运行过程中外控制力矩产生的角动量和,H_d 表示在星体运行过程中外部干扰力矩产生的角动量和。

姿控系统可通过调节动量轮转速来调节 h_ω,使 h_ω 的变化来抵消掉 H_c 和 H_d 的变化,从而保证卫星本体的角动量保持稳定。

动量轮一般有两种布置方式:

① 偏置动量布置。偏置动量轮转速不过零且通常为恒定值,依靠陀螺定轴性来稳定卫星姿态。一般将偏置动量轮布置于星体的 $-y$ 轴,使得滚动轴、偏航轴方向被动稳定,由于滚动-偏航的耦合特性,只需再加入俯仰方向的控制力矩即可实现对三轴的姿态控制。

② 零动量布置。整星角动量几乎为 0,动量轮角动量也较小。零动量轮的转速可随意改变,一般采用三轴正交布置。当某一轴上出现扰动时,系统通过调节该轴的动量轮角动量来吸收扰动,保证卫星姿态稳定。

2. 工作特点

采用动量轮作为执行机构的姿态控制系统具有使用时间长、精度高和稳定度高的特点,是当前姿态控制系统发展的热点和焦点之一。具体来说,动量轮控制的优点如下:

① 动量轮控制精度很高,驱动方式也多种多样,能够输出高精度的、连续的控制力矩。与之相比,推力器只能以脉冲方式驱动,输出的控制力矩精度也比较低。磁力矩器因为依赖于空间磁场,产生的控制力矩的大小与方向都有所限制。

② 动量轮主要消耗电能,可利用太阳能帆板进行补充。某些型号的动量轮使用寿命可达 15 年以上。相比之下推力器需要消耗燃料,而卫星上携带的燃料有限,不能长时间工作。

③ 动量轮工作时对整星的影响较小。相比之下使用推力器则可能会对光学仪器造成污染。

但动量轮也不是一个完美的执行机构,其存在着如下问题:

① 动量轮的工作原理是吸收角动量,由于动量轮转速是有上限的,因此动量轮会存在角动量饱和的问题。如果角动量饱和,动量轮将无法工作,必须依靠其他执行机构输出力矩来卸载动量轮。因此动量轮无法作为姿控系统唯一的执行机构,必须与其他执行机构配合使用。

② 无论是采用微型电动机驱动外连质量块的设计结构,还是机电一体化的设计结构,微小卫星上所使用的微型动量轮本质上仍是一个由无刷直流电动机驱动的飞轮体,动量轮在继承了其能量密度大、控制简单及转矩大等优点的同时,也存在着转矩脉动的问题。在电机组件换相过程中会出现输出转矩不平稳、波动幅度大、平均转矩降低等问题,这制约了动量轮在高精度工况中的工作能力,并且这些问题会随着动量轮转速的增加而更加突出。

③ 高速旋转的动量轮存在功耗大、高频机械振动等一系列缺点。在微纳卫星上,即使采用工业级器件,都有可能出现由于强烈振动或角速度过大引发的章动造成的器件损坏。国内已有多颗小卫星在轨运行中都出现了动量轮系统过早失灵的情况。

6.4.6 磁力矩器

磁力矩器的应用十分广泛,目前已成功运用于自旋卫星、双自旋卫星、重力梯度稳定卫星以及三轴稳定卫星的姿态控制,几乎近地轨道长寿命卫星都会配备磁力矩器。磁力矩器在抢救失控卫星时,曾起到过显著作用。在设计卫星姿控系统时,为了提高控制系统的可靠性与存活率,常以磁力矩姿态控制模式作为备用或安全模式。

1. 工作原理

磁力矩器本质上就是通电线圈,一般有空芯线圈与磁棒线圈两种。通电线圈产生的磁矩与地球磁场相互作用就可产生控制力矩,实现姿态控制。当两者互相垂直时,磁力矩最大;当两者相互平行时,磁力矩为零。

磁力矩器的工作原理如图 6.34 所示,它主要由通电回路和相应的驱动控制电路两部分组成的。国内外的小卫星使用的磁力矩器大多是由 3 个通电回路和相应驱动控制电路组成的。在卫星本体坐标 X、Y、Z 三个正交方向分别安装通电回路,通过安装支架固连于卫星本体,磁力矩器的驱动控制电路接收卫星姿态控制计算机输出的 3 路具有正负电压的模拟控制信号或具有正负极性的开关量信号,通过驱动控制电路的放大和控制,产生磁力矩器所需要的工作电流,并分别输出至 X、Y、Z 三个磁力矩器线圈,从而使之正常工作。

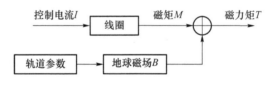

图 6.34 磁力矩器原理图

2. 工作特点

大部分立方星都工作在低地球轨道,通常都会使用磁力矩器作为姿控执行机构。磁力矩器的优点是成本低、可靠性高、质量较轻,另外,由于它们不像推力器那样需要消耗燃料,因此可以在轨长时间工作。

磁力矩器的缺点如下:

① 磁力矩器所能产生的磁力矩大小不仅受自身最大磁矩的限制,还依赖于地磁矢量在卫

星本体坐标系上的分量。当轨道高度为 500 km 时,磁感应强度约为 5×10^4 nT,即使星上产生 5 Am² 的磁矩,能产生的最大控制力矩也不过 2.5×10^{-4} N·m 左右。因此,磁力矩器所能产生的控制力矩是很小的。

② 磁力矩器产生的磁力矩的方向也受到地磁矢量的约束,即磁力矩只能在垂直于地磁矢量的平面内产生。因此磁控比其他主动控制如喷气控制、轮控等要复杂得多。

③ 磁力矩器需要在有磁场条件下才能使用,因此高轨卫星与深空探测卫星并不能使用磁力矩器。

6.5　"田园一号"立方星姿态控制系统总体设计

姿态确定与控制分系统的设计是卫星平台设计的关键,其设计的好坏将直接影响到卫星功能的实现。本小节以"田园一号"六单元立方体卫星总体设计为例,根据总体设计方案和要求,提出姿态确定与控制分系统总体设计方案,包括星上部组件单机设计选型、姿态确定算法和姿态控制算法等,最后对设计方案进行数值仿真验证。

6.5.1　设计输入

"田园一号"立方星姿控分系统用于保证立方星在任务阶段需要的姿态指向,满足载荷观测和星地通信的任务要求。根据"田园一号"立方星的任务模式,立方星姿控分系统的功能包括:

① 释放后快速消除初始姿态角度率,保障测控通信链路的畅通;

② 建立对地三轴稳定,保障太阳能电池阵的能源获取;

③ 保证数传天线的对地指向;

④ 保证环境探测载荷对目标观测时的姿态指向和稳定度;

⑤ 保证推进系统工作过程中的姿态稳定。

卫星总体对姿态分系统的主要技术指标要求如下:

① 系统质量:<0.4 kg;

② 系统功耗:<2.5 W(长期三轴稳定)。

姿态控制精度包括:

三轴确定精度:① 俯仰 θ 优于 $0.5°(3\sigma)$;② 滚动 Φ 优于 $0.5°(3\sigma)$;③ 偏航 Ψ 优于 $0.5°(3\sigma)$。

三轴指向精度:① 俯仰 θ 优于 $1°(3\sigma)$;② 滚动 Φ 优于 $1°(3\sigma)$;③ 偏航 Ψ 优于 $1°(3\sigma)$。

三轴指向稳定度:① 滚动 ω_x 优于 $0.1°/s(3\sigma)$;② 俯仰 ω_y 优于 $0.1°/s(3\sigma)$;③ 偏航 ω_z 优于 $0.1°/s(3\sigma)$。

机动能力要求:具备 90°侧摆能力,优于 90°/100 s。

6.5.2　总体方案

在控制系统硬件配置方案中,考虑了有限的硬件配置冗余,以提高系统的可靠性。控制系统的测量和控制部件的作用分别如下:

① 磁强计:敏感在轨的地磁强度,根据磁场信息计算出卫星姿态;也是磁力矩器生成磁矩的依据;星上安装两台磁强计,为热备份方式。

② 数字太阳敏感器:安装于星体向阳面,增大捕获太阳的概率。

③ 三轴磁力矩器:磁力矩器在星箭分离后阻尼卫星的角速率;在长期在轨运行阶段,主要为动量轮提供动量卸载。

④ 动量轮:通过调节动量轮转速变化,来给卫星提供高精度姿态控制力矩。

⑤ 陀螺仪:卫星三轴角速率状态的监控部件,由地面遥控指令进行开关机。

⑥ GPS 接收机:在常态下,GPS 的定位信息遥测下传;在自主导航模式下,星上利用 GPS 定位与时间信息实现卫星的自主定轨和授时。

控制系统与数据综合分系统共用一台计算机,控制软件与星务软件协调工作,共同完成整个飞行任务。所有控制系统部件的测量与遥测信号均由星务软件统一采集,控制软件利用星务采集的信号进行导航计算、姿态计算并生成控制指令,并且调用指令输出函数将控制指令输出给执行机构。姿态确定与控制分系统的工作原理如图 6.35 所示。

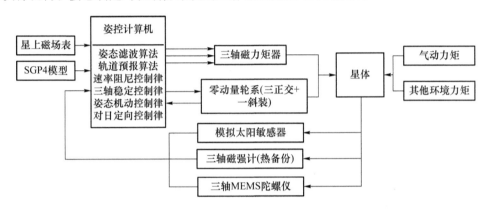

图 6.35 姿控分系统工作原理图

其中太阳敏感器安装在星体的 +Y 面,采用感光敏感器与处理线路一体化的设计思想。磁力矩器包含 2 根磁棒和 1 组空芯线圈以及对应的控制电路,三轴磁力矩器分别与星体三轴平行安装在磁力矩器 PCB 板上,控制电路置于磁力矩器板上。磁强计是"田园一号"立方星姿态控制系统的磁测量敏感部件,采用双机热备份。动量轮安装在卫星结构主框架上,采用三正交一斜装配置方案。

姿控分系统组成如图 6.36 所示。

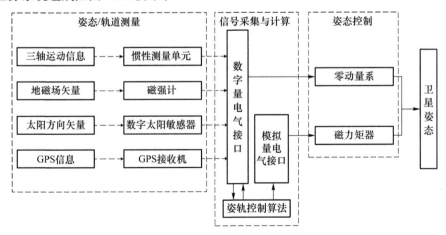

图 6.36 姿控分系统功能与组成

姿控分系统的产品配套表如表 6.2 所列。

表 6.2　"田园一号"立方星姿控分系统单机配套表

序　号	单机名称		单机代号	稳态功耗/W	质量/kg	尺寸(L×W×H)/mm³
1	数字太阳敏感器	+Y	TYZK-1	0.15	0.008	43×14×9.78
2	三轴磁强计		TYZK-4	0.03	0.06	70×50×7
3	磁力矩器		TYZK-5	0.5(长期)	0.15	96×90×20
4	零动量轮	+X	TYZK-6	0.3	0.05	30×30×25
		+Y	TYZK-7	0.3	0.05	30×30×25
		+Z	TYZK-8	0.3	0.05	30×30×25
		斜装	TYZK-9	0.3	0.05	30×30×25
5	陀螺仪		TYZK-10	0.34	0.015	31.5×28×13
6	姿控计算机		TYZK-11	0.37	0.02	96×90×20
7	GPS 接收机		TYZK-12	1	0.065	99.2×96×15
合　计				3.02	0.395	—

姿控单机在星上安装的位置如图 6.37 所示。

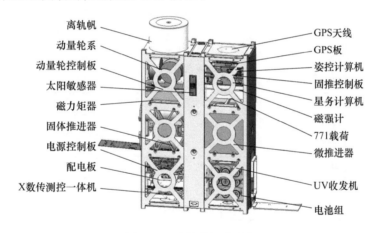

图 6.37　姿控单机布局图

6.5.3　姿控分系统单机设计

根据姿态控制系统的组成,GPS 接收机用于给姿控计算机提供卫星位置速度信息,以及提供校时功能。姿态测量敏感器包括太阳敏感器、三轴磁强计和三轴陀螺仪,太阳敏感器用来测量敏感器坐标系中的太阳矢量,三轴磁强计用于测量敏感器坐标系下的地磁矢量,三轴陀螺仪用于测量卫星姿态角速度。姿态控制执行机构包括动量轮和三轴磁力矩器,动量轮用于高精度姿态控制,三轴磁力矩器用于消除卫星的初始姿态角速率及控制动量轮的动量卸载。

(1) GPS 接收机设计

GPS 接收机可接收全球定位系统卫星信号,姿控计算机接收 GPS 接收机获取的信息并进行定轨和授时。GPS 接收机采用 ARM＋FPGA 架构,主要包括有源天线、射频前端处理模块、基带信号数字处理模块和定位解算模块等部分。图 6.38 为 GPS 接收机原理框图。

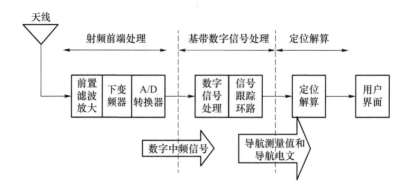

图 6.38　GPS 组成原理框图

GPS 接收机的主要技术指标如表 6.3 所列。

表 6.3　GPS 性能指标

基本指标	
工作频率和带宽	L1:(1 575.4±1.023)MHz
接收灵敏度	−130 dBm
定位精度(1σ、三轴)	位置精度:≤10 m
	速度精度:≤0.2 m/s
定位时间	≤5 min
1PPS 输出	精度 100 ns
动态特性	速度范围:≤7.8 km/s
	加速度范围:≤4g
电气指标	
工作温度	−20~+55℃
工作电压	5 V
功耗	1 W
尺寸	99.2 mm×96 mm×15 mm
重量	0.065 kg

（2）太阳敏感器设计

太阳敏感器采用光学敏感器与处理电路一体化设计的思路,其设计指标如表 6.4 所列。样机如图 6.39 所示。

表 6.4　太阳敏感器指标设计

序　号	指　标	指　标
1	测量精度	0.5°
2	数据更新率	10 Hz
3	视　场	±60°
4	外形尺寸	43 mm×14 mm×9.78 mm
5	质　量	8 g
6	功　耗	150 mW
7	使用温度范围	−40～+105 ℃

图 6.39 太阳敏感器正样

（3）三轴磁强计设计

磁强计采用 PNI 公司研发的 RM3100 模块。该传感器由 2 只 Sen-XY-f 地磁传感器、1 只 Sen-Z-f 地磁传感器和 MagI²C 控制芯片组成，可以实现三分量磁场的测量，如图 6.40 所示。该模块已多次在国内外微纳卫星上在轨验证，其具体参数如表 6.5 所列。

表 6.5 三轴磁强计指标设计

图 6.40 三轴磁强计产品

序 号	指 标	性 能
1	量 程	±800 μT
2	噪 声	15 nT@200 次重复计数
3	分辨率	13 nT@200 次重复计数
4	增 益	75 nT@3 V(LSB/uT)
5	最大单轴采样率	440 Hz
6	质 量	0.06 kg
7	功 耗	≤0.03 W
8	供电电压	+3.3 V
9	尺 寸	70 mm×50 mm×7 mm

（4）三轴陀螺仪设计

三轴陀螺仪采用 XSENS 公司研制的 MTi-600 惯性测量单元（见图 6.41），其产品指标如表 6.6 所列。

表 6.6 陀螺仪指标设计

图 6.41 MTi-600 惯性测量单元

序 号	指 标	指 标
1	量 程	±2 000°/s
2	偏置稳定度	8°/h
3	带宽（-3 dB）	520 Hz
4	噪声密度	0.007°/s/√ Hz
5	非正交性	0.05°
6	非线性	0.1‰
7	使用温度范围	-40～85 ℃
8	功 耗	0.34 W

（5）零动量轮设计

零动量轮包含相同且相互独立的四个动量轮及控制电路板，零动量轮系安装方式为三正交一斜装，如图 6.42 所示。其设计指标如表 6.7 所列。

图 6.42　零动量轮产品

表 6.7　零动量轮指标设计

序 号	指 标	指 标
1	角动量	5 mN·m·s
2	额定转速	6 000 r·min⁻¹
3	转速稳定性	≤3 r·min⁻¹(±60～±3 000 r·min⁻¹) ≤10 r·min⁻¹(±3 000～±8 000 r·min⁻¹)
4	使用温度范围	−15～50 ℃
5	控制方式	模拟电压

（6）三轴磁力矩器设计

三轴磁力矩器的设计采用两正交磁棒加单轴线圈的形式（见图 6.43），其主要技术指标设计如表 6.8 所列。

表 6.8　磁力矩器指标设计

图 6.43　磁力矩器产品

序 号	指 标	指 标
1	额定输出磁矩	$\geqslant 0.5$ A·m²(X、Y 轴) $\geqslant 0.2$ A·m²(Z 轴)
2	剩余磁矩	≤1%额定磁矩
3	工作电压	±5 V
4	功 耗	≤1 W
5	外形尺寸($L \times W \times H$)	96 mm×90 mm×20 mm
6	质 量	(150±20)g
7	使用温度范围	−20～+50 ℃

6.5.4　工作流程

姿态确定与控制系统从发射到入轨建立正常工作姿态期间要经历角速率阻尼、对地姿态捕获、三轴稳定控制、姿态机动和对日定向等阶段。待立方星星箭分离后，按时间顺序，卫星姿态控制模块主要工作流程如图 6.44 所示。

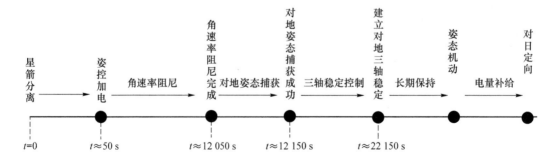

图 6.44　姿控系统工作流程

姿态确定与控制系统各个阶段控制模式定义如下:

(1)速率阻尼模式

本模式是卫星在星箭分离后进入姿态翻滚阶段,这一阶段姿控系统完成三轴角速率阻尼,大约需要 2 个轨道周期。星箭分离后整星自主加电,然后在 $t \approx 50$ s 姿控系统加电后默认进入该模式,结合磁强计信息,采用三轴磁力矩器实现角速率阻尼,动量轮维持中心角动量(6 000 r/min)状态。阻尼过程中可接受 GPS 信息或地面站指令进行轨道参数上注和校时工作。

另外,该控制律也应用于固推变轨后的姿态稳定。

此时,GPS 接收机、磁强计、陀螺、太阳敏感器、星敏感器、磁力矩器、零动量轮加电状态维持不变。

(2)对地姿态捕获模式

卫星保持速率阻尼控制不变,同时利用磁强计对俯仰姿态角及角速度进行测量,测量结果为进入对地三轴稳定控制做准备。

此时,GPS 接收机、磁强计、陀螺、数字太阳敏感器、磁力矩器、零动量轮加电状态维持不变。

(3)三轴稳定控制模式

卫星正常入轨后进入三轴稳定控制模式,利用零动量轮对立方星进行高精度姿态控制,磁力矩器作为辅助控制部件,为动量轮提供动量卸载。

该模式主要实现"田园一号"立方星测控天线的对地指向,保障星地的通信联系,同时实现微推进变轨期间的姿态控制。在该模式下,通过三轴磁控进一步阻尼卫星的角速率,并维持"田园一号"立方星零动量三轴稳定控制,实现卫星较高精度的三轴稳定,定姿则以陀螺仪/磁强计/太阳敏感器 EKF 定姿为主。

此时,GPS 接收机、磁强计、陀螺、数字太阳敏感器、磁力矩器和零动量轮加电状态维持不变。

(4)姿态机动控制模式

当卫星需要执行轨道机动或科学探测任务时,星务发送姿态机动指令给姿控计算机时进入姿态机动控制模式,利用零动量轮对立方星进行高精度姿态控制,磁力矩器作为辅助控制部件,为动量轮提供动量卸载。

该模式主要实现"田园一号"立方星轨道机动任务和科学探测任务的姿态稳定指向,保障轨道机动任务和科学探测任务的顺利进行,同时保证电源、热控的姿态要求。在该模式下,通过零动量轮和三轴磁力矩器来实现立方星的姿态机动控制,定姿则以陀螺仪/磁强计/太阳敏感器 EKF 定姿为主。

此时,GPS 接收机、磁强计、陀螺、数字太阳敏感器、磁力矩器和零动量轮加电状态维持不变。

(5)对日定向模式

当卫星不需要执行科学探测等任务时,卫星可进入对日定向模式,该模式可实现长期对日指向,以保证电量补给的最大化。在任务后期无特定任务要求,姿控一直维持在该模式下。

此时,GPS 接收机、磁强计、陀螺、数字太阳敏感器、磁力矩器、零动量轮加电状态维持不变。

(6)安全模式

当星上电量不足,母线电压低于一阈值时,姿控计算机自动切换进入安全模式,即姿控系统的最小模式,此时姿控系统只有姿控计算机、磁力矩器、零动量轮和磁强计工作,定姿采用单磁强计定姿,轨道信息和时间信息通过地面站上注获得。此时姿控分系统稳态功耗为 1.07 W。

姿控系统各工作模式的进入条件及工作状态如表 6.9 所列。

表 6.9 姿控系统工作模式说明

序 号	控制模式	功 能	进入条件	工作状态
1	角速率阻尼	降低卫星的角速率,固推变轨后的姿态稳定	姿控计算机加电	磁强计、磁力矩器实现阻尼
2	对地姿态捕获	实现对地姿态测量	角速率阻尼完成	磁强计测量三轴姿态,磁力矩器继续阻尼
3	三轴稳定控制	实现对地指向,并保持长期对地稳定,微推进变轨过程中的姿态稳定	姿态实现捕获	利用陀螺仪、磁强计、太阳敏感器测量卫星三轴姿态,零动量轮和三轴磁力矩器实现三轴姿态控制
4	姿态机动	实现姿态机动控制,并且维持姿态稳定	星务发送姿态机动指令	利用陀螺仪磁强计、太阳敏感器测量卫星三轴姿态,零动量轮和三轴磁力矩器实现三轴姿态控制
5	对日定向控制	实现对日捕获,并保持长期对日指向	星务发送对日定向指令	利用陀螺仪、磁强计、太阳敏感器测量卫星三轴姿态,零动量轮和三轴磁力矩器实现三轴姿态控制
6	安全模式	利用磁强计、动量轮和磁力矩器实现对地三轴稳定	星务发送姿控安全模式指令	关闭陀螺、GPS、数字太阳敏感器,由单磁 EKF 测量三轴姿态,磁力矩器实现三轴姿态控制,动量轮保持常速

6.5.5 系统数值仿真

数值仿真平台可以模拟卫星在轨的整个姿控工作流程,验证轨道确定算法、姿态确定算法以及姿态控制算法。

卫星的姿态是指固连于卫星的星体坐标系与选定的空间参考坐标系间的角度关系。一般对地定向卫星的空间参考坐标系被选为卫星质心轨道坐标系。姿控软件算法由三大部分组成,包括环境模型、定姿算法以及控制算法。

(1)环境模型

环境模型主要提供定姿算法中用到的环境参考矢量,包括:

① 轨道磁矢量模型;

② 轨道太阳矢量模型。

(2)定姿算法

"田园一号"立方星中的定姿算法用于确定立方星相对质心轨道参考坐标系的姿态,包括:

① 单磁俯仰滤波;

② 动力学/磁强计/太敏 EKF 滤波;

③ 陀螺/磁强计/太敏 EKF 滤波。

（3）控制算法

控制算法为姿控模块驱动执行机构的具体算法,包括以下四种(其中地面可以注入某些控制参量进行调整更新):

① 角速率阻尼控制;

② 三轴稳定控制;

③ 姿态机动控制;

④ 对日定向控制。

卫星在完成阻尼控制之后自然转为对地定向状态,并保持对地定向稳定运行。在任务后期无任务要求,姿控一直维持在该模式下。若姿态长期稳定,则自动转入陀螺/磁强计/太敏 EKF 定姿(得到三轴姿态);若姿态发散,则自主切换为动力学/磁强计/太敏 EKF 定姿(得到三轴姿态)。

图 6.45 所示为零动量控制系统数值仿真框图,下面介绍立方星在零动量工作模式下的数值仿真结果。卫星所受到的干扰力矩主要考虑剩磁力矩和气动力矩,量级为 1×10^{-7} N·m。控制周期设置为 1 s,通过对控制系数进行整定得到最优控制参数,代入仿真系统进行仿真分析。仿真输入参数包括:

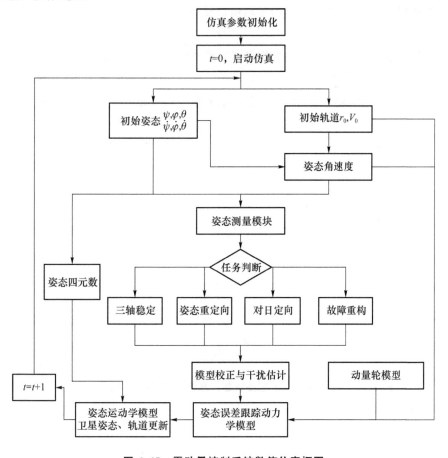

图 6.45 零动量控制系统数值仿真框图

① 星箭分离时刻：2021 年 10 月 14 日 11 时 05 分 22.25 秒；

② 卫星轨道高度：517 km 太阳同步轨道，降交点地方时 18：00；

③ 卫星重量为 10 kg；

④ 沿卫星本体坐标系的惯性张量大小为 $I_{xx} = 0.088$ kg·m², $I_{yy} = 0.116$ kg·m², $I_{zz} = 0.044$ kg·m²；惯性积大小均设为 0.01 kg·m²；

⑤ 动量轮额定角动量大小为 5 mN·m·s；动量轮转速控制精度为 ±10 r/min；

⑥ 磁力矩器最大输出磁矩 0.5A·m²，输出误差为 5%；

⑦ 初始欧拉姿态角：[20，−20，20]°；

⑧ 初始欧拉角速度：[3,3,3]°/s；

⑨ 控制周期 1 s，执行机构控制时长 0.5 s；

⑩ 大气密度为高度 517 km 时的平均值 6.967×10^{-13} kg/m³，卫星质心在三轴方向分别偏离系统形心 0.005 m，卫星剩磁大小 [0.005,0.005,0.005]A·m²；

⑪ 磁强计常值噪声：[200，−200，200]nT；

⑫ 磁强计随机噪声：均方差为 100 nT 的零均值白噪声；

⑬ 太敏常值噪声：[0.2，−0.2，0.2]°；

⑭ 太敏随机噪声：均方差为 0.1° 的零均值白噪声。

（1）EKF 定姿

使用磁强计或磁强计加太敏的测量值得到卫星三轴姿态角度及惯性系下的角速度，图 6.31 给出了 EKF 定姿的误差结果曲线。

从图 6.46 结果可知，两个 EKF 滤波器的定姿精度均满足 0.5° 的指标要求。

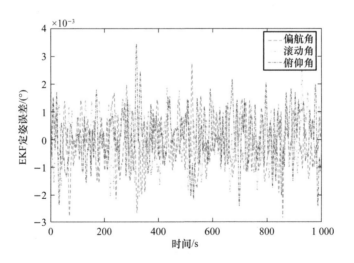

图 6.46 EKF 定姿误差仿真结果（彩图见彩插）

（2）速率阻尼控制

仿真结果如图 6.47 所示。

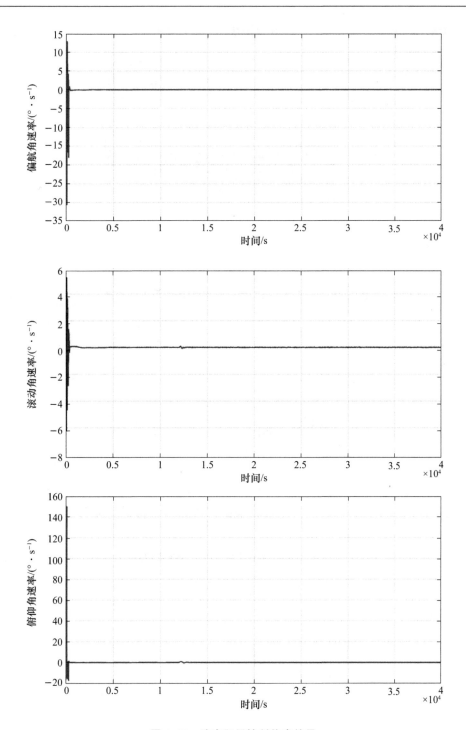

图 6.47 速率阻尼控制仿真结果

由上述仿真结果可知,卫星在 5 000 s 以内即可实现三轴角速率的阻尼任务。

(3) 三轴稳定控制

仿真结果如图 6.48~图 6.51 所示。

由上述仿真结果可知,三轴稳定控制可以实现±0.1°的姿态指向误差和±0.01°/s 的姿态稳定度,动量轮转速维持在±3 000 r/min 范围内,满足设计指标要求。

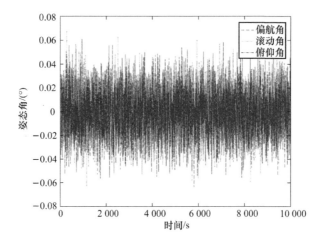

图 6.48　三轴稳定控制姿态角仿真结果(彩图见彩插)

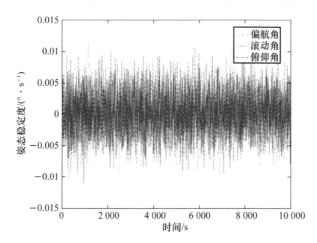

图 6.49　三轴稳定控制姿态稳定度仿真结果(彩图见彩插)

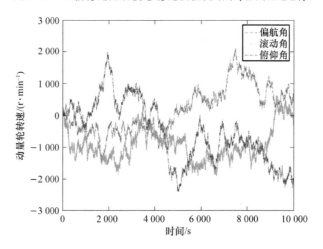

图 6.50　三轴稳定控制动量轮转速仿真结果(彩图见彩插)

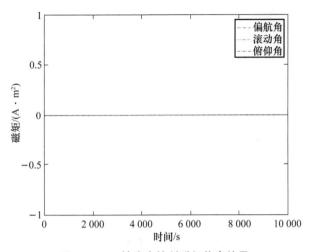

图 6.51 三轴稳定控制磁矩仿真结果

（4）姿态机动控制

仿真结果如图 6.52～图 6.55 所示。

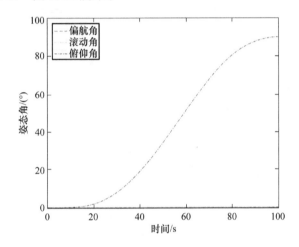

图 6.52 姿态机动控制姿态角仿真结果（彩图见彩插）

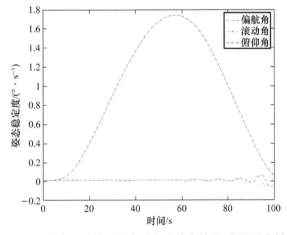

图 6.53 姿态机动控制姿态稳定度仿真结果（彩图见彩插）

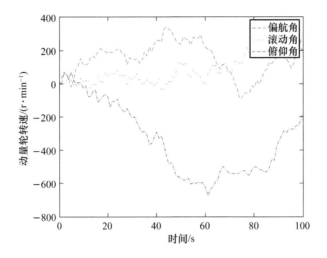

图 6.54　姿态机动控制动量轮转速仿真结果（彩图见彩插）

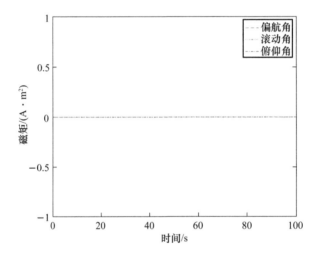

图 6.55　姿态机动控制磁矩仿真结果

由上述仿真结果可知,姿态机动控制可在 100 s 内实现 90°的姿态机动能力,动量轮转速维持在 ±1 000 r/min 范围内,满足设计指标要求。

（5）对日定向控制

仿真结果如图 6.56～图 6.59 所示。

由以上仿真结果可知,该对日定向算法在 200 s 内可实现对日精确捕获,并且进入稳定对日定向阶段。

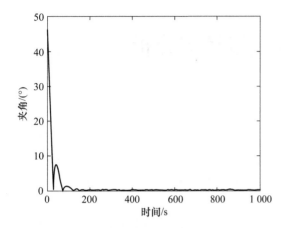

图 6.56 对日定向控制太阳电池阵法线与太阳矢量夹角仿真结果

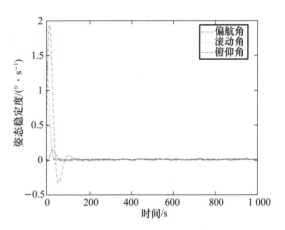

图 6.57 对日定向控制姿态稳定度仿真结果（彩图见彩插）

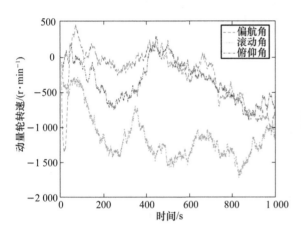

图 6.58 对日定向控制动量轮转速仿真结果（彩图见彩插）

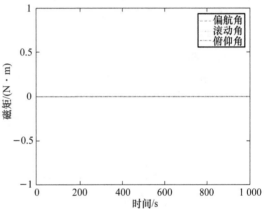

图 6.59 对日定向控制磁矩仿真结果

7 立方星电源系统设计与分析

7.1 立方星电源系统功能

电源系统（electrical power sub - system，EPS）是卫星上产生电能，并且对电能进行存储、变换、调节和分配的分系统，其基本作用是为星上其他所有分系统提供稳定可靠的供电电压，电源系统是微纳卫星的核心。

电源分系统的主要功能是为星上各个用电设备安全、稳定地提供符合要求的电功率，具体包括：

① 太阳能电池阵实现光电转换；

② 锂离子蓄电池组实现电能的储存；

③ 电源控制板提供一次母线电压及二次电源电压；

④ 在光照条件变化时实现供电方式的自动切换；

⑤ 提供电源分系统及供配电状态的遥测信号；

⑥ 控制整星单机供配电，采集控制开关状态；

⑦ 采集电源分系统遥测参数，通过总线接口星载计算机的遥控指令，有效控制开关的通断。

7.2 太阳能电池阵

7.2.1 太阳能电池阵原理

太阳能电池阵是卫星的主电源，在光照区由太阳能电池阵将光能转换成电能，一方面给星上负载供电，另一方面给蓄电池充电。

（1）光生伏特效应

太阳能电池能量转换的基础是结的光生伏特效应，该效应是指半导体在受到光照射时产生电动势的现象，如图 7.1 所示。太阳能电池可利用的电子主要是价带电子，由价带电子得到光的能量后跃迁到导带的这一过程所决定的光的吸收，称为本征或固有吸收。

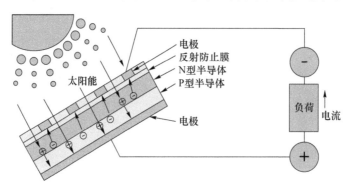

图 7.1 光生伏特效应

（2）太阳能电池输出特性曲线

太阳能电池是进行光电转化的元件，在温度和光照条件不变时，其输出特性主要由短路电流 I_{sc}、最大功率点电流 I_{mp}、开路电压 V_{oc}、最大功率点电压 V_{mp} 四个参数确定，在 25 ℃和光照强度 1 000 W/m² 的条件下，太阳能电池的电压-电流特性和功率-电压特性如图 7.2 和图 7.3 所示。

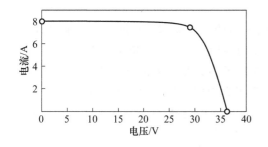

图 7.2　太阳能电池电压-电流特性曲线　　　图 7.3　太阳能电池功率-电压特性曲线

从图 7.3 可以看到，太阳能电池有一个最大功率输出点，这个工作点在输出电压 V_{mp} 之前，输出功率随电压增大而增大；在 V_{mp} 之后，输出功率随电压增大而下降。不同光照强度和温度下，太阳能电池的 I-V 曲线如图 7.4 和图 7.5 所示。

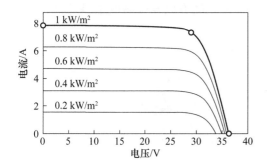

图 7.4　25 ℃下，不同光照 I-V 曲线　　　图 7.5　1 000 W/m² 时，不同温度 I-V 曲线

可以看到在温度不变时，光照强度增大，太阳能电池的开路电压变化较小，短路电流 I_{sc} 和最大功率点电流 I_{mp} 增大；光照条件不变时，太阳能电池温度降低，开路电压 V_{oc} 和最大功率点电压 V_{mp} 减小。

（3）简单电路模型

一个理想的太阳能电池可以由一个反向偏置二极管（PN 结）和一个平行的二极管来模拟电流源（光伏效应）。更实用的模型包括一个并联电阻器和一个串联电阻器。等效电路如图 7.6 所示，其中 R_{sh} 为分流电阻，R_s 表示串联电阻。

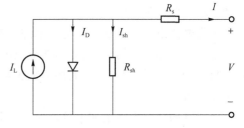

图 7.6　太阳能电池简单模型

R_{sh} 电阻值通常为几百欧姆。与其他电流相比，由于 R_{sh} 中的电流非常小，故可以忽略 R_{sh} 的影响。

因此,忽略分流电阻时,V 和 I 之间的关系方程式为

$$V=V_{\mathrm{j}}-IR_{\mathrm{s}}$$
$$I=I_{\mathrm{L}}-I_{\mathrm{D}}$$

式中,V_{j} 为二极管两端电压;I 为输出电流;I_{L} 为光生电流;I_{D} 为二极管电流。

7.2.2　太阳能电池阵电性能设计

太阳能电池阵电性能设计的主要目的是满足航天器的功率需求。在进行电性能设计时,必须考虑负载功率需求、工作寿命、轨道参数、航天器的结构形式以及环境条件等。

除了输出功率之外,太阳能电池阵电性能的主要技术参数是太阳能电池阵的面积比功率($\mathrm{W/m^2}$)和质量比功率($\mathrm{W/kg}$),这两项指标直接反映了太阳能电池阵的技术水平。

太阳能电池阵的电性能设计主要包括:单体太阳能电池的选择、太阳能电池组件的研制以及太阳能电池阵的设计与组装。

(1) 单体太阳能电池

单体太阳能电池是组成太阳能电池阵的基础,如图 7.7 所示,正确合理地选择单体太阳能电池对太阳能电池阵的设计至关重要。选择单体太阳能电池的基本原则是要选取性能优良、技术成熟、能批量生产并经过飞行验证的电池。对于水平先进,技术、工艺尚不成熟的新型高效太阳能电池,必须进行搭载试验,经过飞行考核验证后方可选用。

大阳电池关键的技术参数主要有光电转换效率、抗辐照能力以及开路电压、短路电流、填充因子等电性能指标。

图 7.7　单体太阳能电池

(2) 太阳能电池组件

太阳能电池组件是组成太阳能电池阵的基本单元。组件的大小主要由电源系统的拓扑结构对太阳能电池阵的结构要求、太阳能电池阵功率调节器的接口、太阳能电池阵单体电池的串并联片数、立方星的结构和布片利用率来决定。

① 整体电池。

在已选取的裸体电池上加上抗辐射盖片和连接条就构成了整体电池。

盖片的主要作用是为了保护太阳能电池免受空间辐射环境的影响,同时使更多的光透射到太阳能电池表面;另一个作用是提高太阳能电池热辐射本领,以降低太阳能电池的工作温度,从而使太阳能电池获得较高的效率,如图 7.8 所示。

贴玻璃系数可用贴玻璃后和不贴玻璃时太阳能电池短路电流的比值来表示,若系数大于

1,则表示贴盖片后产生较大的电池输出;若系数小于1,则表示产生贴玻璃损失。太阳能电池第二个重要元件是互连条,如图7.9所示。在太阳能电池阵中把各个单片太阳能电池并联或串联起来的导电元件称为互连条,互连条可以简单地由一根导线组成,但一般是由金属网格和蚀刻或冲剪成形的金属条构成的。

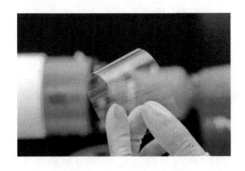

图 7.8　太阳能电池玻璃盖片

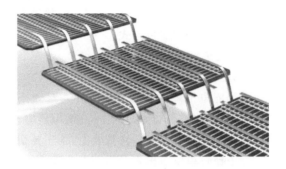

图 7.9　互连条

互连条的功用就是在太阳能电池阵的规定寿命内把各个电池产生的电能传导到太阳能电池阵的输出母线。因此要求互连条必须导电性好,耐温度交变,耐振动,冲击性能好,可靠性高。

除了上述基本要求以外,某些航天器的太阳能电池阵还要求互连条材料采用非磁性材料或原子序数低的金属,或要求互连条具有可卷性或可折叠性,某些情况下还要求其具有抗原子氧腐蚀能力。

② 旁路二极管。

光照期的太阳能电池阵中,那些受到遮挡的电池可能会由于高反向电压而受到过量的加热,形成所谓的"热斑"。当太阳能电池经受高温、高反向偏压和高功耗的综合作用时,可能会发生永久性短路失效。安装旁路二极管就可以限制这种有害的高反向偏压,如图7.10所示。在太阳能电池阵中应用旁路二极管,可最大限度地减小局部"阴影"下太阳能电池阵的输出损失,并且避免出现"热斑",保护太阳能电池阵。

尽管因为旁路二极管两端出现的电压降会降低输出能力,但和不接旁路二极管引起的输出损失相比,则减少了许多。

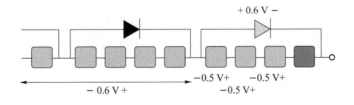

图 7.10　旁路二极管在电路中的布置

目前应用于空间太阳能电池阵的旁路二极管有常规封装的整流二极管、不封装的二极管芯片。旁路二极管还可与太阳能电池组成整体二极管太阳能电池。

③ 隔离二极管。

隔离二极管起隔离太阳能电池电路和母线的作用。因为未受光照的太阳能电池组件相当于一串串联在一起的二极管,它们以正导通的方式接到太阳能电池阵的输出母线上,如果接到母线的所有并联太阳能电池组件不接隔离二极管,则未受光照的太阳能电池组件就成了一个负载,将增加太阳能电池阵的功率消耗。

隔离二极管在工作时由于自身的电压降,会引起能量的损失,约占太阳能电池阵产生总能量的2%~3%。尽管这样,隔离二极管依然是空间太阳能电池阵不可缺少的重要元件。另外,由于隔离二极管的正向压降产生的热量有可能造成局部升温,故需要更慎重地考虑隔离二极管的安装位置和安装方式。

(3) 太阳能电池阵的设计与组装

① 太阳能电池阵的布局。

太阳能电池阵的布局就是要在布贴太阳能电池的基板上尽可能多地排列太阳能电池组件,以获得大的输出功率,并安排好太阳能电池组件汇流条、导线的安装位置。如果隔离二极管和旁路二极管必须安装在基板上,则还要留出必要的安装位置。

为了提高单位面积内太阳能电池阵的输出功率,必须压缩太阳能电池组件间和相邻太阳能电池之间的间隙,而相邻太阳能电池之间的最小间隙是由太阳能电池和玻璃盖片的装配尺寸、基板材料的热膨胀系数以及星蚀阴影区出影温度来确定的。

在实际设计中还要考虑工艺操作的可能性,不能因一味追求最小间隙而造成电池间的短路,从而降低了可靠性。图7.11所示为"田园一号"卫星的电池阵布局。

图7.11 "田园一号"卫星的电池阵布局

② 太阳能电池阵电缆设计。

太阳能电池阵电缆是功率收集线路的部分,它包括电缆引线和接插件(或接线头)。太阳能电池阵电缆设计除考虑可靠性以外,人们最关心就是电缆的质量。由于大多数立方星都受质量限制,一般都不会允许导线的尺寸大到使电缆的电压降接近于零,而是会对增加的质量进行权衡,然后确定一个最大的功率损失允许值。

选用电缆线时,除要计算导线的功率损失、选取导线截面积外,还要考虑导线的载流能力。尤其是在空间的真空环境中应用时,必须考虑由于电流引起导线温度升高的问题,在导线截面积选取时要留有必要的安全系数。

7.2.3 太阳能电池阵机械设计

在展开式太阳能电池阵中,太阳翼比太阳桨可提供更大的功率。而在太阳翼中,目前应用最广和技术最成熟的是折叠式刚性太阳翼。

1. 太阳能电池阵的机械设计要求

对于折叠式刚性太阳翼的机械部分,其主要设计要求如下:

① 太阳翼的基板数目、形状和尺寸应满足卫星系统的要求,收拢时的总高度应在运载整流罩的动态包络范围之内。

② 太阳翼机械部分的重量不大于卫星系统规定的要求。

③ 太阳翼应满足刚度和强度要求,即太阳翼收拢时的基频(最小自然频率)和展开时的基频应不超过规定值,以保证太阳翼在发射时不与卫星本体产生动态耦合,以及在空间运行时不对卫星姿控分系统产生干扰。

④ 太阳翼应满足与卫星本体和有关地面设备的机械接口要求。

⑤ 展开锁定机构应保证太阳翼的顺利展开。在太阳翼展开过程中,不容许各个太阳板相互碰撞;展开时间和展开终了的冲击载荷应满足规定要求;展开后的太阳翼翼面应在容许范围之内。

2. 太阳能电池阵的结构设计

(1) 基　板

基板是指用于铺设太阳能电池的构件,分为刚性、半刚性和柔性三种。

刚性基板:采用铝蜂窝芯,面板有铝箔、凯芙拉纤维和碳纤维复合材料等,如图 7.12 所示。在基板表面须贴一层聚酰亚胺膜,以满足太阳能电池与基板间的电绝缘要求。刚性基板具有结构简单可靠、刚度较大,对空间粒子有一定屏蔽效应,易于实现热控措施等优点,应用最广泛。

平刚性基板:碳纤维复合材料作刚性框架;环氧玻璃纤维(或碳纤维、凯芙拉纤维复合材料)增强的聚酰亚胺膜作面板(见图 7.13),面板与框架间用弹性材料预紧而成,面密度为 $0.8 \sim 1.0 \ \text{kg/m}$。平刚性基板结构较复杂,容易松弛,有热变形,可用于折叠式太阳能电池阵。

图 7.12　铝蜂窝板

图 7.13　环氧玻璃纤维基板

柔性基板:由环氧玻璃纤维(或凯芙拉纤维复合材料)增强的聚酰亚胺膜制成,面密度较小,小于 $10.8 \ \text{kg/m}^2$。基板的结构简单,可用于卷式或折叠式太阳能电池阵,但收藏和展开机构比较复杂。当用于折叠式时,常收藏在两块蜂窝夹层板之间。

（2）折叠式刚性基板的设计

确定基板上压紧点(设置压紧释放机构)的数量和位置是太阳翼结构设计中很重要的一环,因为它确定了太阳翼的实际收拢状态。压紧点数目太少,不能保证太阳翼在收拢状态下很好地紧固,从而不能满足太阳翼所需的基频,或者不能保证太阳翼的强度;但压紧点太多,又将增加压紧机构的复杂性和降低太阳翼的可靠性。

在铺设太阳能电池时基板要与太阳能电池绝缘,为此须粘贴聚酰亚胺之类材料的绝缘薄膜。由于基板上压紧点和铰链连接区域所受载荷较大,应进行局部加强。例如,添加由金属或复合材料制成的预埋块。

（3）连接架

连接架结构可采用由梁组成的构架形式。该构架形式至少由两根主梁组成,如果在连接架上需要安装分流器,则可再增加辅梁来支承分流器。梁可由金属材料或复合材料的管材制成,为了减轻质量和提高刚度,也可采用高模量碳纤维复合材料缠绕而成。

3. 太阳能电池阵的机构设计

立方星展开式太阳能电池阵的收藏方式一般为折叠式。其展开机构有铰链扭簧机构、折叠臂、望远镜筒式、伸展杆、格子阵柱杆等多种形式。

折叠式太阳能电池阵采用压紧释放机构和展开锁定机构实现太阳能电池阵的收藏和展开。它在收藏时将连接架和几块太阳能电池板折叠在卫星侧壁,其展开机构多用铰链扭簧机构。

对于大面积太阳翼,在每个压紧点上须采用一个压紧释放机构。在压紧释放机构的底座上安装一个火工切割器,火工切割器点火时把压紧杆切断,从而使各太阳板和连接架失去原有的固定约束,实现太阳翼的释放。

展开锁定机构包括铰链和绳索联动装置,前者把各块基板和连接架铰接在一起,后者使各块基板和连接架在展开时可同步运动,防止相互碰撞。

铰链中的驱动弹簧很重要,它一方面要保证有足够动力使太阳翼完全展开,另一方面又不能使太阳翼展开速度过快,以免产生不允许的锁定冲击载荷。因此必要时需要在铰链中增加展开阻尼装置。

太阳翼展开状态的锁定可通过铰链中的锁定叉装置。在太阳翼达到完全展开位置时,锁定叉卡紧在相应的槽口内,使铰链不能转动。当然也可采用其他锁定方式。图 7.14 所示为"田园一号"卫星太阳电池阵的铰链和锁紧机构。

图 7.14 "田园一号"卫星太阳电池阵的铰链和锁紧机构

7.2.4 太阳能电池阵可靠性设计

1. 抗辐射设计

在太阳能电池电路的设计中考虑了以下三个方面：

① 在方阵设计时，考虑到太阳能电池电路在空间所处的粒子环境，所以分别选择了相应的参数作为电流、电压衰减系数；

② 在单体太阳能电池上粘贴了抗辐射玻璃盖片，使得太阳能电池抗空间带电粒子冲击的能力大大加强；

③ 采用合适的导线，以保证辐照对电路的通畅无影响。

设计时实际采取的措施包括：

① 使用抗辐射玻璃盖片；

② 方阵设计时选择合理的衰减系数；

③ 采用抗辐照导线，以保证辐照对电路的通畅无影响。

2. 抗力学环境分析与设计

太阳能电池电路在发射状态时会经历强烈的振动与噪声，同时，由于太阳能电池电路安装在星体的外部，还会受到冷热交变环境的影响，所以在设计和工艺上应对太阳能电池电路的抗力学性能进行充分考虑。

在卫星发射的状态下，太阳能电池电路会经历强烈的正弦振动和随机振动，这些均有可能造成太阳能电池片的碎裂、互连片的断裂及导线焊点的脱焊，所以须在设计中加以考虑。

（1）抗力学环境设计原则

① 在卫星发射和在轨运行时，避免恶劣的环境引起的应力造成互连片的断裂。

② 避免因为电池组件粘贴不均匀，造成电池碎裂或使电池产生应力。

③ 避免因冷热交变造成导线长度的收缩，从而影响焊点的可靠性。

（2）抗力学环境设计

选用的单体太阳能电池互连片具有减应力环，可以有效地减缓太阳能电池电路在发射和在轨运行时互连片所受到的应力，从而将其断裂的可能性降至最低。

3. 热设计

卫星电源分系统包括太阳能电池阵、锂离子蓄电池组、电源控制器等部分。其中太阳能电池阵是卫星的主电源之一，在光照期由太阳能电池阵将光能转换成电能，一方面给星上负载供电，另一方面给蓄电池充电。由于卫星并不对直接暴露在空间中的太阳能电池阵进行温控，其只有被动的辐射散热，故太阳能电池阵需要从单体、总装两方面进行热设计。

（1）热设计输入条件

① 卫星太阳能电池阵的设计温度为：$-85 \sim +120 \ ℃$；

② 太阳吸收率 $\alpha_s \leqslant 0.91$；

③ 半球向辐射率 ε 为 0.85 ± 0.02。

（2）热设计要求

通过热设计，尽可能地降低太阳能电池电路的工作温度，从而保证太阳能电池电路在寿命期内的功率输出满足总体需求。

（3）单体热设计

单体太阳能电池设计时主要考虑的两个热参数为太阳吸收率 α_s 和半球向辐射率 ε。在叠层电池制备过程中，选择合适的玻璃盖片和盖片胶材料可改善与单体电池减反射膜的匹配，从而增加无效长波段光的反射，即增加了电池的半球向辐射率。

在不影响太阳能电池电性能的前提下，尽量减小太阳能电池吸收系数 α_s 和提高半球向辐射率 ε，就可以减少太阳能电池吸收的光，并将多余的光能尽可能地转换为热量辐射出去，降低电池的温度。

（4）电池阵热设计

太阳能电池方阵在总装阶段主要从以下两个方面考虑热设计：

① 太阳能电池阵工作温度越高，太阳能电池片输出电压越低。

② 在叠层太阳能电池及太阳能电池方阵的制造过程中，使用含有特殊配方的硅橡胶，可以在保证粘结强度的前提下，达到均匀散热的效果。

（5）防静电放电设计

① 基板表面粘贴有聚酰亚胺膜，它和所有导电的金属面与太阳能电池、二极管和板间电缆绝缘，其绝缘电阻不小于 10 MΩ。

② 太阳能电池板基板、电连接器外壳、电缆固定夹等对星体需要高阻接地，接地电阻为 75 kΩ。铰链与星体结构应为直接接地。

7.3　配电系统

7.3.1　电源控制系统设计

电源控制器是电源系统的控制核心，在不调节母线工作方式的情况下，电源控制器由分流调节单元、配电电源变换电路、锂电池过放电保护单元、遥测遥控单元、配电与热控控制单元等组成，如图 7.15 所示。通过对蓄电池组的充放电调节控制，完成电源系统一次电源变换控制，满足星上各负载的供配电需求，同时完成电源系统的遥测。

在阴影期，完全由蓄电池组为整星提供能量。在光照期，太阳能电池阵输出能量首先直接供给负载，当太阳能电池阵输出能量大于负载所需能量时，剩余的能量给蓄电池组充电。在光照期出现短期大功率负载或卫星机动工作，太阳能电池阵输出功率不能满足负载需求时，蓄电池组放电供负载使用，此时处于联合供电模式。

无论是光照期还是阴影期，供电母线输出均被蓄电池组充放电电压钳位在设定的母线电压范围内，根据锂离子电池的特性，充电时设置最高充电电压限制。其工作原理如下：

① 当负载功率较小时，分流调节单元既提供负载功率，同时提供蓄电池组充电功率，多余功率对地分流；

② 当负载功率增加，分流调节单元输出功率不足时，减少蓄电池组充电功率以补充负载功率，若充电分流调节单元仍不满足负载功率需求，则蓄电池组和太阳能电池阵联合为负载供电；

③ 在阴影期，蓄电池组为负载供电。

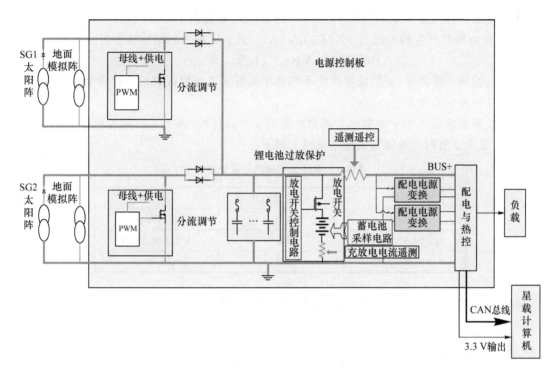

图 7.15　电源控制板原理框图

7.3.2　供配电需求分析及能量平衡计算

卫星在轨能源平衡主要考虑太阳光照角 β 和单圈太阳光照时间两个因素。根据轨道信息，通过 STK 仿真得出卫星在轨时的 β 角与光照时间 $t_光$ 的变化。通过卫星常态工作模式下的功耗情况 W，计算能源平衡：

① 卫星帆板每轨经历阴影区和阳照区，在阴影区（$t_阴$）工作时（阴影区载荷功率为 $W_阴$，开启时间为 $t_{w阴}$），消耗的蓄电池能量必须在阳照区得到，折算到瓦时为

$$W \times t_阴 / 3\,600 + W_阴 \times t_{w阴} / 3\,600 = E_1 (\text{W} \cdot \text{h})$$

② 阴影区能量须在阳照区补足，考虑二次电源效率 90%，充电效率 90%，须补充能量：

$$E_1 / 0.90 / 0.90 = E_阴 (\text{W} \cdot \text{h})$$

③ 光照区（$t_光$）所需能量按平台＋载荷 $W_光 \times$ 工作 $t_{w光}$ 时间＋充电计算，得到光照区需要的总能量为

$$(W \times t_光 / 3\,600 + W_光 \times t_{w光} / 3\,600) / 0.9 + E_阴 = E_光 (\text{W} \cdot \text{h})$$

④ 阳照区帆板输出平均功率为

$$E_光 / (t_光 / 3\,600) = P_平$$

假设卫星总体提出的卫星在轨工作寿命为 1 年，卫星在轨工作环境已知，太阳能电池电路设计取值寿命末期太阳能电池的电压、电流值，则效率为 30% 的太阳能电池片末期电压为

$$(V_{mp})_{EOL} = 2\,430 \times 0.98 + 0 - 6.8 \times (T_{max} - 25)$$

末期电流为

$$(I_{mp})_{EOL} = [16.6 + 0.009 \times (T_{max} - 25)] \times S_{电池片} \times (0.99)^1$$

串联电池片数为 $x=(12.6+0.7+0.2)/(V_{\mathrm{mp}})_{\mathrm{EOL}}$，取整数串，太阳直射时，$x$ 串电池片构成 1 并，y 并电池片产生的电流为 $y\times(I_{\mathrm{mp}})_{\mathrm{EOL}}$（A）。光照区提供的平均功率为

$$P=x\times3.6\ \mathrm{V}\times y\times(I_{\mathrm{mp}})_{\mathrm{EOL}}\times\sin\beta$$

为满足能源平衡需求，光照区提供的平均功率需要大于光照区帆板的输出平均功率，根据公式可计算得出所需最少的并联数。

满足能源需求的 x 串 y 并电池片的总片数为 $x\times y$（片）。表 7.1 所列为单体太阳能电池设计参数，表 7.2 所列为单体太阳能电池损失因子。

表 7.1　单体太阳能电池设计参数

项　目	数　值	备　注
$V_{\mathrm{mp}}/\mathrm{mV}$	2 430	最佳工作点电压
$I_{\mathrm{mp}}/(\mathrm{mA\cdot cm^{-2}})$	16.6	最佳工作点电流
E_{ff}	28%	效率

表 7.2　单体太阳能电池损失因子

损失因子	电流影响因子 K_I	电压影响因子 K_V
组合损失	0.98	1
紫外损失	0.98	1
温度交变损失	—	—
温度衰减	$+0.009\ \mathrm{mA/(cm^2\cdot{}^\circ\!C)}$	$-6.80\ \mathrm{mV/{}^\circ\!C}$
1 年辐照损失	0.98	0.965

7.3.3　分流电路设计技术

分流调节单元包括母线电压取样电路、分流调节控制电路。分流调节单元电路充分利用了太阳能电池阵 $I-V$ 曲线的特性，可直接并在太阳能电池分阵两端，根据系统母线负载的用电需求，在满足母线稳定的同时把太阳能电池分阵供入的富余功率提供给蓄电池组。对太阳能电池阵而言，太阳能电池供电阵、充电阵采用了合一的设计方案，原理图如图 7.16 所示。

在光照期太阳能电池供电时，先满足母线功率需求，多余能量给蓄电池组充电，当锂电池整组电压达到限压值时，多余电流进行分流，如图 7.17 所示。

分流调节电路设计以脉宽调制电路（PWM）为核心，由母线电压取样电路、误差放大器、功率驱动电路、控制驱动电路等组成，分流调节电路的分流元件选用了 V-MOS 功率管，该器件在导通期间内阻较小，并能承受较大的分流电流，器件本身降额余度较大。

在分流电路中，分流调节电路在保证母线功率需求的前提下为锂电池充电。当电池电压接近设计终压时，控制电路可以关闭电路充电功能，转而将电流进行分流。

为了防止锂离子蓄电池在轨飞行期间过充电，锂离子蓄电池单体采用恒流-恒压充电方式，在充电过程中，充电控制电路先对锂离子蓄电池进行恒流充电，当蓄电池电压达到设定值时，转入恒压充电，恒压充电过程中电流渐渐自动下降，最终当该电流达到某一预定的很小电流时可以停止充电，实现充电保护，防止锂离子蓄电池单体过充电。

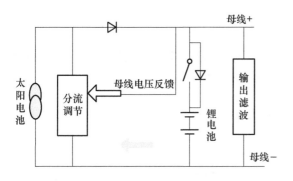

图 7.16　分流调节单元原理框图

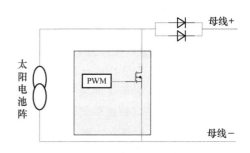

图 7.17　分流调节电路功率管驱动控制

7.3.4　二次电源

电源系统为立方星其他分系统和负载提供电能,其主要包括发电装置、一次电源系统和二次电源系统。发电装置通过太阳能帆板将光能转化为电能,得到的母线电源电压变化范围大。在立方星上一次电源的通用值有 8 V、12 V、24 V 等。一方面,母线电压往往比航天器上搭载的各个功能模块正常工作所需的额定电压高;另一方面,由于空间环境中存在各种不利因素,一次电源输出的电压会出现起伏、波动。因此,立方星供电系统在向用电设备供电前必须对电压进行二次转换。本次可靠性设计的二次电源系统的核心是 DC/DC 转换器,系统实现的基本功能就是将较高的母线电压转换为立方星搭载的用电模块所需的工作电压。

实现二次电源转换的核心是 DC/DC 转换器,根据变换器电路中是否包括变压器,DC/DC转换器可以分为隔离式与非隔离式两类,根据输入/输出电压关系,电路分为升压型(BOOST)、降压型(BUCK)、反相型(BUCK - BOOST)。在立方星上,电压变换器通常选用非隔离式变换器。

DC/DC 转换器已经被集成为芯片,并且技术较为成熟,国内外均有厂商能够生产。由于起步较晚,国内电子元器件工艺水平与国外仍有一定差距,产品可靠性有待提高。因而国产的宇航级 DC/DC 转换器内部往往还集成有防浪涌电路

图 7.18　"田园一号"卫星中的 DC/DC 转换器

并且关键部分做了冗余设计;国外生产的转换器内部通常没有做防浪涌、冗余等设计。图 7.18所示为"田园一号"卫星中的 DC/DC 转换器。

7.3.5　电源系统的测试

通过电源分系统各项功能的测试,验证电源系统的技术指标,保证立方星各项技术指标满足技术条件的要求。

立方星电源系统主要包含的测试项目如下：

（1）电路板外观和表面处理检查

电源系统各电路板外观完整、表面整洁、无机械损伤；电源分系统表面按要求无损伤和污损，产品标识与图纸一致；固定电源系统的结构紧固件连接牢固，无松动。

（2）板上电连接器接口检查

电源分系统各模块面板上安装的电连接器型号与位置应符合产品图样，电连接器接点内容应符合产品接口数据单要求。

（3）蓄电池管理系统测试

蓄电池组是立方星唯一的储能机构，立方星电池管理系统的功能为：① 状态采集，主要对锂电池的电压、电流和温度进行采集；② 状态估计，主要对锂电池健康状态与荷电状态进行估计；③ 安全管理，主要对锂电池进行均衡管理、充放电管理和温度管理。测试过程中按照所设计的电池管理系统的功能逐个反复测试。

（4）电源母线测试

母线电压测试主要测试电压的范围是否在正常工作范围内，其输出纹波是否在设计范围内。

（5）配电功能测试

配电功能测试即立方星的电源系统配电过程，根据给定的控制信号，开启/关闭对应的负载开关。测试过程中主要测试每一路配电的开关、输出电压、带载能力和其他防护功能是否与设计相符。

（6）遥测功能检查

遥测功能检查即电源分系统的遥测，主要需要采集整个系统的各个信号量，一般包括输入/输出电压电流信息、蓄电池温度和容量、开关信息等。遥测功能检查一般需要多次反复进行，以测试该功能的可靠性。

7.4　蓄电池

7.4.1　锂离子电池特性

通常，在立方星中，太阳能电池板起发电作用，锂离子电池起储能作用。电池的任务是在太阳能电池板的产量不足以满足消耗时提供电力，如当卫星穿过日食并且没有光线到达太阳能电池板时。如果电池不能满足这一要求，可能会导致任务中断，甚至导致航天器丢失。因此，电池是卫星中非常重要的部件，必须确保其在太空中可靠运行并具有足够长的使用寿命。

立方星一般选用商业现货（CSOT）18650锂电池，对比其他电池，锂电池具有如下优点：

① 具有高储存能量密度，相对铅酸电池而言，锂电池重量轻。

② 容量大。18650锂电池的容量一般为 1 200～3 600 mAh，而一般电池容量只有 800 mAh左右。

③ 寿命长。18650锂电池的使用寿命很长，正常使用时循环寿命可达 500 次以上，是普通电池的两倍以上。

④ 安全性能高。18650型单体电池壳体为铁镀镍材质，为电池的负极；电池盖为复合结构，可实现密封、集流（电池正极端子）及防爆，壳体与电池盖采用压缩方式密封。此外，18650锂电池单体内部装有 PTC 组件，可防止电池的短路。

⑤ 没有记忆效应。在充电前不必将剩余电量放空,使用方便。具备高功率承受力,便于高强度的启动加速,自放电率低,无记忆效应。

⑥ 电压高。18650 锂电池的电压一般都为 3.6 V 或 3.7 V,远高于镍镉和镍氢电池的 1.2 V 电压。

⑦ 内阻小。18650 电池内阻小,可以支持卫星载荷所需的大电流。

⑧ 可构成 18650 电池组。根据卫星的电力需求,锂电池组可设计为不同的串并联关系,由此输出卫星所需的电压与电流。

7.4.2　单体锂离子电池设计

18650 锂离子蓄电池单体外形结构如图 7.19 所示。蓄电池单体为圆柱形全密封结构,整体由正极、负极、隔膜、安全阀、PTC(正温度控制端子)、电池壳等组成。蓄电池设计中采用了负极搭壳设计,电池壳体即为负极,正极与壳体之间采取了绝缘措施。典型的 18650 电池外形尺寸为:直径 18 mm,高度 65 mm。质量为 48±3 g。

(1)壳体设计

18650 单体蓄电池壳体采用导热性、可焊性好且有较强机械强度的不锈钢管材。

(2)全密封设计

18650 蓄电池的密封性设计如图 7.20 所示。18650 电池采用塑压密封,利用电池壳体变形包容、压紧聚丙烯密封件,从而实现全密封。

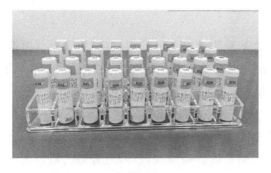

图 7.19　锂离子蓄电池实物示意图

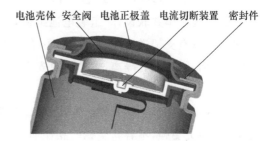

图 7.20　18650 蓄电池单体全密封设计结构示意图

(3)防过充电设计

蓄电池正极材料中添有 $LiCO_3$ 材料,$LiCO_3$ 分解电压为 4.7 V 左右。同时蓄电池内部加装安全阀(铝片材料),正常情况下蓄电池正极集流体铝片与安全阀接触。一旦发生过充电,$LiCO_3$ 材料分解产生气体,导致安全阀形变与正极铝片分离,充电过程即被切断。安全阀工作原理如图 7.21 所示。

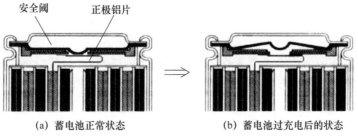

(a)蓄电池正常状态　　　　　　(b)蓄电池过充电后的状态

图 7.21　安全阀工作原理图

（4）防短路设计

蓄电池单体内部装有 PTC 组件，具备正温度系数特性，由半晶体状聚合物及导电颗粒构成。蓄电池一旦发生短路，电池内部温度升高，PTC 中聚合物膨胀，导电颗粒彼此分离，PTC 电阻迅速增大，进而可将电流回路切断。PTC 工作原理如图 7.22 所示。

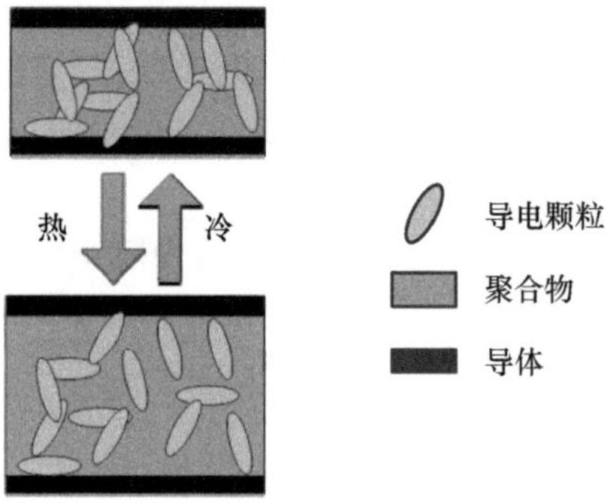

图 7.22　PTC 工作原理图

7.4.3　锂离子蓄电池组装配

由于单节锂离子电池常常难以满足立方星的功率需求，因此在卫星设计中，根据母线电压和蓄电池容量需求，一般将多节单体电池串并联构成锂离子电池组使用。

（1）对单体锂电池的筛选

主要根据单体锂离子电池的电压、内阻、容量进行筛选，该过程也称为分组配容。容量测试完毕后，选用标准容量差小于规定值的电芯进行电压、内阻的测试，一般要求单体电池电压差小于 5 mV，内阻差值小于 3 mΩ。只有经过筛选的单体电池组成的电池组，一致性才能满足要求，电池组的性能和寿命才能得到有效保证。

（2）将单体电池按串并联进行组合

依据电池组串并联设计，组装电池组最好的方式是带上电芯的支架，这样组合电池组后，电芯之间可以有支架进行隔离，一方面，有支架的电池组会比没有支架的电池组散热效果更好；另一方面，结构上有隔离，电池组更安全，避免了振动影响锂电池组的安全。

（3）进行点焊

点焊使用的物料是镍带，镍带分为纯镍镍带和镀镍钢带，纯镍的价格会贵很多，优势是内阻小，过流能力更强，不容易生锈。相比而言，镀镍钢带的价格便宜很多，劣势是内阻较大，过流能力差一些且更容易生锈。

根据常规产品的电流要求，镍带一般都是 0.15 mm 的厚度，这样点焊机的功率就更加适合。如果电流比较小，可以使用 0.1 mm 厚的镍带，如果电流特别大，可以使用 0.2 mm 的镍带，图 7.23 所示为锂离子电池与镍片的实物图。

点焊时，需要注意检查点焊的焊点效果，不能使点焊机的功率太小，导致电芯虚焊，也不能使点焊机的功率太大，导致电芯炸焊或者点焊击穿。点焊后，能通过 7 kg 的拉力测试即可。

（4）组　装

立方体卫星由于所需的电池数量较少和卫星空间的限制，一般将锂离子电池固定在 PCB 板上，再将 PCB 板通过紧固件与卫星整体结构相连，如图 7.24 所示。

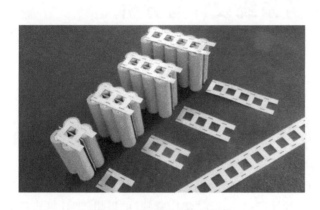

图 7.23　锂离子电池与镍片

图 7.24　"田园一号"卫星锂离子蓄电池组

7.4.4　锂离子蓄电池组测试

（1）高放电速率测试

在标准温度和压力条件下，按照电池容量的 1 倍进行放电，直到 100% 放电深度，这是立方星在短时间内从电池中吸取大量电流的最坏情况。这种类型的循环通常对电池极为有害，并可能导致电池的循环次数减少。该测试旨在评估电池组在极端条件下的特性，并检查在较低放电率下进行几次循环后的自我修复能力。

（2）真空测试

蓄电池的充放电速率均设定为 0.5 C，压力设定为 10^{-7} Pa。真空试验旨在确定锂离子蓄电池组在减压下的性能，以及容量损失的潜在膨胀效应。

（3）循环寿命测试

电池寿命终止是指电池容量下降到指定阈值以下，阈值通常由用户设置。电池的容量损失率取决于几个因素，如电池化学、工作温度、充放电率，最重要的是放电深度，这些参数确定了蓄电池可以进行多少次充电/放电循环。对于卫星任务，充电/放电周期取决于整个任务生命周期内的日食次数。对于低轨的立方星，预计每年会有 5 300 多个周期。这样的长周期寿命要求保证电池组在设定的最小化放电深度范围内工作。

8 立方星星务系统设计与分析

8.1 星务计算机总体概述

8.1.1 星务计算机功能与原理

立方星星载计算机以嵌入式处理器为基础,以软件为主体,是一类以分布式、多进程、可扩展为特点,并拥有自主导航、自我修复和集中管控等功能的综合电子系统。相比于传统大卫星中各大子系统之间的分立架构,立方星的星载计算机体现了"集中管控"的思想,即计算机板提供冗余计算单元、星上存储单元、对外接口单元以及必要外部电路,各个子系统通过星上总线或直连的方式接入星载计算机。这种做法弱化了星上各子系统之间的界限,各子系统的采集、处理、监视、控制等操作统一交由星载计算机进行调度处理,子系统提供星务软件控制所需的各种应用程序接口函数,它们的资源绝大多数甚至全部由星载计算机进行分配,实现了整星资源、状态、遥测和控制的统一管理和调度,星载计算机结构化模型如图 8.1 所示。

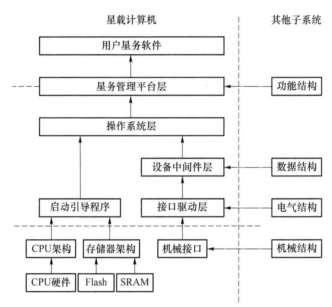

图 8.1　立方星星载计算机结构模型

这种以星载计算机为核心的集中控制结构十分适合立方星的开发,通过软件平台可以将各个子系统有机地结合起来。相比于传统的分离结构,它有利于提高卫星的整体性,避免分系统间总线传输带来的额外风险和功耗,同时也能够大幅简化硬件的复杂度,减弱单个子系统失误的风险,从而提高系统的整体鲁棒性。

立方星在设计方面追求低成本和快速部署,而传统宇航级芯片普遍昂贵,所以立方星的硬件设计一般不采用宇航级芯片。在国外大学已经成功发射并在轨运行的立方星中,星载计算机均采用了当时市场上比较流行并能够轻易获取的商用器件(commercial – off – the – shelf, COTS)。表 8.1 列举了部分国外在轨立方星的计算机芯片。

表 8.1　部分国外在轨立方星的计算机芯片

立方星名称	研制机构	芯片型号	制造商	商用器件
AAUSat – II	奥尔堡大学	AT91SAM7A1	Atmel	是
	多伦多大学	AT91M40800	Atmel	是
CanX – I	加利福尼亚理工大学	PIC18LF6720	Microchip	是
CP1	萨瑞大学	AT91M55800A	Atmel	是
Swiss Cube	东京大学	PIC16F877	Microchip	是
XI – IV	丹麦科技大学	AT91M40800	Atmel	是
HAUSAT – 1	韩国航空大学	AT91LS8535	Atmel	是
KUTEsat	堪萨斯大学	PIC18F4220	Microchip	是
KySat – 1	肯塔基州空间研究所	MSP430 – FL611	TI	是

星载计算机通过星上总线统一协调立方星的各个功能部件,总线系统实现了数据信息、控制信息在各子系统之间的可靠传输。其软件模块具有高度内聚性和丰富扩展性,能够快速地移植到其他处理器或者操作系统上,并且能够在立方星运行时动态地配置总线,从而形成一套自适应柔性通信服务系统。通信子系统在星上总线和地面站之间建立起统一的通信网络,加强地面站与卫星总线之间的耦合程度,从而实现天地一体化的目标。通过地面站能够独立操控卫星各个子系统,对其进行状态监测、遥测控制、软件配置等。

立方星星载计算机具有如下技术特点:

① 采用阶梯式分级管控系统,由星载计算机构成卫星总体级的二级控制中心,通过星务软件对星上资源进行合理的调配,整星功能高度集中。采用集中管理和分散控制的做法,符合立方星功能密度大、设计周期短的设计特点,同时也能够有效地降低整星失效的风险。

② 星上各个子系统通过总线相互连接,每个设备都能够独立地发起静态或者动态连接。总线能够自主判断星上各个子系统的工作状态,能够隔离故障的子系统,提高整星的可靠性。总线型的拓扑结构能够极大地提高卫星的可扩展性,只要在现有软件的基础上添加少量代码,就能够操作新的硬件模块,而不会对原有模块软件的工作造成影响,体现了立方星研制周期短、可扩展能力强的特点。

③ 大多数可靠性措施通过软件冗余进行保障,采用面向连接的数据传输协议来保障分系统间数据传递的准确性。充分利用 COTS 器件片上资源多、运算效率高的优势,在软件层面大量采用时间或者空间冗余的技术,以确保整星的可靠性。

8.1.2　基于 ARM 的嵌入式系统体系结构

ARM 微控制器有多个部分,在许多微控制器中,处理器占的硅片面积小于 10%,剩余部分被其他部分占用,如:程序存储器(如 Flash 存储器);外设;内部总线;时钟生成逻辑(包括锁相环)、复位生成器以及这些信号的分布网络;电压调节和电源控制器回路;其他模拟部件(如 ADC、DAC 以及模拟参考回路);I/O 部分;供生产测试使用的电路。

要在一般应用中使用 Cortex - M 微控制器,无须了解架构的详细内容,只要对某些方面有个基本了解就可以了,其中包括编程模型、异常(如中断)如何处理、存储器映射、如何使用外设以及如何使用微控制器供应商提供的软件驱动库文件等。

(1)编程模型

Cortex - M4 有两种操作状态——调试状态和 Thumb 状态;有两种操作模式——处理模式和线程模式。另外,处理器还可以区分特权级和非特权级访问等级,特权访问等级可以访问处理器中的所有资源,而非特权访问等级则意味着有些存储器区域是不能访问的,有些操作是无法使用的。

(2)处理异常

几乎对于所有的微控制器,中断都是一种常见的特性。中断一般是由硬件(如外设和外部输入引脚)产生的事件,它会引起程序流偏离正常的流程(如外设提供服务)。当外设或硬件需要处理器的服务时,一般会出现下面的流程:

① 外设确认收到处理器的中断请求;

② 处理器暂停当前执行的任务;

③ 处理器执行外设的中断服务程序(ISR),若有必要,选择由软件清除中断请求;

④ 处理器继续执行之前暂停的任务。

所有的 Cortex - M4 处理器都会提供一个用于中断处理的嵌套向量中断控制器(NVIC)。除了中断请求,还有其他需要服务的事件,将其称为"异常"。按照 ARM 的说法,中断也是一种异常。

为了继续执行被中断的程序,异常流程需要利用一些手段来保存被中断程序的状态,这样在异常处理完成后还可以恢复被中断的程序。一般来说,这个过程可以由硬件机制实现,也可以由硬件和软件操作共同完成。对于 Cortex - M4 处理器,当异常被接受后,有些寄存器会被自动保存到栈中,而且也会在返回流程中自动恢复。

(3)存储器映射

Cortex - M4 处理器可以对 32 位存储器进行寻址,因此存储器空间能够达到 4 GB。存储器空间是统一的,这也意味着指令和数据共用相同的地址空间。根据架构定义,在 4 GB 可寻址的存储器空间中,有些部分被指定为处理器中的内部外设,如 NVIC 和调试部件等。这些内部部件的存储器位置是固定的。另外,存储器空间在架构上被划分为多个存储器区域,这种处理使得:

① 处理器设计支持不同种类的存储器和设备;

② 系统可以达到更优的性能;

程序不允许在外设、设备和系统存储器区域中执行。NVIC、MPU、SCB 和各种系统外设所在的存储器空间称为系统控制空间(SCS)。

(4)外设和软件驱动库

立方星经常使用的星上计算机是 ST 公司的 STM32 系列产品,开发这个产品时最好的方法是使用管阀官方提供的固件库来开发,这里说的固件库是指"STM32 标准函数库",它是由 ST 公司针对 STM32 提供的函数接口,即 API(application program interface),开发者可调用这些函数接口来配置 STM32 的寄存器,使开发人员得以脱离最底层的寄存器操作,实现开发快速、易于阅读、维护成本低等。当调用库 API 的时候,不需要挖空心思去了解库底层的寄存器操作,就像当年我们刚开始学习 C 语言的时候,用 prinft()函数时只是学习它的使用格式,并没有去研究它的源码实现,但需要深入研究的时候,经过千锤百炼的库源码就是学习的最佳素材。实际上,库是架设在寄存器与用户驱动层之间的代码,向下处理与寄存器直接相关的配置,向上为用户提供配置寄存器的接口。库开发方式与直接配置寄存器方式的区别如图 8.2 所示。

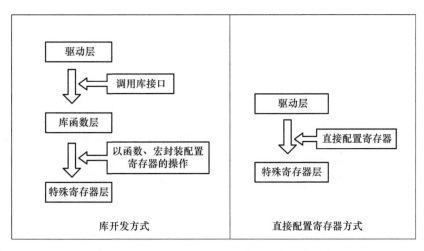

图 8.2 库开发方式与直接配置寄存器方式对比

8.1.3 ARM 总线体系结构和接口

1. USART/UART 通信

通用异步收发器(universal asynchronous receiver/transmitter)通常称作 UART,是一种串行、异步、全双工的通信协议,在嵌入式领域应用得非常广泛。UART 作为异步串行通信协议的一种,其工作原理是将传输数据的每个二进制位一位接一位地传输。在 UART 通信协议中,"1"表示信号线上的状态为高电平,"0"表示信号线上的状态为低电平。比如使用 UART 通信协议进行一个字节数据的传输时,信号线上就会产生 8 个高低电平的组合。数据通信格式如图 8.3 所示。

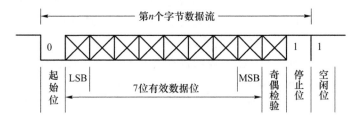

图 8.3 UART 数据通信格式

(1) 功能引脚

TX:发送数据输出引脚。

RX:接收数据输入引脚。

SW_RX:数据接收引脚,只用于单线和智能卡模式,属于内部引脚,没有具体外部引脚。

nRTS：本终端做好接收数据的准备。低电平有效。如果使能 RTS 流控制，当 USART 接收器准备好接收新数据时，就会将 nRTS 变成低电平；当接收寄存器已满时，nRTS 将被设置为高电平。该引脚只适用于硬件流控制。

nCTS：本终端做好发送数据的准备。低电平有效。如果使能 CTS 流控制，发送器在发送下一帧数据之前就会检测 nCTS 引脚，如果为低电平，表示可以发送数据，如果为高电平，则在发送完当前数据帧之后停止发送。该引脚只适用于硬件流控制。

SCLK：发送器时钟输出引脚。这个引脚仅适用于同步模式。

（2）数据寄存器

USART 数据寄存器（USART_DR）只有第 9 位有效，并且第 9 位数据是否有效取决于 USART 控制寄存器 1（USART_CR1）的 M 位设置，当 M 位为 0 时，表示 8 位数据字长，当 M 位为 1 时，表示 9 位数据字长，一般使用 8 位数据字长。

USART_DR 包含了已发送的数据或者接收到的数据。USART_DR 实际包含了两个寄存器，一个专门用于发送的可写 TDR，一个专门用于接收的可读 RDR。当进行发送操作时，往 USART_DR 写入的数据会自动存储在 TDR 内；当进行读取操作时，向 USART_DR 读取数据会自动提取 RDR 数据。

TDR 和 RDR 都是介于系统总线和移位寄存器之间。串行通信是一个位一个位传输的，发送时把 TDR 内容转移到发送移位寄存器内，然后把发送移位寄存器的每一位数据发送出去。接收时把接收到的每一位数据顺序保存在接收移位寄存器内，然后再把接收移位寄存器内的数据转移到 RDR 内。

USART 支持 DMA 传输，可以实现高速数据传输。

（3）控制器

USART 有专门控制发送的发送器、控制接收的接收器，还有唤醒单元、中断控制等。使用 USART 之前需要向 USART_CR1 寄存器的 UE 位写入 1 以使能 USART。发送或者接收数据字长可选 8 位或 9 位，由 USART_CR1 的 M 位控制。

① 发送过程。

当 USART_CR1 寄存器的发送使能位 TE 置 1 时，启动数据发送，发送移位寄存器的数据会在 TX 引脚输出，如果是同步模式，SCLK 也会输出时钟信号。

一个字符帧发送需要三个部分：起始位＋数据帧＋停止位。起始位是一个位周期的低电平，位周期就是每一位占用的时间；数据帧就是要发送的 8 位或 9 位数据，数据是从最低位开始传输的；停止位是一定时间周期的高电平。

停止位时间长短可以通过 USART 控制寄存器 2（USART_CR2）的 STOP[1:0]位控制，可选 0.5 个、1 个、1.5 个和 2 个停止位，默认使用 1 个停止位。2 个停止位适用于正常 USART 模式、单线模式和调制解调器模式。0.5 个和 1.5 个停止位用于智能卡模式。

当选择 8 位字长，使用 1 个停止位时，具体发送字符时序图如图 8.4 所示。

当发送使能位 TE 置 1 之后，发送器开始会先发送一个空闲帧（一个数据帧长度的高电平），接下来就可以往 USART_DR 寄存器写入要发送的数据。在写入最后一个数据后，需要等待 USART 状态寄存器（USART_SR）的 TC 位为 1，表示数据传输完成，如果 USART_CR1 寄存器的 TCIE 位为 1，将产生中断。

在发送数据时，编程中的几个比较重要的标志位如表 8.2 所列。

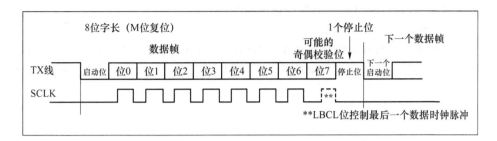

图 8.4　UART 发送字符时序图

表 8.2　发送标志位

名　称	描　述
TE	发送使能
TXE	发送寄存器为空,发送单个字节的时候使用
TC	发送完成,发送多个字节数据的时候使用
TXIE	发送完成中断使能

② 接收过程。

如果将 USART_CR1 寄存器的 RE 位置 1,使能 USART 接收,则接收器在 RX 线开始搜索起始位,在确定到起始位后就根据 RX 线电平状态把数据存放在接收移位寄存器内。

接收完成后就把接收移位寄存器数据移到 RDR 内,并把 USART_SR 寄存器的 RXNE 位置 1。同时,如果 USART_CR2 寄存器的 RXNEIE 置 1 的话,可以产生中断。

在接收数据时,编程中几个比较重要的标志位如表 8.3 所列。

表 8.3　接收标志位

名　称	描　述
RE	接收使能
RXNE	读数据寄存器非空
RXNEIE	发送完成中断使能

为得到一个信号的真实情况,需要用一个比这个信号频率高的采样信号去检测,这种方法称为过采样。采样信号的频率大小决定了最后得到的源信号的准确度高低,一般频率越高得到的准确度越高,但获取高频率的采样信号比较困难,运算和功耗等都会增加,所以一般选择合适的采样信号频率就好。

接收器可配置不同的过采样技术,以从噪声中提取有效的数据。USART_CR1 寄存器的 OVER8 位用来选择不同的采样方法,如果 OVER8 位设置为 1,则采用 8 倍过采样,即用 8 个采样信号采样一位数据;如果 OVER8 位设置为 0,则采用 16 倍过采样,即用 16 个采样信号采样一位数据。

USART 的起始位检测需要用到特定序列,如在 RX 线识别到该特定序列就认为是检测到了起始位。起始位检测对使用 16 倍或 8 倍过采样的序列都是一样的,起始位检测序列为:1110X0X0X0000,其中 X 表示电平任意,1 或 0 皆可。

8 倍过采样速度更快,最高速度可达 $f_{PLCK}/8$, f_{PLCK} 为 USART 时钟。16 倍过采样速度虽然没有 8 倍过采样那么快,但得到的数据更加精准,其最大速度为 $f_{PLCK}/16$。

（4）小数波特率生成

波特率指数据信号对载波的调制速率,它用单位时间内载波调制状态改变次数来表示,单位为波特。比特率指单位时间内传输的比特数,单位为 bit/s(bps)。对于 USART,波特率与比特率相等,下文就不再区分这两个概念。波特率越大,传输速率越快。

USART 的发送器和接收器使用相同的波特率。计算公式如下：

$$波特率 = \frac{f_{PLCK}}{8 \times (2 - OVER8) \times USARTDIV}$$

其中,f_{PLCK} 为 USART 时钟；OVER8 为 USART_CR1 寄存器的 OVER8 位对应的值；USARTDIV 是存放在波特率寄存器（USART_BRR）的一个无符号定点数。其中 DIV_Mantissa[11:0]位定义 USARTDIV 的整数部分,DIV_Fraction[3:0]位定义 USARTDIV 的小数部分,DIV_Fraction[3]位只有在 OVER8 位为 0 时有效,否则必须清零。

例如,如果 OVER8＝0,DIV_Mantissa＝24 且 DIV_Fraction＝10,此时 USART_BRR 值为 0x18A；那么 USARTDIV 的小数位为 10/16＝0.625,整数位为 24,最终 USARTDIV 的值为 24.625。

如果 OVER8＝0,并且知道 USARTDIV 值为 27.68,那么 DIV_Fraction＝16×0.68＝10.88,最接近的正整数为 11,所以 DIV_Fraction[3:0]为 0xB；DIV_Mantissa＝整数(27.68)＝27,即为 0x1B。

如果 OVER8＝1 情况类似,只是把计算用到的权值由 16 改为 8。

波特率的常用值有 2400、9600、19200、115200。

（5）校验控制

STM32F4xx 系列控制器 USART 支持奇偶校验。当使用校验位时,串口传输的长度将是 8 位的数据帧加上 1 位的校验位,总共 9 位,此时 USART_CR1 寄存器的 M 位需要设置为 1,即 9 数据位。将 USART_CR1 寄存器的 PCE 位置 1 就可以启动奇偶校验控制,奇偶校验由硬件自动完成。启动了奇偶校验控制之后,在发送数据帧时会自动添加校验位,接收数据时自动验证校验位。接收数据时如果出现奇偶校验位验证失败,会出现 USART_SR 寄存器的 PE 位置 1,并可以产生奇偶校验中断。使能了奇偶校验控制后,每个字符帧的格式将变成：起始位＋数据帧＋校验位＋停止位。

（6）中断控制

USART 有多个中断请求事件,具体如表 8.4 所列。

表 8.4 USART 中断请求

中断事件	事件标志	使能控制位
发送数据寄存器为空	TXE	TXEIE
CTS 标志	CTS	CTSIE
发送完成	TC	TCIE
准备好读取接收到的数据	RXNE	RXNEIE
检测到上溢错误	ORE	—
检测到空闲线路	IDLE	IDLEIE
奇偶校验错误	PE	PEIE
断路标志	LBD	LBDIE
多缓冲通信中的噪声标志、上溢错误和帧错误	NF/ORE/FE	EIE

2. CAN 通信

与 I²C、SPI 等具有时钟信号的同步通信方式不同，CAN 通信并不是以时钟信号来进行同步的，它是一种异步通信，只具有 CAN_High 和 CAN_Low 两条信号线，这两条信号线共同构成一组差分信号线，以差分信号的形式进行通信。

CAN 物理层的形式主要有两种，图 8.5 中的 CAN 通信网络是一种遵循 ISO 11898 标准的高速、短距离闭环网络，它的总线最大长度为 40 m，通信速度最高为 1 Mbps，总线的两端各要求有一个 120 Ω 的电阻。

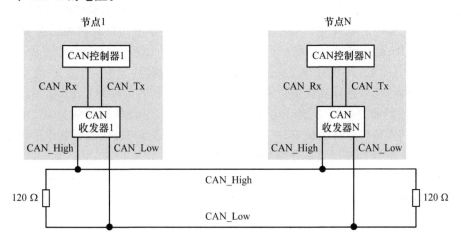

图 8.5　CAN 闭环总线通信网络

图 8.6 中的 CAN 通信网络是一种遵循 ISO 11519—2 标准的低速、远距离开环网络，它的最大传输距离为 1 km，最高通信速率为 125 kbps，两根总线是独立的、不形成闭环，要求每根总线上各串联一个 2.2 kΩ 的电阻。

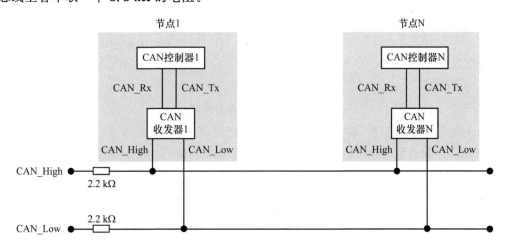

图 8.6　CAN 开环总线通信网络

从 CAN 通信网络图可以了解到，CAN 总线上可以挂载多个通信节点，节点之间的信号经过总线传输，实现节点间通信。由于 CAN 通信协议不对节点进行地址编码，而是对数据内容进行编码，故网络中的节点个数理论上不受限制，只要总线的负载足够即可，可以通过中继器增强负载。

CAN通信节点由一个CAN控制器及CAN收发器组成,控制器与收发器之间通过CAN_Tx及CAN_Rx信号线相连,收发器与CAN总线之间使用CAN_High及CAN_Low信号线相连。其中CAN_Tx及CAN_Rx使用普通的类似TTL逻辑信号,而CAN_High及CAN_Low是一对差分信号线,使用比较特别的差分信号。

当CAN节点需要发送数据时,控制器把要发送的二进制编码通过CAN_Tx线发送到收发器,然后由收发器把这个普通的逻辑电平信号转化成差分信号,通过差分线CAN_High和CAN_Low线输出到CAN总线网络。而通过收发器接收总线上的数据到控制器时,则是相反的过程,收发器把总线上收到的CAN_High及CAN_Low信号转化成普通的逻辑电平信号,然后通过CAN_Rx输出到控制器中。

例如,STM32的CAN片上外设就是通信节点中的控制器,为了构成完整的节点,还要给它外接一个收发器,在星务计算机中使用型号为TJA1050的芯片作为CAN收发器。CAN控制器与CAN收发器的关系如同TTL串口与MAX3232电平转换芯片的关系,MAX3232芯片把TTL电平的串口信号转换成RS-232电平的串口信号,CAN收发器的作用则是把CAN控制器的TTL电平信号转换成差分信号(或者相反)。

CAN协议中每个数据位可分解为如图8.7所示的SS段、PTS段、PBS1段、PBS2段四个段(一般还有SJW再同步补偿段),四段长度加起来即为一个CAN数据位的长度,最小时间单位为Tq。

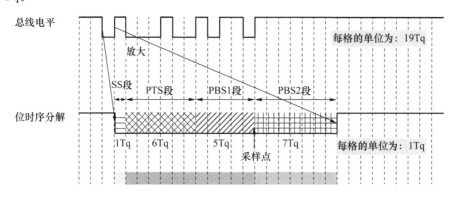

图8.7 CAN协议数据位

CAN数据帧由帧起始、仲裁段、控制段、数据段、CRC段、ACK段、帧结束段组成,如图8.8所示。仲裁过程对帧ID进行判别,从第一位开始判断,ID先出现逻辑1则表示仲裁失利,因此ID号越小优先级越高。

差分信号又称差模信号,与传统使用单根信号线电压表示逻辑的方式有区别,使用差分信号传输时,需要两根信号线,这两个信号线的振幅相等,相位相反,两根信号线的电压差值用来表示逻辑0和逻辑1。相对于单信号线传输的方式,使用差分信号传输具有如下优点:

① 抗干扰能力强。当外界存在噪声干扰时,几乎会同时耦合到两条信号线上,而接收端只关心两个信号的差值,所以外界的共模噪声可以被完全抵消。

② 能有效抑制信号线对外部的电磁干扰,同样的道理,由于两根信号的极性相反,它们对外辐射的电磁场可以相互抵消,耦合得越紧密,泄放到外界的电磁能量越少。

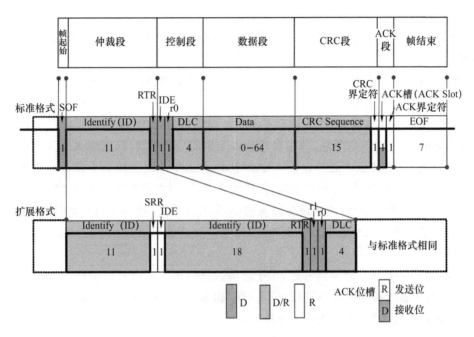

图 8.8　CAN 数据帧

③ 时序定位精确。由于差分信号的开关变化是位于两个信号的交点,而不像普通单端信号依靠高低两个阈值电压判断,因此受工艺、温度的影响小,能降低时序上的误差,同时也更适合于低幅度信号的电路。

由于差分信号线具有以上这些优点,所以在 USB 协议、485 协议、以太网协议及 CAN 协议的物理层中,都使用了差分信号传输。

3. SPI 通信

SPI 协议是由摩托罗拉公司提出的通信协议(serial peripheral interface),即串行外围设备接口,是一种高速全双工的通信总线。它被广泛使用在对通信速率要求较高的场合,如 ADC、LCD 等设备与 MCU 间。

SPI 通信设备之间的常用连接方式如图 8.9 所示。

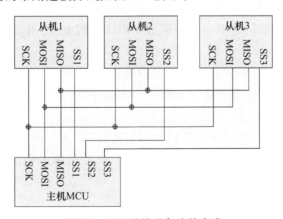

图 8.9　SPI 通信设备连接方式

（1）信号线

SPI 通信使用 3 条总线及片选线,3 条总线分别为 SCK、MOSI、MISO,片选线为 SS,它们的作用如下:

① SS(slave select):从设备选择信号线,常称为片选信号线,也称为 NSS、CS,以下用 NSS 表示。当有多个 SPI 从设备与 SPI 主机相连时,设备的其他信号线 SCK、MOSI 及 MISO 同时并联到相同的 SPI 总线上,即无论有多少个从设备,都共同只使用这 3 条总线;而每个从设备都有独立的一条 NSS 信号线,该信号线独占主机的一个引脚,即有多少个从设备,就有多少条片选信号线。I^2C 协议中通过设备地址来寻址,并选中总线上的某个设备与其进行通信;而 SPI 协议中没有设备地址,它使用 NSS 信号线来寻址,当主机要选择从设备时,把该从设备的 NSS 信号线设置为低电平,该从设备即被选中,即片选有效,接着主机开始与被选中的从设备进行 SPI 通信。所以 SPI 通信以 NSS 线置低电平为开始信号,以 NSS 线被拉高作为结束信号。

② SCK(serial clock):时钟信号线,用于通信数据同步。它由通信主机产生,决定了通信的速率,不同的设备支持的最高时钟频率不一样,如 STM32 的 SPI 时钟频率最大为 $f_{PLCK}/2$,两个设备之间通信时,通信速率受限于低速设备。

③ MOSI(master output,slave input):主设备输出/从设备输入引脚。主机的数据从这条信号线输出,从机由这条信号线读入主机发送的数据,即这条线上数据的方向为主机到从机。

④ MISO(master input,slave output):主设备输入/从设备输出引脚。主机从这条信号线读入数据,从机的数据由这条信号线输出到主机,即在这条线上数据的方向为从机到主机。

STM32 的 SPI 外设可用作通信的主机及从机,支持最高的 SCK 时钟频率为 $f_{PLCK}/2$ (STM32F407 型号的芯片默认 f_{PLCK1} 为 84 MHz,f_{PLCK2} 为 42 MHz),完全支持 SPI 协议的 4 种模式,数据帧长度可设置为 8 位或 16 位,可设置数据 MSB 先行或 LSB 先行。它还支持双线全双工(前面小节说明的都是这种模式)、双线单向以及单线模式。其中双线单向模式可以同时使用 MOSI 及 MISO 数据线向一个方向传输数据,可以加快一倍的传输速度。而单线模式则可以减少硬件接线,当然这样速率会受到影响。本节只讲解双线全双工模式。

（2）通信引脚

SPI 的所有硬件架构都是从 MOSI、MISO、SCK 及 NSS 线展开的。STM32 芯片有多个 SPI 外设,它们的 SPI 通信信号引出到不同的 GPIO 引脚上,使用时必须配置到这些指定的引脚。

其中,SPI1、SPI4、SPI5、SPI6 是 APB2 上的设备,最高通信速率达 42 Mbit/s,SPI2、SPI3 是 APB1 上的设备,最高通信速率为 21 Mbit/s。其他功能上没有差异。

（3）时钟频率

SCK 线的时钟信号由波特率发生器根据控制寄存器 CR1 中的 BR[0:2]位控制,该位是对 f_{PLCK} 时钟的分频因子,对 f_{PLCK} 的分频结果就是 SCK 引脚的输出时钟频率,计算方法如表 8.5 所列。

表 8.5　BR 位对 f_{PLCK} 的分频

BR[0:2]	分频结果（SCK 频率）
000	$f_{PLCK}/2$
001	$f_{PLCK}/4$
010	$f_{PLCK}/8$
011	$f_{PLCK}/16$
100	$f_{PLCK}/32$
101	$f_{PLCK}/64$
110	$f_{PLCK}/128$
111	$f_{PLCK}/256$

其中的 f_{PLCK} 频率是指 SPI 所在的 APB 总线频率，APB1 为 f_{PLCK1}，APB2 为 f_{PLCK2}。

（4）数据控制逻辑

SPI 的 MOSI 及 MISO 都连接到数据移位寄存器上，数据移位寄存器的内容来源于接收缓冲区及发送缓冲区以及 MISO、MOSI 线。当向外发送数据的时候，数据移位寄存器以发送缓冲区为数据源，把数据一位一位地通过数据线发送出去；当从外部接收数据的时候，数据移位寄存器把数据线采样到的数据一位一位地存储到接收缓冲区中。在接收过程中，数据收到后，先存储到内部接收缓冲区中；而在发送过程中，先将数据存储到内部发送缓冲区中，然后发送数据对 SPI_DR 寄存器的读访问将返回接收缓冲值，而对 SPI_DR 寄存器的写访问会将写入的数据存储到发送缓冲区中。其中数据帧长度可以通过控制寄存器 CR1 的 DFF 位配置成 8 位及 16 位模式；配置 LSBFIRST 位可选择 MSB 先行或是 LSB 先行。

（5）整体控制逻辑

整体控制逻辑负责协调整个 SPI 外设，控制逻辑的工作模式根据配置的控制寄存器（CR1/CR2）的参数而改变，基本的控制参数包括前面提到的 SPI 模式、波特率、LSB 先行、主从模式、单双向模式等。在外设工作时，控制逻辑会根据外设的工作状态修改状态寄存器（SR），只要读取状态寄存器相关的寄存器位，就可以了解 SPI 的工作状态了。除此之外，控制逻辑还根据要求，负责控制产生 SPI 中断信号、DMA 请求及控制 NSS 信号线。

（6）通信过程

STM32 使用 SPI 外设通信时，在通信的不同阶段会对状态寄存器 SR 的不同数据位写入参数，可以通过读取这些寄存器标志来了解通信状态。

8.2　星务计算机硬件设计

图 8.10 所示为星务计算机整体设计框图，星务计算机主要由处理器模块、电源模块、时钟模块、存储模块、对外接口模块、时钟模块、温度采集模块以及 AD 模块构成。

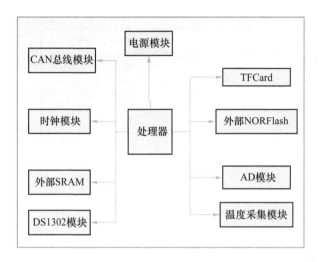

图 8.10　星务计算机整体设计框图

8.2.1　主要技术指标

星务计算机分系统主要技术指标如表 8.6 所列。

表 8.6　星务计算机主要技术指标

名　称	描　述
电源	5 V、3.3 V
处理器	STM32F407ZGT6。高性能的 ARM © Cortex™ - M3/432 位的 RISC 内核（LQFP144 封装），工作频率为 168 MHz
存储器	片内 Flash 1 MB，SRAM 192 KB
	外扩 2 MB SRAM
	外扩 4 MB NORFlash
	4 GB TFCard
调试接口	SWD 模式
I²C 接口	两路 I²C 总线扩展
CAN 接口	两路 CAN 总线扩展
其他接口	AD 转换接口，SPI 接口，UART 接口等
温度范围	-40～85 ℃
功耗	小于 600 mW
尺寸	95.45 mm×90.3 mm×20 mm

8.2.2　星务计算机功能模块设计

1. 处理器

立方星星务计算机基于 ST 公司的 STM32F407ZGT6（LQFP144）开发设计而成。STM32F4 系列微控制器以 ARMCortex - M4 内核为基础，在现有 STM32 微控制器产品组合中新增了信号处理功能,并提高了执行速度。

F4 系列 MCU 采用多达 7 重 AHB 总线矩阵和多通道 DMA 控制器,可支持程序执行和数据传输平行处理,数据传输速率极快。内核的浮点运算单元 FPU 提升了控制算法的执行速度,给目标应用增加了更多功能,提高了代码执行效率,减少了定点算法的缩放比和饱和负荷。

F4 系列 MCU 提供最高 1 MB 片上 Flash,192 kB SRAM,重置电路,内部 RC、PLL、功耗低于 1 μA 的实时时钟(误差低于 1 s)。在电池或者较低电压供电且要求高性能处理和低功耗执行的应用中,STM32F4 系列 MCU 将为这些应用带来更多的选择。

外围设备方面,F4 系列 MCU 提供摄像头接口、密码赫序(Crypto/Hash)硬件处理器、支持 IEEE 1588v210/100 M 的以太网络接口、2 个 USBOTG(其中 1 个可支援高速模式)。音效方面,提供音效 PLL 和 2 个全双工 I2S;另提供最多 15 个通信接口(包括 6 个 10.5 Mbit/s 的 USART、3 个 42 Mbit/s 的 SPI、3 个 I²C、2 个 CAN、1 个 SDIO)。模拟外设方面提供 2 个 12 位分辨率 DAC;3 个 12 位分辨率 ADC,采样速率达到 2.4 MSPS,在交替模式下达到 7.2 MSPS;最多 17 个定时器:16 位分辨率和 32 位分辨率计时器,最高频率为 168 MHz。

2. 电　源

星务计算机内部加入 5 V 供电短路保护功能,限流 300 mA,如图 8.11 所示。

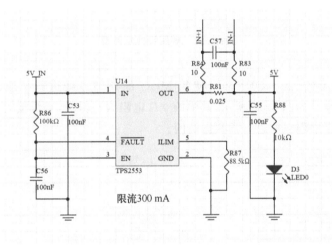

图 8.11　电源 5 V 短路保护电路(1)

再将限流后的 5 V 电压转换成两路 3.3 V 电压,如图 8.12 和图 8.13 所示。

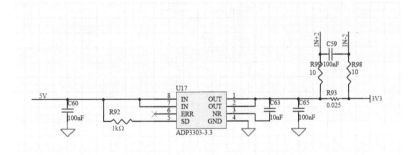

图 8.12　电源 5 V 短路保护电路(2)

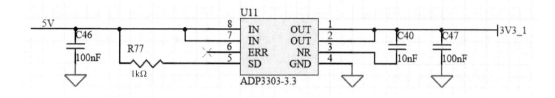

图 8.13　电源 5 V 短路保护电路(3)

同时,为给 AD7490 提供参考电压,将 3.3 V 电压转换为 2.5 V 电压,如图 8.14 所示。

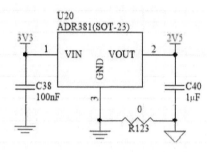

图 8.14　电压转换电路图

3. 存　储

S29JL032J 是 4 MB 的 NORFlash,使用 MCU 的外部总线进行扩展,总线起始地址是 0x64000000,电路设计如图 8.15 所示,其中的 0 Ω 电阻为写保护,未焊接时可对 Flash 进行写数据操作,焊接时该电阻只能进行读数据访问。

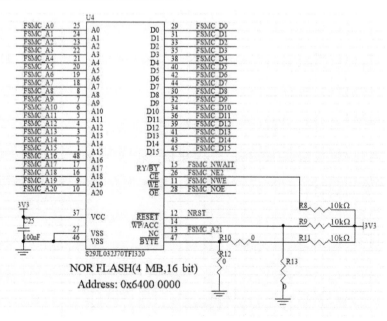

图 8.15　NORFlash 模块电路设计图

SRAM 存储模块为 TSOP48 封装的 IS61WV102416BLL 芯片,存储空间大小为 2 MB,起始地址为 0x68000000,电路设计如图 8.16 所示。

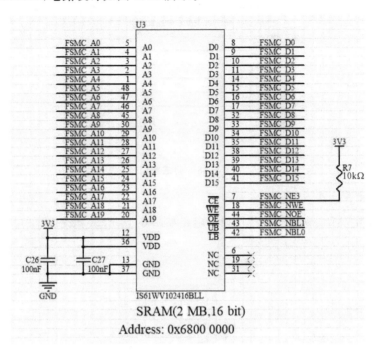

图 8.16　SRAM 模块电路设计

4 GB TFCard 作为星务计算机的大容量存储器,采用翻盖式 TF 卡槽,使用 SPI 模式对 TF 卡进行数据访问,电路设计接口如图 8.17 所示。

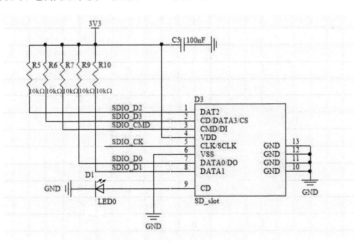

图 8.17　TFCard 模块电路设计图

4. 调试接口

调试接口采用 SWD 高速调试下载接口,电路设计图如图 8.18 所示,禁止通过该接口中的 3.3 V 供电。

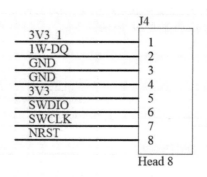

图 8.18　调试接口

5. ADC 数模转换器

星务计算机的 ADC 模数转换模块设计电路如图 8.19 所示,该模块可对外部模拟输入进行数据采集。

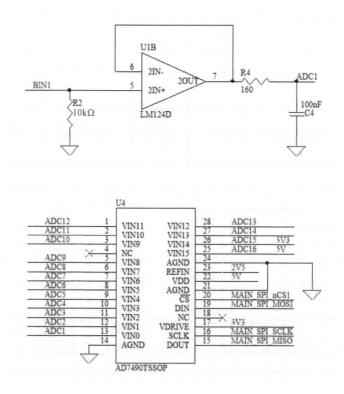

图 8.19　ADC 模数转换模块设计电路

6. I²C 模块

星务计算机扩展了 2 路 I²C 总线,用于星务计算机与电源分系统、测控分系统、载荷分系统、姿控分系统的通信。

I²C 采用芯片 PCA9665,其电路图如图 8.20 所示。

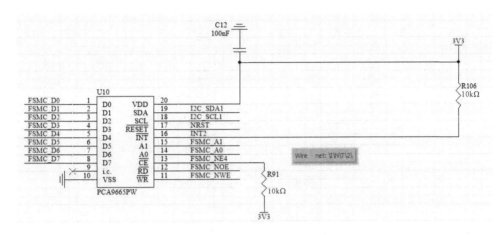

图 8.20 I²C 功能模块电路设计

星务计算机板上温度监测电路如图 8.21 所示,其器件采用 I²C 通信,电源分系统通过 I²C 采集星务板温度等信息。本电路 I²C 同样采用隔离设计。

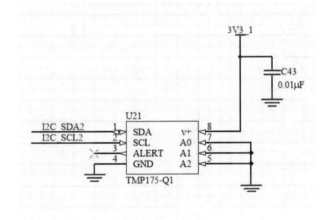

图 8.21 温度监测电路设计

7. 时钟计数

DS1302 包括时钟/日历寄存器和 31 字节(8 位)的数据暂存寄存器,数据通信仅通过一条串行输入/输出口。实时时钟/日历提供秒、分、时、日期、月份和年份信息。闰年可自行调整,可选择 12 小时制和 24 小时制,可以设置 AM/PM。数据的控制和传递只通过三根线进行,即 RST、I/O、SCLK。备用电源可以让芯片在小于 1 MW 的功率下运作。其功能模块电路设计如图 8.22 所示。

8. CAN 模块

主芯片内部嵌有 CAN 控制器,所以 CAN_RX 和 CAN_TX 可以连接其主芯片中的 CAN 控制器。CAN 总线定义的总线电平和单片机引脚的电平存在差异,CAN 收发器起到转换电平的作用,它可以将 CAN 控制器逻辑电平转换为 CAN 总线的差动电平。电路设计如图 8.23 所示。

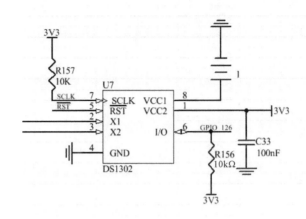

图 8.22　时钟计数功能模块电路设计

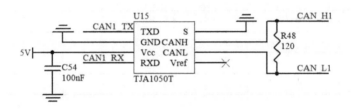

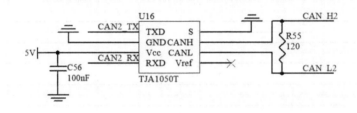

图 8.23　CAN 模块设计电路

8.3　星务计算机软件设计

星载软件总体分为 FreeRTOS 实时操作系统、HAL 库函数和应用程序，如图 8.24 所示。其中，应用程序包含初始化任务、调试任务、星务程序维护任务、飞行流程及状态控制任务、地面遥控指令响应任务和星上遥测任务。

初始化任务主要进行看门狗模块、存储模块、INA3221 芯片、TMP175 芯片、AD7490 芯片、通信接口的初始化以及星上状态的恢复（从片内 Flash 读取）。

星务程序维护任务优先级最低，在处理器不执行其他任务时进行程序维护，在检测出单粒子翻转时进行程序的容错操作。

飞行流程及状态控制功能中每个任务对检测部件进行状态检测（如太阳能电池阵帆板和天线的打开状态、当前蓄电池的电量、通信机下行数据时间），然后根据对应的状态进行相应的操作(如打开烧线开关、进入/关闭星上低功耗模式、关闭通信机下行功能)。

星上遥测任务通过 CAN、UART、RS422 等通信接口进行其他分系统的状态遥测查询,通过电流、温度模块测量星务板自身状态,在收集所有遥测信息后存储至 FPGA 大容量存储 eMMC 中,最后根据发射机状态进行对应操作(下行数据/存储至通信机固存)。

地面遥控指令任务中实时任务优先级最高,正常状态下处于挂起状态,当星上遥测任务检测到地面指令时,将会释放任务对应信号量,从而执行该任务。延时指令任务周期为 1 s,用一个数组存储所有的延时指令,当 UTC 时间超过指令规定时间时,执行对应的指令。

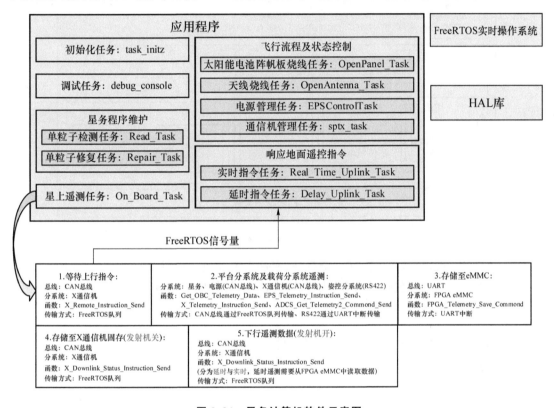

图 8.24　星务计算机软件示意图

在单片机中,裸机程序大都是在一个无限的大循环里实现的,随着星务计算机需要处理的任务越来越多,单纯的裸机系统已经不能够完美地解决问题,反而会增加编写星务程序的难度,这个时候必须考虑引入实时操作系统(RTOS)实现多任务管理化,使星上的多个任务有条不紊地进行下去。

立方星在执行航天任务时对实时性要求较高,且实时操作系统更容易开发,因此选用实时操作系统进行星上资源的调度。实时操作系统是一种针对实时应用的操作系统,有着十分严格的时间要求,通常具有以下特点:

① 最小中断延迟:中断延迟指从接收中断到处理器开始执行中断服务函数的时间。为了最小化中断延迟,RTOS 内核需要支持中断嵌套,以确保在处理低优先级中断时不会延迟高优先级中断的处理。

② 临界区:所有 OS 内核都依赖临界区来保护共享数据对象和进程同步。

③ 抢占式调度:抢占指的是高优先级任务可以在任何时候抢占低优先级的任务。RTOS

内核支持抢占式任务调度,并且任务切换时间短。

星载计算机软件架构如图 8.25 所示,星载软件利用封装的库函数与 FreeRTOS 的多任务调度、时间管理、内存管理、任务间通信、低功耗管理等功能,实现星上各任务创建及内存分配,合理利用硬件资源,将重心集中在任务控制、运行及纠错算法维护上。

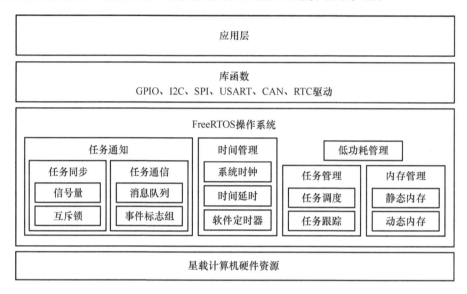

图 8.25 星载计算机软件架构图

星务计算机分系统软件由操作系统软件、文件系统和应用软件三部分组成,如图 8.26 所示。其中,操作系统软件包括:操作系统、板级支持包、硬件驱动以及系统工具软件,为星上软件运行提供必须的软件环境和资源。

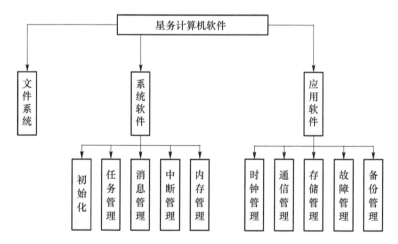

图 8.26 星上软件组成

系统初始化(初始化过程见图 8.27)包括:

① 初始化计算机所有硬件;

② 加载操作系统内核;

③ 运行系统备份恢复管理,判断是否需要恢复变量;

④ 创建数据综合软件任务,运行操作系统。

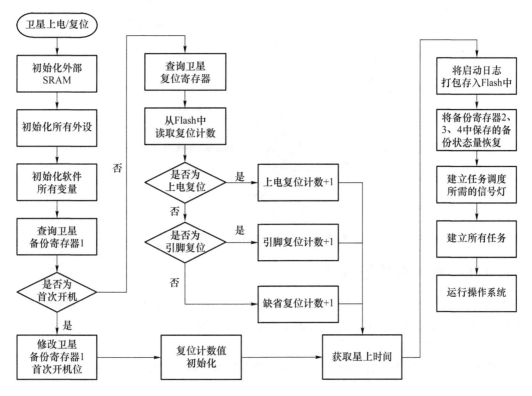

图 8.27　系统启动初始化流程

8.4　星务计算机测试实例

为了验证星务计算机功能的可行性,进行了星载计算机测试平台的搭建,如图 8.28 所示。星载计算机通过 USB－RS422 转换器输出信息至 PC 测试机,在串口调试助手显示指令与打印信息;使用逻辑分析仪进行硬件引脚信号波形的采集。

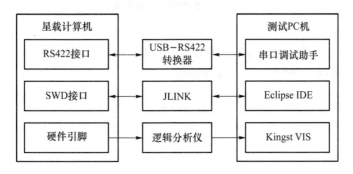

图 8.28　星载计算机测试平台框架图

星载计算机测试平台实物如图 8.29 所示。

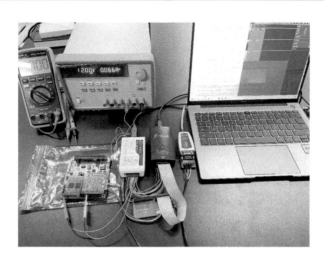

图 8.29　星载计算机测试平台实物图

8.4.1　看门狗功能测试

看门狗是星务计算机复位的监控器,其测试通过逻辑分析仪捕捉喂狗信号和复位信号进行分析。通道 1 为复位信号 RESET,通道 2 为喂狗信号 WDI。

① 使能喂狗测试。

如图 8.30 所示,当系统进行周期为 72 ms 的喂狗操作时,RESET 引脚持续输入高电平,系统正常运行。

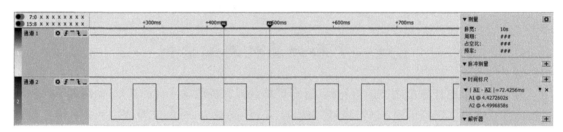

图 8.30　使能喂狗时引脚波形

② 禁止喂狗测试。

如图 8.31 所示,当系统不进行喂狗操作(喂狗引脚持续低电平)时,每 2.1 s 周期将输入一个 RESET 引脚低电平,使系统进行复位操作。

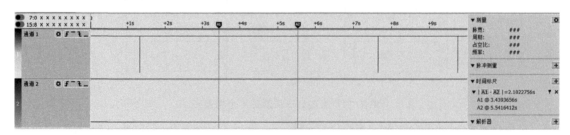

图 8.31　未使能喂狗时引脚波形

通过两个测试可以看出,星载计算机看门狗模块要求芯片在 2.1 s 周期内输出喂狗信号(跳变信号),否则将触发 RESET 引脚低电平复位操作,由此保证了星载计算机在喂狗失败时进行复位操作。

8.4.2　CAN 功能测试

星务计算机中扩展了两路 CAN 总线,主芯片内部嵌有 CAN 控制器,外接 CAN 收发器芯片。通过 CAN 接口与其他模块进行通信测试,若分系统可以与星务计算机正常通信,则证明 CAN 通信正常。通过 CAN 发送 0 1 2 3 4 数据,通过逻辑分析仪测得如图 8.32 所示结果。

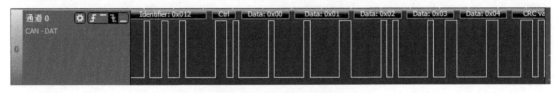

图 8.32　CAN 测试结果图

8.4.3　INA3221 功能测试

星务计算机使用 I^2C 总线通过 INA3221 芯片采集电源板上电流状态信息,通过 INA 测试指令采集星上电流信息,如图 8.33 所示,三路电流分别为 0.009 6 A、0.008 0 A、0.180 8 A,电流测试正常。

Expression	Type	Value
∨ ▫ Current_INA_MCU	float [3]	0x240429b8 <Current_INA_MCU>
⊷ Current_INA_MCU[0]	float	0.0096000046
⊷ Current_INA_MCU[1]	float	0.0080000038
⊷ Current_INA_MCU[2]	float	0.180800006

图 8.33　INA3221 测试结果图

8.4.4　在线重构功能测试

本小节对在线重构方案进行了功能测试,通过逻辑分析仪对 USART 引脚进行信号捕捉,其中通道 0 为芯片接收引脚信号,通道 1 为芯片发送引脚信号。对重构过程的每一个步骤进行数据分析,分析过程如下:

① 开启 USART 自举模式。

如图 8.34 所示,USART 通过发送 0x7F 使 STM32H743 芯片进入 USART 自举模式,处理器回应 0x79 表示已正常响应,即已进入 USART 自举模式进行重构操作。

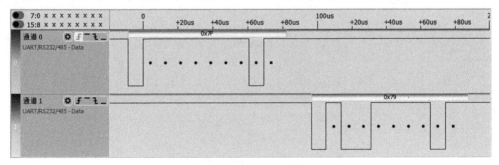

图 8.34　进入 USART 自举模式命令时序

② 擦除扇区操作。

如图 8.35 所示,USART 发送 0x44BB 使处理器进入擦除扇区操作,处理器回应 0x79 表示正常;然后通过发送 0xFFFF00(其中 00 表示校验位)表示擦除全局扇区操作,擦除完毕后处理器返回 0x79(擦除需要一段时间,因此未对全部时序数据进行截取)。

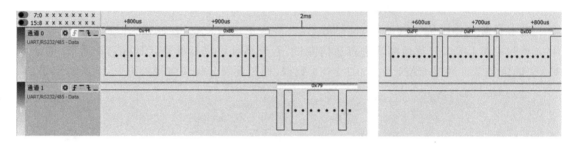

图 8.35　扇区擦除命令时序

③ 写操作。

图 8.36 所示的时序图表示写操作,首先通过发送 0x31CE 使处理器进入写 Flash 模式,处理器正常应答;在应答之后,发送 08 00 00 00 08(地址先发送高字节,08 表示校验位)表明数据写入地址,处理器同样正常应答;然后,进行此次有效数据的写入,0xFF 表示此次写入有效数据的长度,0xFF 之后为有效数据;多次循环写操作进行完整程序的写入。

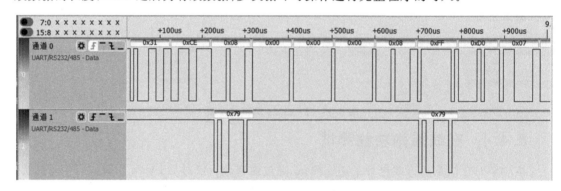

图 8.36　写操作时序

④ 跳转操作。

如图 8.37 所示,通过发送 0x21DE 表明进行跳转执行操作,在处理器正常响应 0x79 后,发送 08 00 00 00 08 表示跳转至内存地址为 0x8000000 执行程序,处理器在响应 0x79 后进行跳转操作。

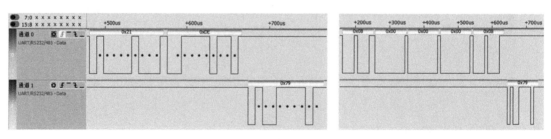

图 8.37　跳转命令时序

通过如上四个步骤,可实现处理器的在线重构操作。如图 8.38 所示,STM32H743 主程序通过串口发送"程序烧录成功",表明程序已正常执行。综上所述,在线重构容错与恢复方案能够实现程序重新烧录功能。

图 8.38　重构程序串口输出

9 立方星星载通信系统设计与分析

9.1 立方星星载通信系统概述

卫星通信系统是航天系统中不可或缺的重要系统,它可以对航天器飞行轨道、姿态、星上载荷及各分系统工作状态进行跟踪、监视和控制,保障航天器按照预先设计好的程序飞行和工作,完成规定的航天任务,并能够帮助决策人员随时掌握航天器状态及其执行任务的情况,准确地做出判断和决策。

卫星星载通信系统主要由星载通信机、天线等部组件构成。根据功能不同,星载通信机可分为测控应答机(transponder)和收发信机(transceiver)。应答机可与地面站配合实现测控功能,其上下行信号间存在一定相干转发关系,地面站发射上行遥控信号和测距信号,通过应答机转发下行信号,将目标的遥测参数数据传输到地面,同时地面测控站利用应答机相干转发功能实现对目标速度和位置的测量。收发信机由发射机和接收机两部分组成,可以在接收地面站上行信号的同时,将星上信息数据高速下传,但由于上下行没有相干关系,无法实现测距、测速等功能。

考虑到立方星对低功率的设计需求,通常采用收发信机作为立方星的星载通信系统。目前大多数立方体卫星工作于 VHF/UHF 业余无线电频段,如代尔夫特理工大学的 Delfi-n3xt 工作于 S 业余无线电频段,通信协议大都采用 AX.25 协议,个别卫星工作于 CSP(CubeSat space protocol,空间立方体卫星通信协议)及自定义的协议。收发机根据不同的任务需求采用了不同的码速率,基本处于 0~19.2 kbit/s 范围内。考虑到立方体卫星电量的限制,卫星发射功率一般均小于 2 W。调制模式大多采用 AFSK 与 BPSK 两种调制模式,且大部分上行采用 AFSK 调制模式,下行采用 BPSK 调制模式。之所以采用这两种调制方式,主要是因为 FSK 调制方式具有硬件实现容易、抗噪声干扰和衰减能力强的优点。而一般立方体卫星下行功率较低,为保证星地链路的低误码率,需要采用抗干扰性能更强的调制模式,BPSK 较 FSK 调制方式在保证相同误码率的情况下,接收门限信噪比要高 3 dB,更能保证下行链路的可靠与稳定,因此下行链路通常采用 BPSK 调制模式。

目前荷兰 ISIS 公司以及丹麦 Gomspace 公司已销售在轨验证过的星载通信系统,其中 ISIS 公司的星载接收机采用全双工设计架构,可工作于 VHF/UHF 频段,上行可支持 1 200 bit/s AFSK 调制模式,下行可支持 9 600 bit/s BPSK 调制方式,其接收机灵敏度为 −104 dBm, Gomspace 公司的星载接收机采用半双工设计架构,系统工作于 UHF 频段,由于其采用的是半双工架构,因此其接收灵敏度可达 −125 dBm。表 9.1 列举了现有立方星通信机产品的主要性能指标对比。

表 9.1　通信机性能指标对比

内　　容	ISIS 通信机	Gomspace 通信机	紫丁香通信机
工作频率	VHF/UHF	UHF	VHF/UHF
工作模式	全双工	半双工	全双工
接收机灵敏度/dBm	−104	−125	−105
接收状态系统功耗/W	<0.4	<0.4	<0.5
发射状态系统功耗/W	<3.3	<2.8	<2.5

随着数字技术的发展,星载通信模块逐渐向着数字化发展。自 2013 年以来,基于 SDR (software defined radio,软件定义无线电)结构的星载通信系统在轨验证开始出现,其功能已覆盖 GPS 接收机、测控应答机以及星间组网通信等,SDR 机构的星载通信系统具备软件配置灵活、功能多样、研制周期短等优点,得到越来越多研究机构的青睐。

英国业余卫星组织 Amsat-UK 的 FUNcube 工程,目前已发射三颗立方体卫星,其中 FUNcube-1 与 FUNcube-2(见图 9.1)均采用 SDR 结构的收发信机,两颗卫星均工作于 VHF/ UHF 业余频段,采用 BPSK 调制模式,码速率目前支持 1 200 bit/s。该卫星采用通用的硬件平台开发,使得星载通信系统开发周期更短,通过实际在轨验证,两颗立方体卫星的运行状态良好,星上转发器载荷工作正常,也可实现对星载通信系统状态的切换,验证了 SDR 结构星载通信系统在太空应用的可行性。

欧盟第七框架组织提出了一种基于 SDR 结构的通用硬件平台 GAMALINK,旨在发明一种星间通信和姿态确定的创新解决方案,该平台采用立方体卫星标准设计,集成度很高,在轨运行后可通过地面站配置为 GPS 接收机用于卫星的授时和定位,也可配置为 S 波段的收发通信机,可实现星地测控任务,同时也可用于星间通信,实现多颗卫星的 Ad-hoc 组网通信。目前该平台还处于在轨测试阶段,该平台的商业化将大大减少立方体卫星携带的单板数量,进一步降低立方体卫星质量,同时实现更多的星间通信需求。

国内目前哈尔滨工业大学发射的 Lilacsat-2 采用了基于 SDR 结构的空间试验载荷,卫星实物图如图 9.2 所示,主要用于 AIS(automatic identification system,船舶自动识别系统)及 ADS-B 的试验任务。由于其卫星平台采用的为非 CubeSat 结构,硬件电路结构无法兼容目前 CubeSat 的卫星标准,但这是国内卫星采用 SDR 机构星载通信系统的一次尝试,SDR 技术的在轨验证为以后太空 SDR 技术走向成熟奠定了基础。

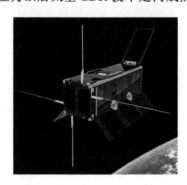

图 9.1　FUNcube-2 立方体卫星

图 9.2　Lilacsat-2 立方体卫星

基于 SDR 机构的星载通信机虽然具有一些优点,但由于其上下变频、基带处理等都依靠软件来运行,其易受到太空单粒子效应的影响,可靠性降低,甚至会导致通信出现暂时或永久的失联,因此采用 SDR 结构的星载通信系统需要在保证通信功能的同时,提高单板的抗单粒子效应能力。

9.2 通信传输原理

由于基带信号的频率较低,通常无法作为信号直接发射传输,需要利用其对高频载波进行调制,再将调制完成的信号发射出去。在接收端,与之相对应的就需要对接收信号进行解调处理,以恢复出所需要传输的基带信号。利用高频载波将基带信号调制并发射,然后接收端接收信号并解调,其本质是发射端利用基带信号按照一定规律去改变载波的频率、幅度、相位,接收端再根据相同规律反还原出原始信号。本节主要对立方星星载通信系统常用的二进制频移键控 2FSK 和二进制相移键控 BPSK 的原理进行介绍。

9.2.1 二进制频移键控 2FSK 调制与解调

立方星地面上行主要采用 AFSK 调制模式,但其本质仍是 2FSK 调制,只是基频的频率不同而已,为实现上行 AFSK 的解调,本节先对 2FSK 调制原理做简要介绍,然后介绍几种常用的 2FSK 解调方法。

数字信号的频率调制通常称为频移键控(frequency shift keying,FSK),是一种采用载波的频率变化来表达数字信息的方法。二进制频移键控记作 2FSK,2FSK 信号通过使用符号 "1"来表示载频 f_1,而使用符号"0"来表示载频 f_2。AFSK(audio FSK)表示音频频移键控,其使用音频信号来对载波进行调制,其采用的是 Bell202 标准,符号"1"对应的频率为 1 200 Hz,符号"0"对应的频率为 2 200 Hz。

在 2FSK 中,通过基带频率为 f_1 和 f_2 的信号来调制载波信号,其表达式为

$$e_{2FSK}(t)=\begin{cases}A\cos(\omega_1 t+\varphi_n), & 发送"1"时\\A\cos(\omega_2 t+\theta_n), & 发送"0"时\end{cases} \tag{9.1}$$

式(9.1)中 ω_1 和 ω_2 表示两个不同频率的信号,通过 MATLAB 仿真出的典型的 2FSK 波形图如图 9.3 所示。

2FSK 信号的产生主要有两种方法:第一种通过采用模拟调频电路来实现;第二种通过采用键控法来实现,利用二进制基带矩形波控制开关电路实现对两个不同的频率源的选通,使其在每一个码元 T_s 期间输出 f_1 和 f_2 两个载波之一,如图 9.4 所示。这两种 2FSK 生成方法的区别在于相位是否连续变化。模拟调频法的信号相位连续,而键控法通过电子开关选通不同频率,相位不一定连续。

2FSK 信号的常用解调方法有两种,即非相干解调法(包络检波)和相干解调法。非相干解调原理是将 2FSK 信号分解为两路 2ASK(2 amplitude shift keying,二进制幅移键控)信号的叠加,然后对每一路进行单独解调,最后进行软件判决,图 9.5 为其解调框图。抽样判决是直接比较两路信号抽样值的大小,判决规则与调试规则相呼应。调制时 f_1 对应为"1",则接收时频率为 f_1 的应判决为"1",反之为"0"。

FSK 相干解调原理是通过在接收端与两个不同频率信号相乘,再通过低通滤波器滤出包

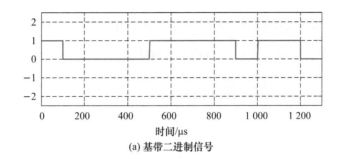

(a) 基带二进制信号

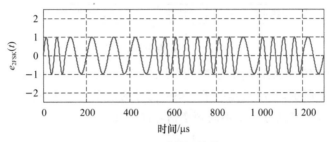

(b) 2FSK调制后波形

图 9.3　2FSK 波形图

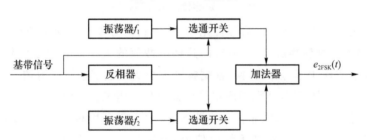

图 9.4　键控法产生 2FSK 信号原理图

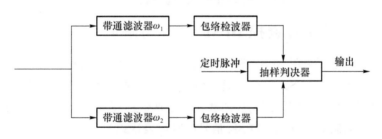

图 9.5　FSK 非相干解调框图

含基带信息的基带信号,经过滤波后的信号利用脉冲对信号进行抽样比较判决,最终还原出基带数字信号,设基带信号为 A,载波频率为 ω,则调制后的信号可表示为

$$e_{2FSK} = A\cos(\omega t + \theta) \tag{9.2}$$

采用相干解调时,与载波同频同相的相干信号为 $\cos(\omega t + \theta)$,二者经过乘法器相乘可得

$$A\cos(\omega t + \theta) \cdot \cos(\omega t + \theta) = \frac{1}{2}A[\cos(\omega t + \theta + \omega t + \theta) + \cos(\omega t + \theta - \omega t - \theta)]$$

$$= \frac{A}{2} + \frac{A}{2}\cos(2\omega t + 2\theta) \tag{9.3}$$

从式(9.3)中可以看出,$\dfrac{A}{2}\cos(2\omega t+2\theta)$为相乘产生的高频信号,可以使用低通滤波器滤除,从而得到基带信号A,图9.6所示为相干解调框图。

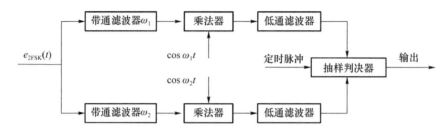

图 9.6　FSK 相干解调框图

除此之外,2FSK 解调也会采用过零检测法、鉴频法、差分检测法等解调方法。过零检测法解调框图如图9.7所示,其原理是基于 2FSK 信号的过零点数随不同频率而异的特点,通过检测过零点数目的多少来区分两个不同频率信号的码元。

图 9.7　过零检测法原理框图

过零检测法是将输入的 2FSK 信号首先通过限幅、微分以及整流形成随频率变化的脉冲序列,然后将该脉冲序列转换成宽矩形脉冲,这些脉冲值的大小即表示了信号的频率高低,最后通过低通滤波器实现频率-幅度转换,根据幅度大小实现数字信号的解调。

2FSK 在数字通信中应用广泛,国际电信联盟(ITU)建议在通信码速率低于 1 200 bit/s 时采用 2FSK 体制,接收方式可采取非相干解调方式,因无需利用相位信息,故其适用于衰落信道(如卫星通信)/随参信道(如短波无线电信道)等场合。由于 FSK 调制对于相位信息不敏感,故不受卫星通信信道信号相位的抖动和起伏的影响。

9.2.2　二进制相移键控 BPSK 调制与解调

立方星下行信号主要采用 BPSK 调制方式。相移键控是一种通过载波相位表示输入信号数字信息的调制技术。在 2PSK 信号中通常用 0 和 π 分别表示二进制符号"1"和"0",其表示的意义为当二进制符号为"1"时,调制后的载波与未调制的载波同相,当二进制符号为"0"时,调制后的载波与未调制载波反相。2PSK 信号的时域表达式为

$$e_{2PSK}(t)=A\cos(\omega_c t+\varphi_n) \tag{9.4}$$

式(9.4)中,φ_n 表示第 n 个符号的绝对相位,其可表示为

$$\varphi_n=\begin{cases}0, & \text{发送"0"时}\\ \pi, & \text{发送"1"时}\end{cases} \tag{9.5}$$

因此,式(9.4)可以改写为

$$e_{2PSK}(t)=\begin{cases}A\cos\omega_c t, & \text{概率为 } P\\ -A\cos\omega_c t, & \text{概率为 } 1-P\end{cases} \tag{9.6}$$

通过采用 MATLAB 仿真,得到的 2PSK 的典型波形如图9.8所示,

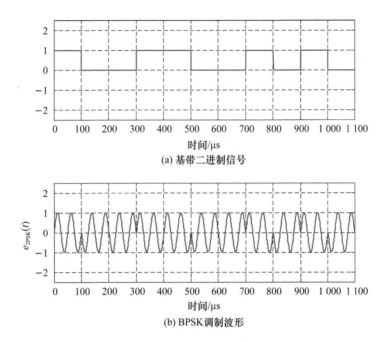

(a) 基带二进制信号

(b) BPSK调制波形

图 9.8　典型的 BPSK 波形

由于表示信号的两种码元的波形相同,极性相反,故 2PSK 信号一般可以表示为一个双极性矩形脉冲序列与正弦载波相乘,即

$$e_{2PSK}(t) = s(t)\cos(\omega_c t) \tag{9.7}$$

式(9.7)中 $s(t)$ 可表示为

$$s(t) = \sum_n a_n g(t - nT_s) \tag{9.8}$$

式(9.8)中,$g(t)$ 为脉宽为 T_s 的单个矩形脉冲,a_n 的统计特性可表示为

$$a_n = \begin{cases} 1, & \text{概率为 } P \\ -1, & \text{概率为 } 1-P \end{cases} \tag{9.9}$$

从式(9.9)可以看出,当发送二进制符号"0"时,$e_{2PSK}(t)$ 的相位为 0;当发送二进制符号"1"时,$e_{2PSK}(t)$ 的相位为 1。通过采用不同载波相位来表示二进制基带信号的调制方式,称为二进制绝对相移键控。

根据应用场合的不同,BPSK 解调方式可采用相干解调方法、相关接收方法和匹配滤波法。BPSK 相干解调抗干扰性能优越,在卫星通信系统中应用广泛,因此该通信机采用基于科斯塔斯环法(Costas)的相干解调方式。

BPSK 相干解调原理框图如图 9.9 所示,假设接收信号频率为 ω,相位为 θ,接收机本振频率为 ω_0,相位为 θ_0,经过中频采样后 BPSK 信号可表示为

$$s(k) = a(k) = \cos(\omega k + \theta), \quad k = 1, 2, 3, \cdots \tag{9.10}$$

本地载波可表示为

$$c_I(k) = \cos(\omega_0 k + \theta_0) \tag{9.11}$$

则通过 90°移相器将本振信号移相后,信号可表示为

$$c_Q(k) = \cos\left(\omega_0 k + \theta_0 + \frac{\pi}{2}\right) \tag{9.12}$$

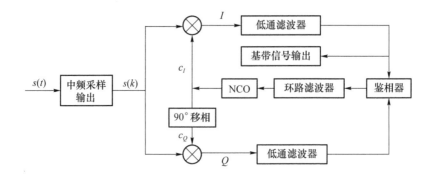

图 9.9　BPSK 相干解调原理框图

本振信号与移相后的本振信号分别与接收信号相乘,得到 I/Q 两路信号,信号可表示为

$$I(k)=s(k)c_I(k)=\frac{1}{2}a(k)\left[\cos(2\omega k+\theta_0+\theta_1)+\cos(\theta_1-\theta_0)\right] \qquad (9.13)$$

$$Q(k)=s(k)c_Q(k)=\frac{1}{2}a(k)\left[\cos\left(2\omega k+\theta_0+\theta_1+\frac{\pi}{2}\right)+\cos\left(\theta_1-\theta_0-\frac{\pi}{2}\right)\right] \qquad (9.14)$$

式(9.13)和式(9.14)中,$\theta_1=(\omega_0-\omega)k+\theta$,可以看出 I/Q 两路中的高频信号分量可采用低通滤波滤除,忽略公式中的常数后,两路信号可表示为

$$I'(k)=a(k)\cos(\theta_1-\theta_0)=a(k)\cos(\Delta\psi) \qquad (9.15)$$

$$Q'(k)=a(k)\cos\left(\theta_1-\theta_0-\frac{\pi}{2}\right)=a(k)\sin(\Delta\psi) \qquad (9.16)$$

其中,$\Delta\psi=\theta_1-\theta_0=(\omega_0-\omega)k+\theta-\theta_0$。显然当 $\Delta\psi$ 时,$I'(k)=a(k)$,$Q'(k)=0$。I 路信号即为采样后的信号,对其进行载波同步后即可解出原码数据。因此,解调的关键在于不断调整本地载波的频率和相位,使其最终满足 $\Delta\psi=0$ 或在很小范围内,即相干解调的本地载波同步问题。

由于 BPSK 信号本身不再含有载波分量,可以对其进行非线性变换,进而使其具有载波的谐波分量,提取载波分量即可实现信号的解调。鉴于 BPSK 调制系统相干解调具有较好的抗噪声性能,故其在航天测控中得到了广泛的应用。

9.3　"田园一号"星载通信系统总体设计

本节从"田园一号"立方星 UHF/VHF 星载通信机需求出发,选择合适的方案进行整体结构设计。同时对收发机结构分别进行模块化的细致分析。

9.3.1　星载通信系统需求分析

在完成星载通信系统方案设计之前,需要对立方体卫星任务需求进行分析,确定星载通信系统设计指标,根据该设计指标确定星载通信系统方案。

由于立方星体积较小,星上所能存储的电量也较为有限,其星载通信机的尺寸和功耗也提出了一定的要求。在遵循小型化和低功耗这两个原则的基础上,针对"田园一号"卫星的通信机设计尺寸小于 CubeSat"1U"标准,功耗低于 5 W,表 9.2 列出了"田园一号"星载通信系统设计指标需求。

表 9.2　星载通信系统设计性能指标

序　号	指标名称	设计值	验证要求
1	上行遥控通道	天线增益	−5 dBi
2		上行载波频率	145.960 MHz
3		调制模式	AFSK
4		调制速率	1 200 bit/s
5		接收灵敏度	−120 dBm
6		波形	正弦
7		频率稳定度	±1.5 ppm
8		接收系统功耗	0.5 W
9	下行遥测通道	天线增益	−5 dBi
10		下行载波频率	436.570 MHz
11		调制模式	BPSK
12		调制速率	9 600 bit/s
13		发射功率	29 dBm
14		码型	NRZ-L
15		频率稳定度	±1.5 ppm
16		发射时系统功耗	2.5 W

　　根据星载通信设计指标,确定星载通信设计方案,除了实现卫星通信基本功能外,在系统设计中也加入了温度检测电路,用于监控星载通信系统温度,保证系统的稳定运行,系统组成框图如图 9.10 所示。

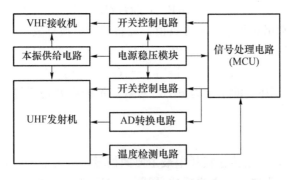

图 9.10　星载通信系统框图

　　从图 9.10 可以看出,星载通信系统主要包含 DC/DC 转换电路、低压差稳压模块、低噪声放大器模块、混频模块、AFSK 解调模块、BPSK 调制模块、开关选择模块、温度检测电路以及信号处理模块等。

9.3.2　星地通信链路预算

　　星地链路预算的目的是要保障卫星与地面站能够建立起稳定可靠的通信,同时还需要具备一定的抗干扰能力。因此需要根据星地链路预算的余量来选择地面站的硬件配置,从而保证整个系统正常运转。

星地链路的预算主要包括三个方面的内容:发射端的有效全向辐射功率、空间损耗以及接收端的噪声和接收门限。在进行星地链路预算之前,先对星地链路的相关理论做简要介绍,并给出必要的公式推导。

1. 通信距离方程

假设星地通信链路是一个理想的通信链路,即系统中各个部件没有损耗,传输介质为自由空间,设 G_T、G_R 分别表示地面站发射天线与接收天线的增益,P_T、P_R 分别表示地面站发射功率和接收功率,d 表示卫星与地面站之间的通信距离。若地面接收站天线为抛物面天线,天线口径面积为 A,天线效率为 η,则天线端接收到的功率 P_R 为

$$P_R = P_T G_T A \eta / 4\pi d^2 \tag{9.17}$$

对于定向天线,其接收天线的增益 G_R 为

$$G_R = 4\pi A \eta / \lambda^2 \tag{9.18}$$

将式(9.18)代入式(9.17)可得

$$P_R = P_T G_T G_R (\lambda / 4\pi d^2) \tag{9.19}$$

式(9.19)称为通信距离方程,它对于任何一种理想的通信链路均适用。

2. 有效全向辐射功率 EIRP

在卫星通信中,通常用有效全向辐射功率 EIRP 来表示发射系统的功率发射能力,它是由发射机发射功率 P_T 和天线增益 G_T 组成的,并用其乘积表示,单位为瓦特(W),即

$$\text{EIRP} = P_T G_T \tag{9.20}$$

EIRP 表示的意义为定向天线在其辐射方向上所辐射的功率。在实际的卫星通信系统中,发射机与天线之间通常由馈线连接,设该段馈线的馈线损耗为 L_F,发射机的输出功率表示为 P_{TE},则

$$\text{EIRP} = P_{TE} G_T / L_F \tag{9.21}$$

在实际应用中,通常用对数来表示分贝值。即将每个数换算成对数,去对数后用方括号表示,用于区分未取对数的真实值。例如,$[P_{TE}] = 10\lg P_{TE}$。因此式(9.21)可表示为

$$[\text{EIRP}] = [P_{TE}] + [G_T] - [L_F] \tag{9.22}$$

有效全向辐射功率 EIRP 的单位为 dBW,对数表示的好处是可将复杂的乘除运算简化为加减运算。

3. 自由空间损耗

自由空间损耗是星地链路传输损耗中最主要的损耗。由于电磁波在自由空间中以球面波的方式传播,电磁能量与距离的平方成反比,即距离越远,其辐射在此处的能量越弱,传输损耗也就越大,自由空间传输损耗 L_f 的表达式为

$$[L_f] = 10\lg(4\pi d / \lambda)^2 = 20\lg(4\pi d f / c) \tag{9.23}$$

式(9.23)中,d 为传输距离,$[L_f]$ 单位为 dB。

由式(9.23)可知,自由空间传输损耗 $[L_f]$ 与波长 λ 的平方成正比,与距离 d 的平方成反比。

4. 通信链路信噪比

在星地通信链路中,通常用信噪比(signal to noise ratio,SNR)表示有用信号功率与噪声

功率的关系,即

$$\text{SNR}=\frac{P_s}{P_n} \tag{9.24}$$

其中,P_s 表示有用信号功率,P_n 表示噪声功率,用 dB 形式可表示为

$$[\text{SNR}]=[P_s]-[P_n] \tag{9.25}$$

SNR 的大小直接决定接收机是否能成功地解调出信号的有用数据,通常也用 $[E_b/N_0]$ 来表示信号与噪声的关系,表示每个比特信号能量与噪声功率谱密度的比值,其表达式为

$$\frac{E_b}{N_0}=\frac{P_R \cdot T_s}{K \cdot N_0}=\frac{P_R \cdot T_h}{N_0}=\frac{P_R}{B \cdot N_0}=\frac{P_R}{B \cdot k \cdot T} \tag{9.26}$$

式(9.26)中,T_s 与 T_b 分别表示码元时间和比特时间;B 为信号的码速率,单位为 bit/s,k 表示玻尔兹曼常数,单位为 dB/(Hz·K);T 表示等效噪声温度,单位为 K。式(9.26)用 dB 形式可表示为

$$[E_b/N_0]=[P_R]-10\lg B-10\lg k-10\lg T \tag{9.27}$$

通过 MATLAB 仿真,绘制出的不同调制模式的误码率与 $[E_b/N_0]$ 的关系如图 9.11 所示。

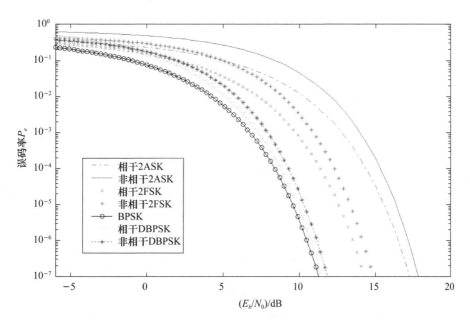

图 9.11   不同调制方式的误码率曲线

从图 9.11 中可以看出,在保证相同误码率的情况下,不同调制方式所需要的 $[E_b/N_0]$ 值不同,且在理论上 BPSK 较 FSK 高出约 3 dB。

5. 接收系统品质因素 G/T

接收系统品质因素 G/T 用于衡量接收系统性能指标,其中 G 表示接收端天线的增益,T 表示接收天线所处环境的等效噪声温度,单位为 K。其反映了接收系统对接收不同方位信号的放大能力。天线噪声主要包括两大部分,天线损耗引起的噪声和天空噪声,天空噪声包括各种空间噪声,如宇宙噪声、大气噪声以及地面噪声等。影响天线噪声温度的因素包括天线工作

频率、仰角和天气状态等。

接收系统品质因素值与发射系统的 EIRP 值直接影响通信系统链路载噪比,总的载波功率与噪声功率之比称为信噪比(C/N,carrier to noise ratio),根据通信距离传输方程,信噪比用公式可表示为

$$[C/N] = 10\lg(C/N) = [\text{EIRP}] + [G_R/T_{SR}L_F] - [L] - [k] - [B_n] \tag{9.28}$$

式(9.28)中,N 表示接收带宽内的总噪声功率,L 表示链路各种传输损耗之和,B_n 表示接收带宽,式(9.28)也可表示为

$$[C/N] = [C/N_0] - [B_n] = [\text{EIRP}] + [G/T] - [L] - [k] \tag{9.29}$$

其中,$N_0 = N/B$,表示等效噪声功率谱密度。

6. 通信链路预算

在进行星地链路计算之前,需要对星地链路的模型有一定了解,从而根据星地链路中的损耗模型来确定各部分的损耗。前文仅对星地链路中最主要的损耗及指标进行了介绍,在实际的星地链路中,需要考虑其他类型损耗,如天线极化损耗、大气损耗、雨衰、设备损耗、馈线损耗等,但其值根据不同的工作频率值会有细微的差别,典型的星地通信链路示意图如图9.12所示。

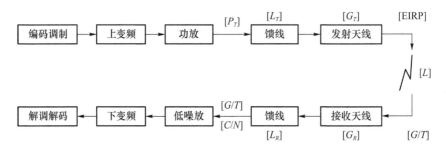

图9.12 星地通信链路示意图

从图9.12可以看出,星上发射系统主要包含编码调制、上变频以及功放,发射系统输出功率为$[P_T]$,通过天线将信号发射出去,地面站收到信号后经过馈线传送至地面接收解调系统。由于信号在传输的空间为无线信道,存在着自由空间传输损耗 L_f、大气损耗 L_a、大气折射损耗 L_{de} 和 L_{di}、天线跟踪误差损耗 L_{Tr}、极化误差损耗 L_p 等,所以信号到达地面天线接收端较弱,因此一般对接收信号进行低噪声放大,用于补偿馈线损耗,然后进行下变频和信号解调操作等。除了空间损耗之外,馈线以及发射与接收设备均存在内部噪声,如热噪声、散弹噪声和交调噪声等,这些损耗均需考虑到星地的通信链路中,因此在进行链路预算时应留有一定的链路余量,保证星地链路的可靠。根据上述星地通信链路对卫星上下行链路进行计算,表9.3和表9.4分别列出了卫星通信上行链路和下行链路的计算结果。

表9.3 卫星通信上行链路预算

内　容	公　式	上行链路	单　位
发射机功率$[P_T]$	—	75	W
发射天线增益$[G_T]$	—	14.3	dBi
发射端馈线损耗$[L_F]$	—	3.7	dB
轨道高度$[h]$	—	500	km

内　容	公　式	上行链路	单　位
工作频率	—	145. xxx	MHz
发射端有效全向辐射功率[EIRP]	—	29.3	dBW
自由空间损耗[L_f]	—	140.3	dB
指向损耗[L_{Tr}]	—	0.5	dB
大气损失[L_a]	—	0.5	dB
接收天线增益[G_{T2}]	—	−5	dBic
接收端等效噪声温度[T]	—	1 820	K
接收端馈线损耗	—	1.5	dB
玻尔兹曼常数[k]	—	−228.6	dB/(Hz·K)
码速率[R_b]	—	1 200	bit/s
调制方式	—	AFSK	—
要求误码率	—	10^{-5}	—
信道能量谱密度[E_b/N_0]	—	43.3	dB
接收门限值[E_b/N_0]$_R$	—	24.2	dB
链路余量	[E_b/N_0]−[E_b/N_0]$_R$	19.1	dB

由表 9.3 可知,上行链路按照已知条件配置的参数得到系统链路余量为 19.1 dB,可以看出即使系统在某些损耗增大的情况下也可保证系统链路的可靠,具备一定的抗干扰能力,另外在地面设备配置不苛刻的情况下仍可保证加大的链路余量,避免了对星载通信设备性能的苛刻要求,保证了系统可靠性。

表 9.4　卫星通信下行链路预算

内　容	公　式	下行链路	单　位
发射机功率[P_T]	—	29	dBm
发射天线增益[G_T]	—	−5	dBi
发射端馈线损耗[L_F]	—	1.0	dB
轨道高度	—	500	km
工作频率	—	435. xxx	MHz
发射端有效全向辐射功率[EIRP]	—	−9	dBW
自由空间损耗[L_f]	—	149.8	dB
指向损耗[L_{Tr}]	—	0.5	dB
大气损失[L_a]	—	0.5	dB
接收天线增益[G_{T2}]	—	18.9	dBic
接收端等效噪声温度[T]	—	821	K
接收端馈线损耗	—	3	dB
玻尔兹曼常数[k]	—	−228.6	dB/(Hz·K)
码速率[R_b]	—	9 600	bit/s

内　容	公　式	下行链路	单　位
调制方式	—	BPSK	—
要求误码率	—	10^{-6}	—
信道能量谱密度$[E_b/N_0]$	—	18.2	dB
环路带宽	—	—	Hz
接收机带宽	—	20	kHz
接收门限值$[E_b/N_0]_R$	—	10.5	dB
链路余量$[M]$	$[E_b/N_0] - [E_b/N_0]_R$	7.7	dB

由表 9.4 可知,在 BPSK 调制模式下,系统链路余量为 7.7 dB,余量充足,系统具备一定的抗干扰能力。

9.3.3　星载接收机方案设计

1. 星载接收机结构

随着通信技术的发展,通信接收机结构已相当成熟,目前使用较多的结构包括超外差式接收机、低中频接收机以及零中频接收机。超外差式接收机通常采用分立器件设计,低中频与零中频接收机通常采用射频集成芯片设计。

超外差式接收机是目前使用最为广泛的一种接收机结构,图 9.13 所示为典型的一次变频超外差式接收机原理图,接收机将接收到的射频信号先经过前置滤波器滤除镜像信号,然后与本地振荡器进行信号混频,下变频至中频信号,之后经过中频滤波器滤除高频成分,然后对此中频信号进行放大和解调。根据实际应用场合,超外差式接收机可以采用一次、两次甚至多次变频结构。由于镜像滤波器和中频滤波器的使用可以很好地抑制相邻信道的干扰信号,故即使受到较强的干扰信号,也可从中滤出需要的微弱信号。此外,超外差式接收机中可以使用多个混频器和放大器,这样系统对每一级的放大器要求会降低,可使每一级的放大器工作于最佳状态,从而实现系统的高灵敏度,可靠性很高。超外差式接收机具有选择性好、灵敏度高、抗干扰能力强的特点,十分适用于异频全双工系统中,目前超外差式接收机已广泛应用于卫星通信中。

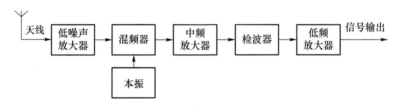

图 9.13　一次变频超外差式接收机

零中频接收机也是目前采用较多的接收机结构,其采用的是集成芯片架构,只进行一次混频,将射频信号直接下变频至零频基带信号,因此也被称为直接下变频接收机,零中频接收机的原理框图如图 9.14 所示。由于零中频接收机直接将射频信号下变频至零频,不存在超外差式接收机中的镜像频率干扰,仅需要通过低通滤波器实现对基带信号的滤波,可以省去镜像抑制滤波器及较难集成的中频滤波器,故零中频接收机的机构更为简单,便于系统集成。但是,由于零中频接收机直接将信号下变频至零频,通常分为 I、Q 两路信号,此信号易受到直流偏差的影响,故导致 I、Q 两路信号不完全正交,直接导致信噪比降低,从而影响接收机灵敏度。

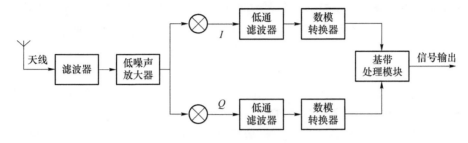

图 9.14　零中频接收机

除了零中频接收机外,还有一种结构为低中频接收机,其结构与零中频接收机类似,不同点在于低中频将射频信号下变频至较低的中频点而非零频,可以降低直流偏差、本振泄露对接收机灵敏度的影响,其和超外差式接收机的区别在于,低中频接收机降低了对中频滤波器的要求,但由于其存在镜频干扰,故滤除该干扰具有较大的难度。表 9.5 从变频结构、灵敏度、功耗、可靠性等角度对介绍的三种接收机进行了性能对比。

表 9.5　不同结构接收机性能对比

内　容	超外差式接收机	零中频接收机	低中频接收机
变频结构	可多次变频	一次	可多次变频
灵敏度	高	低	低
功耗	高	低	低
镜像干扰	有	无	有
集成度	低	高	高
可靠性	高	中等	中等
实现难度	中等	低	高

从表 9.5 可以看出,超外差式接收机在灵敏度和可靠性方面具有较大优势,零中频与低中频接收机在集成度和功耗方面具有优良的性能。由于太空空间环境复杂,卫星在轨运行时,会接收到来自地面的各种 VHF 频段的信号,根据超外差式接收机良好的镜频抑制特性,同时考虑到星载通信系统的可靠性和实现难度,综合考虑,本星载通信系统采用超外差式结构。

"田园一号"立方体卫星星载通信系统上行采用 AFSK 调制方式,系统工作于 VHF 频段。AFSK 接收机设计方案框图如图 9.15 所示。

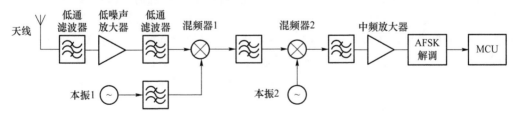

图 9.15　接收机工作原理框图

卫星地面站上行指令后,星载接收机通过天线接收地面站上行的指令信号,为了能够滤除其他信号干扰输出的镜频干扰信号和中频干扰信号,系统采用了超外差二次变频接收结构,即首先将输入射频信号频率下变频至一个高中频 10.7 MHz 以抑制干扰,再将该信号下变频至第二中频 455 kHz,将信号放大后输出。具体实现过程为输入信号首先通过低通滤波器进行低通滤波,以滤除高频带外信号,然后经过低噪声放大器对信号进行放大,信号通过第二级低通滤波器后进入第一级混频器,一本振信号 LO1 频率为 135.260 MHz,一中频输出为 10.7 MHz,经过滤波后先经过一个中频滤波器,然后送入第二级混频器,二本振信号 LO2 频率为 10.245 MHz,二中频输出为 455 kHz,二中频信号经过放大后进入 AFSK 解调器,输出基带信号传送至微控制器 MCU,按照遥控指令帧格式进行解帧、解码操作,解码数据传送至星务计算机,完成地面站上行指令操作。

2. 接收机可行性论证

要实现星载接收机前端所需的指标,需要对接收机方案进行可行性论证,主要包括接收机灵敏度、噪声系数、线性度以及动态范围等。下面将通过严格的理论计算来确定系统是否能够达到所需的要求。

(1) 灵敏度与噪声系数

接收机灵敏度定义为在固定接收机信噪比情况下,接收机所能检测到的最低输入信号电平。接收机灵敏度不仅与接收机输入信噪比有关,还与接收机所处环境的噪声基底有关。接收机灵敏度公式为

$$S = -174(\text{dBm/Hz}) + \text{NF} + 10\lg B + \text{SNR} \qquad (9.30)$$

式(9.30)中,S 为接收机灵敏度,单位为 dBm;NF 为接收机噪声系数,单位为 dB;B 为接收机中频带宽,单位为 Hz;SNR 表示接收系统信噪比,与接收机采用的调制类型以及通信速率有关,单位为 dB。

低噪声放大器采用 AVAGO 公司的 MGA62653 低噪声放大器,其 NF=1.1 dB,Gain=22 dB,中频接收带宽为 B=3 kHz,采用非相干解调的 AFSK 信号所需的信噪比为 24.2 dB,理论可得灵敏度为

$$S = -174 + 1.1 + 10\lg 3\,000 + 24.2 = -113.9(\text{dBm}) \qquad (9.31)$$

因此,根据式(9.31)得到的理论计算值,实际提出的灵敏度的指标是合理的,接收机的高灵敏度与星载通信系统的噪声系数有关,噪声系数越低,接收机的灵敏度越高。系统总噪声系数可表示为

$$F_{\Sigma} = F_1 + \frac{F_2 - 1}{G_1} + \frac{F_3 - 1}{G_1 G_2} + \cdots + \frac{F_n - 1}{G_1 G_2 \cdots G_{n-1}} \qquad (9.32)$$

式(9.32)中,F_n 与 G_n 分别表示第 n 级的噪声与增益,根据接收机的结构可知,一般第一级的器件为低噪声放大器,如果其增益足够大,根据式(9.32)可知,式中后面几级对于系统总噪声的贡献就越小,基本可以忽略不计,此时,系统的噪声系数基本可以表示为第一级低噪声放大器的噪声系数与其之前所有器件的插入损耗之和。因此,在星载接收机系统中,低噪声放大器的噪声系数与其增益是设计的关键,且需要保证低噪声放大器前级的低通滤波器的插损尽可能的小。

低噪放前级的低通滤波器选型为 Mini-Circuits 公司的 RLP - 158+ 型滤波器,其插入损耗值为 1.2 dB,根据射频前端的低通滤波器、LNA 以及第一级混频参数,可以得出

$$F_\Sigma = 1.2 + \frac{1.1-1}{0.833} + \frac{1.5-1}{0.833 \times 22} + \frac{1.4-1}{0.833 \times 22 \times 18} = 1.348\text{(dB)} \tag{9.33}$$

$$\text{NF} = 10\lg F_\Sigma = 1.3\text{(dB)} \tag{9.34}$$

由式(9.34)计算的 NF 值可知,星载接收系统选用的元器件也满足噪声系数的要求。

(2) 收发双工可行性论证

为了实现星载通信系统的全双工通信,需要保证发射机系统的强输出信号不会对接收支路造成影响,降低星载通信系统的串扰。相对于同频全双工系统,异频全双工系统的收发隔离度主要取决于射频前端天线的隔离度以及通信系统接收与发射射频模块之间的隔离度两方面。

"田园一号"星载通信系统工作于 VHF/UHF 频段,工作于不同频段,根据卫星结构限制,需要保证天线安装方便且弹出可靠,因此采用偶极子天线形式,VHF 天线与 UHF 天线采取垂直放置的方案,可以起到极化隔离的作用。

在星载通信机接收模块与发射模块隔离方面,由于接收与发射系统采用不同的工作频率,因此在射频模块设计中通过增加选通滤波器实现收发系统的隔离。为了保证星载接收机在卫星发射工程中,也能够成功地接收地面站上行信号,在星载接收机设计上采用超外差式二次变频结构,星载接收机天线收到上行信号后,首先经过一级前级滤波,滤除带外的射频信号,一级变频之后,通过中频滤波器对中频信号进行滤波,滤波后的信号进行二次变频,输出的第二中频信号再次进行滤波,通过多级的变频和滤波处理,可以有效地保证星载接收机的抗干扰性能。对于星载发射机,在其发射通路上设置多级滤波器,防止本振信号泄露和混频信号泄露对接收机系统造成影响,图 9.16 所示为星载通信系统收发耦合示意图。

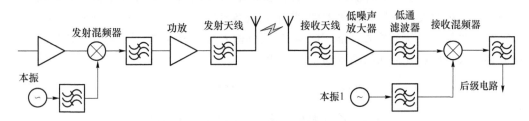

图 9.16   星载通信系统收发耦合示意图

假设接收机与发射机的工作频率为 f_R 与 f_T,接收天线与发射天线在 f_R 与 f_T 两个频点上的隔离度为 I_A 和 I_R,发射机功放输出功率为 P_T,在接收机端 f_R 频段上产生的噪声为 P_n,在接收滤波器 f_T 频段上的抑制为 I_F,低噪声放大器增益为 G_{LNA},1 dB 压缩点功率为 P_{1dB_LNA},接收混频器的输入 1 dB 压缩点为 P_{1dB_Mixer},若要保证星载通信系统的正常运行,需要保证在发射机功放全功率输出时,耦合至接收端的信号不会使接收通道饱和,因此需要

$$P_T - I_A - I_F < P_{1dB\_LNA} \tag{9.35}$$

$$P_T - I_A - I_F + G_{LNA} < P_{1dB\_Mixer} \tag{9.36}$$

根据实际选型器件,星载接收机天线与发射机天线的隔离度为 $I_A = 10$ dB,接收机第一级滤波器对 f_T 频率的抑制为 $I_F = 75$ dB,低噪声放大器的增益为 $G_{LNA} = 22$ dB,$P_{1dB\_LNA} = 18$ dB,接收机混频器内部采用两级混频结构,第一级放大器的 $P_{1dB\_Mixer} = 0$ dB。

图 9.17 所示为星载接收机的示意图,其中 P_{in1} 和 P_{in2} 分别表示低噪声放大器和混频器的入口功率,通过计算可知

$$P_{\text{in}1} = P_T - I_A - I_F = 29 - 10 - 80 = -61\,(\text{dBm}) \tag{9.37}$$

$$P_{\text{in}2} = P_{\text{in}1} + G_{\text{LNA}} = -61 + 18 = -43\,(\text{dBm}) \tag{9.38}$$

由于 $P_{\text{in}2} < P_{\text{1dB\_Mixer}}$，因此可以保证发射机的全功率输出不会使接收机饱和，保证了收发信机的信道隔离。

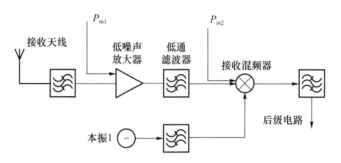

图 9.17　星载接收机示意框图

（3）动态范围

由于影响星地通信链路的因素较多，接收机的信号接收强度总是不断变化，故接收机的动态范围定义为接收机正常工作时所能接收到的信号强度变化范围。动态范围的下限受到空间噪声基底的限制，上限由接收系统的非线性失真来决定。系统的动态范围 DR_f 可用 $P_{\text{in1\_dB}}$ 和 MDS（minimum discernible signal，最小可辨信号）来表示，即

$$\text{DR}_f(\text{dB}) = P_{\text{in,1dB}} - \text{MDS} \tag{9.39}$$

并且，其上限取决于接收机所能接收到的最大抗堵塞信号，下限取决于系统的接收灵敏度。

对于低噪声放大器或混频器等器件，常用无杂散动态范围（spurious free dynamic range，SFDR）来衡量接收系统的接收性能，其表示接收机输入信号超过噪声门限 3 dB 处与没有产生三阶互调杂散响应点处之间的功率动态范围，即

$$\text{SFDR} = \frac{2}{3}(IP_3 - \text{NF} - 10\lg B + 171) \tag{9.40}$$

式（9.40）中 IP_3 表示接收系统三阶互调截点输入功率值，可表示为

$$\frac{1}{IP_{\text{cas}}} = \sqrt{\left(\frac{1}{IP_1}\right)^2 + \left(\frac{G_1}{IP_2}\right)^2 + \left(\frac{G_1 G_2}{IP_3}\right)^2 + \cdots + \left(\frac{G_1 G_2 \cdots G_{n-1}}{IP_n}\right)^2} \tag{9.41}$$

式中，IP_n 表示各级模块输入三阶截断点由分贝值换算成的线性值，G_n 表示各级模块增益。通过查询器件参数，代入式（9.41）得到 $IP_3 \approx 7$ dBm，将该值代入式（9.40）可得系统无杂散动态范围：

$$\text{SFDR} = \frac{2}{3}(7 - 1.3 - 10\lg 3\,000 + 171) = 94.6\,(\text{dB}) \tag{9.42}$$

显然，系统无杂散动态范围远大于通用设备值 60 dB，且根据表 9.3 可知，星地上行链路余量达 19.1 dB，因此，对于上行链路，完全可以保证星地链路的稳定可靠。

9.3.4　星载发射机方案设计

星载发射机采用 BPSK 调制模式，在卫星过境期间，星载发射机工作于连续下行或者延时遥测模式，采用 BPSK 调制模式可以实现高码速率的数据传输。

星载发射机的基带信号由数字信号模块完成,基于微控制器 MCU 开发,基带信号经过数模转换后进行滤波,经过一次变频结构直接上变频至 UHF 频率,通过滤波放大完成信号的发射过程。通过 MCU 控制外部 PA 的使能完成不同模式下不同发射功率的功能,功率输出可根据相应的使能端口控制,共有 29 dBm、25 dBm、18 dBm、8 dBm 四种工作模式。

图 9.18 所示为星载发射机的原理框图,星务计算机发送指令至星载通信机,星载通信机微控制器 MCU 配置内部接口输出 BPSK 信号至数模转换器 DA,同时通过混频器输出模拟遥测信号,通过开关控制电路控制功放开关实现高功率 BPSK 信号的输出,输出功率为 29 dBm。

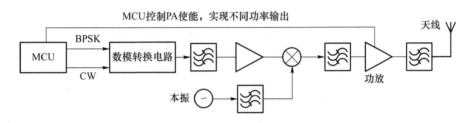

图 9.18　星载发射机工作原理框图

9.3.5　数字信号处理模块设计

数字信号处理模块主要完成上行信号的解帧操作,上行指令因经过 AX.25 编码,因此需要按照 AX.25 通信协议格式对遥控指令格式进行数据解帧,然后将解帧后的数据传输至星务计算机。另外对于发射模块,对 BPSK 信号按照 AX.25 协议格式对遥测数据进行组帧,然后对 BPSK 信号进行 Rasied-Cosine 数字滤波处理。除此之外,数字信号处理模块还需根据下行遥测不同的调制模式实现不同码速率的输出。

数字信号处理模块采用低功耗微控制器芯片,芯片选型为 MSP430 系列 MCU 微控制器,其包含一个 16 位 RISC 精简指令集 CPU、2 kB 空间的 RAM、60 kB 空间的 Flash 和灵活的时钟系统,可提供多路 I^2C、UART、SPI、CAN 接口,可以完成上下行数据编解码操作以及相应的开关控制,使星载通信系统的数据收发更加灵活、简便。

1. AX.25 协议介绍

AX.25 协议是一种由国际业余无线电爱好者联盟制定的业余分组交换通信协议,其是在 OSI 和 X.25 协议的基础上修改制定的。

OSI 模型是国际标准化组织(ISO)提出的一个试图使各计算机在世界范围内互联为网络的标准框架,按照协议分层架构,可将计算机网络体系结构划分为以下七层:应用层、表示层、会话层、传输层、网络层、通信链路层以及物理层。OSI 协议七层模型结构如图 9.19(a)所示。

X.25 协议是由国际电信联盟电信标准化部(ITU-T)提出的一种面向计算机数据通信网络的分层协议,该协议自上而下分为三层:物理层、数据链路层和分组层。协议分层结构如图 9.19(b)所示。X.25 协议具有可靠性高的优点,特别适用于对误码率要求较高的通信链路,缺点是协议复杂、时延长以及存储管理复杂。该协议最高可支持 64 kbit/s 的通信速率。

AX.25 协议是由 X.25 协议衍生而来的,协议结构可分为物理层与链路层,协议结构如图 9.19(c)所示。其只确定了通信链路层协议,其他层的协议仍沿用 X.25 和 OSI 的标准。

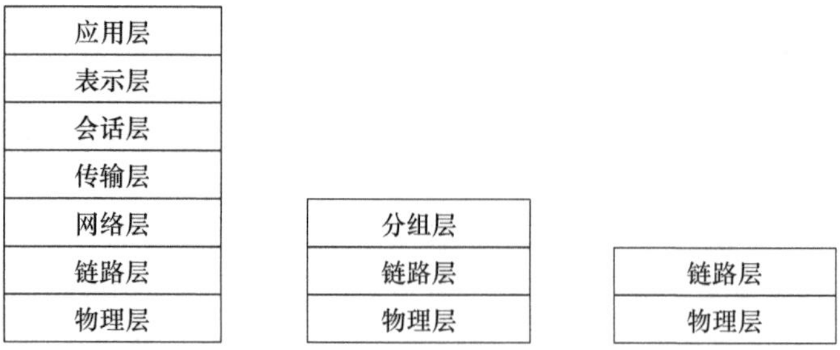

应用层		
表示层		
会话层		
传输层		
网络层	分组层	
链路层	链路层	链路层
物理层	物理层	物理层
（a）OSI 协议	（b）X.25 协议	（c）AX.25协议

图 9.19　OSI 协议、X.25 协议与 AX.25 协议对比

AX.25 协议规程与 OSI 模型及高级数据链路控制（high-level data link control，HDLC）一致，原则上遵循 CCITX.25 建议，区别是增加了无标号信息帧，并扩展了地址域。该协议集成了 HDLC 与 X.25 的优点，特别适用于全双工通信模式，主要应用场合是通过节点控制器可以实现在几个单独的业余分组电台或者与控制站之间建立多个链路层连接。在业余无线电通信中，该协议也经常用于各个节点的自动连接，各个节点通过呼号来识别各个不同节点的源地址和目的地址，从来建立通信链路。

在目前的业余无线电应用中，通常是一个控制站与多个终端之间运行通信链路层协议，但其具有终端节点链路不平衡的缺点，导致射频信道无法共享。AX.25 协议则是假设各个终端节点平等，其可响应任何一个节点发来的命令请求，这种工作方式大大提高了大容量通信效率与可靠性。

AX.25 模型各层的主要功能如下：

① 物理层。主要规定在物理层硬件通信链路上（如电台、节点控制器、线缆等物理连接媒介）比特流的传输协议和过程，同时为其上一层提供物理连接以及相应的机械、电气、功能和过程特性。

② 链路层。主要规定比特流在数据链路层上的帧的传输过程，包括物理地址寻址、数据成帧（帧结构、帧类型、比特填充、数据链路的建立与终止）、流量控制、数据检错、数据重发等。该层协议的主要任务是保证节点与节点之间帧传输的准确性与有序性，保证数据的可靠传输。

2．AX.25 协议帧结构

AX.25 协议链路层的分组无线传输是以帧数据结构的形式传输数据的，每个帧由多个不同的数据域块组成，AX.25 帧结构根据帧信息内容可分为信息帧（information frame，I 帧）、监视帧（supervisory frame，S 帧）与无编号信息帧（unnumbered information frame，UI 帧），监视帧与无编号帧结构组成如表 9.6 所列，信息帧组成结构如表 9.7 所列。

表 9.6　监视帧与无编号帧组成结构

帧标志	地址域	控制字	FCS	帧标志
011111110	112/560 bit	8 bit	16 bit	01111110

表 9.7　信息帧组成结构

帧标志	地址域	控制字	PID 域	信息域	FCS	帧标志
011111110	112/560 bit	8 bit	8 bit	8xN bit	16 bit	01111110

AX.25 协议帧结构中大都包含帧标志、地址域、控制字、FCS 等帧数据块,其中各个帧数据块表示的意义如下:

帧标志:该域长度为一个字节,用于表示帧的起始与结束,采用标准序列 01111110(0x7E),两个连续帧可共用同一个帧标志;

地址域:该域用于对帧源地址和目的地址的识别,最大为 560 bit,一般为各个节点的呼号;

控制字:长度为 1 个字节,该域主要用于帧类型的识别,并对链路层的相关特性进行控制;

PID 域:长度为 1 个字节,该域为协议识别域,主要用于第三层协议的识别;

信息域:长度最多为 256 个字节,该域内容为用户数据,该域内容包含信息帧、无编号信息帧、测试帧、交换识别帧、拒绝响应帧等不同帧内容。

FCS:长度为 2 个字节,该域用于检测信息域内容在传输过程中是否发生错误。

AX.25 协议帧采用了与 X.25 协议相同的帧标志,帧标志为 01111110,其目的是实现帧同步。为防止信息序列中出现连续的 6 个"1"而导致的假同步现象,通常采用位填充的方式,当信息序列中出现连续 5 个"1"时,则在其后插入 0,在接收端,每当接收到连续的 5 个"1"时,删除其后的 0,以此来保证数据的帧同步。

3. 加解扰设计

通信系统在收发基带数据码元时通常需要进行加解扰处理。基带数据传输过程中经常出现连着的比特"0"或者连着的比特"1",一方面连续相同的码型会导致传输线路中出现直流分量,影响系统的性能,另一方面,恢复基带信号时需要接收端提供位定时信号,保证抽样判决的准确性。定时时钟的提取依赖于传输码元的变换,连续相同的码型直接影响了位定时的判断,导致误码率增加。"田园一号"通信机采用扰码技术,在基带数据发送时,通过产生一组伪随机序列,将传输的二进制码流扰乱。相对应的,在接收端需要进行解扰操作,虽然加扰扰乱了原始传输数据,但也是按照一定规律进行的,解扰的过程即加扰操作的逆过程,至此即可恢复出原始数据,同时又有效地保证了信号的传输性能。

"田园一号"通信系统的加解扰算法基于 m 序列原理,整个加解扰过程如图 9.20 所示。在发送端,每传输一个码元,移位寄存器中的数据就向后移动输出一次,同时若干个移位寄存器的输出会经过多次异或运算后反馈给第一级的移位寄存器。加扰的过程可以表示为

$$y_k = x_k \oplus \sum_{i=1}^{L} c_i y_{k-i} \tag{9.43}$$

式中,x_k 表示加扰时的输入序列,y_k 表示加扰后的输出序列,L 表示移位寄存器的级数,$c_i (0 < i \leqslant L)$ 为加扰模块的反馈系数,$\oplus$ 为异或操作,$\sum$ 表示累次异或操作。解扰时接收端产生相同的伪随机序列与加扰序列进行异或操作,信道无误码传输时,与之对应的解扰过程可以表示为

$$
\begin{aligned}
x'_k &= y_k \oplus \sum_{i=1}^{L} c_i y_{k-i} \\
&= \left[x_k \oplus \sum_{i=1}^{L} c_i y_{k-i} \right] \oplus \sum_{i=1}^{L} c_i y_{k-i} \\
&= x_k \oplus \left[\sum_{i=1}^{L} c_i y_{k-i} \oplus \sum_{i=1}^{L} c_i y_{k-i} \right] \\
&= x_k
\end{aligned}
\tag{9.44}
$$

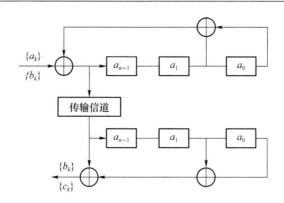

图 9.20　自同步扰码技术

接收端原始数据的码序是依靠 m 序列的特性来同步的,而不需要增加额外的模块,在保证系统性能的同时大大降低了接收方解扰的实现难度。除了会因为线性移位寄存器的初始状态而导致前面 L 个输出码元原始序列不尽相同以外,随后输出的序列均为原始序列。虽然同步扰码结构简单,但也存在一定的不足,即接收方需要建立与发送方发送序列的同步,故在发送有效数据时,发送方需要先发送一定的额外数据。另外在收发双方建立码序同步后,由于是一个线性反馈系统,故一旦因为某种原因导致接收方出现失步现象,解扰时就会出现一连串的错误数据,直到同步再次建立,为了降低这种误码扩散的影响,可以选择反馈少的扰码序列。

9.4　星载通信系统性能测试

本节首先对星载通信系统的测试内容做简要介绍,然后结合星载通信系统设计性能指标,对星载通信系统进行相应的指标测试以及功能验证,以确保整机能够满足设计指标要求。

9.4.1　射频性能测试

对星载通信系统的测试主要通过借助信号源、频谱仪以及示波器进行射频前端的测试,测试内容包括滤波器测试、射频放大器测试、灵敏度测试、误码率测试、噪声特性分析。

1. 星载接收机性能测试

根据 PCB 设计打样 PCB 板,设计的星载通信机电性件如图 9.21 所示,本节对星载通信接收机的射频前端包括前置滤波器、低噪声放大器、中频输出以及接收灵敏度等内容做了相关测试,测试设备基于安捷伦的示波器、信号源以及频谱仪等设备,测试环境如图 9.22 所示。

图 9.21　星载通信机电性件

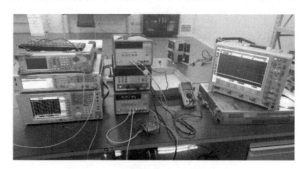

图 9.22　星载通信系统测试平台

对于低噪声放大器,主要测试其对射频前端接收信号的放大作用,通过采用频谱仪对放大气候的信号进行测试,测试结果如图 9.23 和图 9.24 所示。

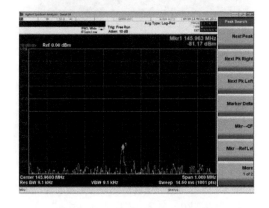

图 9.23 放大前信号的频谱图   **图 9.24 放大后信号的频谱图**

从图 9.23 和图 9.24 中可知,放大前的信号电平为 $-81.17\ \mathrm{dBm}$,放大后信号的电平为 $-63.95\ \mathrm{dBm}$,因此低噪声放大器的放大增益为 $17.22\ \mathrm{dB}$,满足需求指标。

通过低噪声放大器后的信号在通过一级的低通滤波后进入 MC3362,完成射频信号的下变频操作,变频结构为二次变频的超外差结构,其中一本振采用压控温补晶振,对其输出信号需要进行滤波和放大,根据仿真结果,制作滤波器夹具进行滤波器性能测试,制作的滤波器夹具如图 9.25 所示,利用矢量网络分析仪分析滤波器 S 参数,可以得到图 9.26 所示的试验结果。

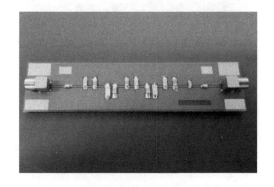
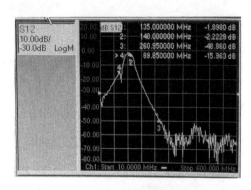

图 9.25 滤波器夹具   **图 9.26 滤波器测试结果**

从图 9.26 中可以看出,该滤波器在 $f=135\ \mathrm{MHz}$ 处的损耗为 $-1.89\ \mathrm{dB}$,3 dB 通带带宽大于 10 MHz,满足设计指标。

射频输入信号通过与一本振混频后输出一中频信号,信号频率为 10.7 MHz,实际测试结果如图 9.27 所示;经过带通滤波后与二本振混频,输出二中频信号,信号频率为 455 kHz,二中频信号滤波器经过仿真后,实际测试输出信号如图 9.28 所示。

中频信号输出后,射频前端的设计测试完成,中频信号输送至 FX614 解调芯片,输出基带信号然后通过数字处理芯片完成遥控指令的解码,解码后的数据传送至星务计算机。通过调整输入射频信号的电平,可以测试星载接收的灵敏度。

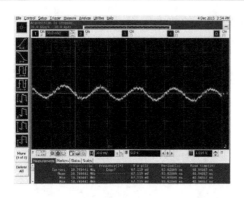

图 9.27 示波器测量的一中频信号

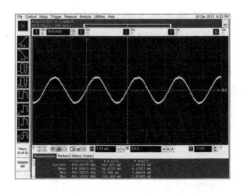

图 9.28 示波器测量的二中频信号

通过信号源产生标准 AFSK 信号,测试时设置频率为 145.960 MHz,经测试,当上行信号输入电平为 -113 dBm 时,遥控信道工作正常,动态范围为 -120～-40 dB,优于 60 dB。

2. 星载发射机性能测试

本节对星载发射机的射频前端包括混频后滤波器性能以及功率放大器做了主要测试。

在发射机上变频后,一般先经过滤波器滤除谐波信号,然后将信号传送至功率放大器放大,发射机混频器后端滤波器测试板以及测试结果如图 9.29 和图 9.30 所示。其中测试板材质采用射频微波板。

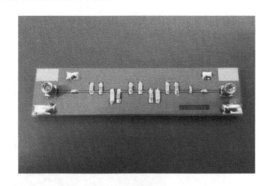

图 9.29 发射机滤波器测试夹具

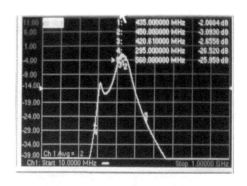

图 9.30 滤波器测试结果

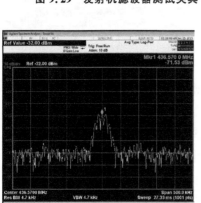

图 9.31 BPSK 输出测试结果

从图 9.29 中可以看出,当频率 $f=435$ MHz 时,滤波器的衰减为 -2.08 dB,3 dB 带宽为 30 MHz,能够满足实际需求。

星载发射机工作于 BPSK 模式,利用频谱仪对其射频输出信号进行测量,由于信号输出功率较大,为了保护频谱分析仪,在输出端口插入衰减器,经过功率放大器放大后的信号输出如图 9.31 所示。

从图 9.31 中可以看出,BPSK 信号的信号输出电平为 28.47 dBm(衰减器设置为 100 dB),调制模式输出的杂散抑制效果均较好。

表 9.7 给出了 RS103 测试标准,通过在极限场强情况下测试接收机底噪以及接收灵敏度,可以发现接收灵敏度为 -121 dBm,底噪为 -70 dBm,满足了设计需求。

表 9.7　RS103 检测标准

频率范围	场强极限值/$(V \cdot m^{-1})$	极化方式
10 kHz~100 MHz	20	垂直极化
100 MHz~220 MHz	20	垂直、水平极化
220 MHz~1 GHz	20	垂直、水平极化

9.4.2　VHF/UHF 卫星地面站及星地对接试验

1. VHF/UHF 卫星地面站介绍

卫星地面站作为卫星通信系统中必不可少的组成部分,主要用于实现对卫星的管理控制。在具体功能上,地面站主要分为测控和数传两大任务,测控任务一般用于对较少数据量如卫星遥测参数等的管控,数传任务一般用于数据量较大的如图像、视频等任务的实现,目前国外已建设较多工作于 VHF/UHF 频段的适用于微纳卫星的卫星地面站,有的甚至进行了地面组网。

在卫星管控过程中,需要实现地面站实时自动跟踪卫星的功能,根据此将卫星地面站系统分为天线分系统、伺服控制分系统、信道分系统和软件分系统。地面站系统组成框图如图 9.32 所示。

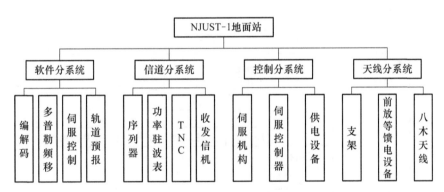

图 9.32　地面站系统组成

地面站设备的选型需要考虑到星地链路的高可靠,天线分系统和信道分系统与星地链路的调制解调过程息息相关。天线分系统主要完成电磁波与电信号的转换,实现卫星信号的收发,系统主要包括 VHF/UHF 天线、低噪放大器、天线支架等;信道分系统主要实现对信号进行滤波、放大、调制解调等处理,系统包括收发信机、调制解调器、功率驻波表、序列器等,根据调制解调方式的需求,收发信机采用 ICOM 公司的 IC9100,可实现 VHF/UHF 频段跨段全双工功能,调制器采用 KPC9612+,硬件支持 AX.25 协议,采用 Bell 202 编码标准,码速率支持 1 200~9 600 bit/s,可完成 AFSK 的调制功能,下行采用 FUNcube Dongle 用于 BPSK 信号解调,最大支持码速率为 192 kbit/s。

伺服控制分系统与软件分系统配合实现卫星地面站的自动跟踪功能,地面站软件具备轨道预报、多普勒补偿及伺服控制的功能,自动跟踪采用软件驱动控制方式,即轨道预报软件将卫星相对地面站的方位俯仰角度信息数据通过 DDE 协议传输至伺服控制器,伺服控制器驱动旋转器转动天线,实现天线对卫星的实时跟踪。伺服机构采用电脉冲控制方式,控制精度达 0.25°,满足对 500 km 轨道高度卫星的跟踪要求。目前,VHF/UHF 卫星地面站系统已成功应用到南理工立方体纳卫星任务中,VHF/UHF 地面站天线如图 9.33 所示,地面站室内设备布局如图 9.34 所示。

图 9.33　VHF/UHF 卫星地面站天线

图 9.34　地面站室内设备布局

2. 地面站工作原理

卫星过境时,根据轨道预报软件得知卫星出入境时间,驱动伺服控制器控制天线始终指向卫星。天线接收到卫星信号后通过低噪声放大器放大,传送至收发信机进行变频处理,中频输出信号传送至任务控制计算机进行软件解调与解码操作,VHF/UHF 卫星地面站工作原理框图如图 9.35 所示。

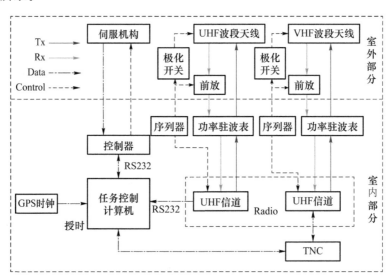

图 9.35　地面站工作原理框图

当需上行指令时,任务计算机将编码后的指令传送至 TNC 调制,调制后的信号传送至收发信机进行上变频处理,通过功率驻波表监视信道驻波比,最后通过低噪声放大器旁路传送至天线完成上行指令发射,序列器用于控制天线极化方向与低噪声放大器的通断。

3. 星地无线对接试验

2021年9月23日至9月25日,"田园一号"在南京紫金山天文台(见图9.36)与南理工 UV 地面站完成了星上通信设备与地面测控站的无线对接测试,测试距离为 8.5 km。试验内容包括:

① 卫星通信机上/下行链路接口指标符合性测试;

② 卫星通信机与地面测控系统上/下行链路接口的匹配性测试,包括遥控指令、注入数据、遥控工作方式、遥测格式及遥测数据处理;

③ 卫星通信机抗干扰能力和指标符合性测试;

④ 卫星通信机正样与地面测控系统设备执行星地通信协议的一致性测试;

⑤ 卫星通信机工作性能的符合性测试。

图 9.36　紫金山天文台"田园一号"卫星与南理工地面站无线对接测试

通过星地无线对接试验,所得试验结果验证了星载通信系统与地面站的地面测控设备星地信道兼容,接口匹配,各类信息收发正常,格式正确。同时,验证了星载通信机的通信性能,可满足卫星在轨测控与通信任务的需求。

10 立方星微推进系统设计与分析

10.1 立方星微推进系统概述

微推进系统是立方星在轨完成远距离轨道机动、近距离抵近、超近距离操控任务的基础，不仅能够提供稳定的推力，实现大范围机动变轨，而且能为立方星提供高精度脉冲推力，实现精确姿态轨道控制。此外，微推进系统还可在立方星寿命末期提供反向速度增量，加速脱离轨道，避免成为"太空垃圾"。

常规应用于立方星的微推进系统主要包括热推进与电推进系统。热推进系统通过构建缩放流，在喷口处高速喷出产生推力；电推进系统则是通过加速带电粒子高速喷出形成推力。立方星微推进形式的选取和设计涉及诸多因素，本章将从原理出发，综合分析影响微推进系统设计的各项因素，选取适配立方星任务的推进系统，并以"田园一号"为例，介绍立方星微推进系统设计及试验流程。

10.2 微推进系统研究现状

在立方星微推进系统设计过程中，主要依据表 10.1 所列参数来选择推进方案。

表 10.1 推进方案选择依据

推进剂	推力
系统总质量	价格
推进剂质量	研发组织
比冲（I_{sp}）	系统类型
总冲	（电）能源的使用
推进剂储存压力	技术成熟度（TRL）
最大预期操作压力（MEOP）	其他

10.2.1 推进原理

微推进系统主要通过在一定时间内对立方星施加推力，从而改变立方星的动量，遵循

$$I_{tot} = \int F \cdot dt \xrightarrow{\text{恒定推力}} I_{tot} = F \cdot t_{thrust} \tag{10.1}$$

式中，I_{tot} 为微推进系统产生的总冲量，F 为推力，t_{thrust} 为产生推力的持续时间。

微推进系统所产生的推力大小取决于单位时间内排出的推进剂质量，即质量流量 $\dot{m}$，以及排出该质量的速度 v_{jet}

$$F = \dot{m} \cdot v_{jet} \tag{10.2}$$

微推进系统另一个重要参数指标是比冲（I_{sp}），即单位质量的推进剂所产生的冲量，可以

表示为

$$I_{sp} = \frac{v_{jet}}{g_0} \qquad (10.3)$$

式中，g_0 为海平面的地球重力加速度（$g_0 = 9.81 \text{ m/s}^2$）。微推进系统的高比冲主要取决于高排气速度，在设计过程中，通过提高排气速度，可以增加系统比冲。

此外，喷气射流的动能可表示为

$$P_{jet} = 0.5 \cdot m \cdot (v_{jet})^2 = 0.5 \cdot F \cdot I_{sp} \cdot g_0 \qquad (10.4)$$

则产生推力所需的能量可以通过下式估算：

$$P_{in} = \frac{P_{jet}}{\eta_{total}} \qquad (10.5)$$

式中，喷气射流中的所有能量均由电源提供，η_{total} 是系统的总效率。

微推进系统的排气速度主要取决于气体的温度和推进剂的摩尔质量。假设膨胀到真空状态（喷嘴出口压力为 0 bar），则喷气速度的极限值（v_{limit}）为

$$v_{limit} = \sqrt{\frac{2\gamma}{\gamma - 1} \cdot \frac{R_A}{M} \cdot T_{gas}} \qquad (10.6)$$

式中，γ 为比热比，R_A 为气体绝对常数，M 为摩尔质量，T_{gas} 为热气体温度。

考虑到零出口压力喷管需要无限长的喷嘴，因此常规通过设计喷嘴长度使得喷气速度在极限值的 $80\% \sim 95\%$，导致膨胀不完全，喷气速度设计值为

$$v_{jet} = K_T \cdot v_{limit} \qquad (10.7)$$

式中，K_T 是设计喷气速度与实际喷气速度之比。推进剂质量流量 $\dot{m}$ 主要取决于喷口处的气体压力 p_{gas} 和喉部面积 A_t。此外，气体压力越高或喉道面积越大，质量流量越大，则

$$\dot{m} \propto p_{gas} \cdot A_t \qquad (10.8)$$

10.2.2 研究现状

1. 冷气推进系统

冷气推进系统主要选择冷气（典型采用惰性气体）作为喷气工质，系统主要由存储冷气的贮箱、控制释放的阀门、提供推力的喷口以及管道组成。根据推进剂的储存方式，可以将冷气推进系统分为以下三类：

① 高压气态存储（传统冷气推进系统）；

② 加压液态存储（液化气）；

③ 固态存储（固体冷气发生器）。

图 10.1 介绍了 6 种冷气推进系统，其中 INPS 选择高压气态存储；NANOPS、VACCO、SNAP 使用加压液态存储，该类系统选择推进剂时，需要考虑推进剂的饱和蒸汽压以及在汽化过程中的相变过程。例如在 298 K（25 ℃）温度下，丁烷存储压力约为 2.5 bar，SF_6 为 4 bar。对于 313 K（40 ℃）温度下，丁烷的存储压力增加到 4 bar 左右，SF_6 的则增加到 34.5 bar 左右。另外两种冷气推进系统（T3＝$T^3 \mu$PS 和 T3E）使用储存在冷气发生器（CGG）中的固态氮气提供推进剂，通过对固态药剂进行加热/点火，使其分解释放出氮气作为推进剂。

上述几种微推进系统的性能如表 10.2 所列。

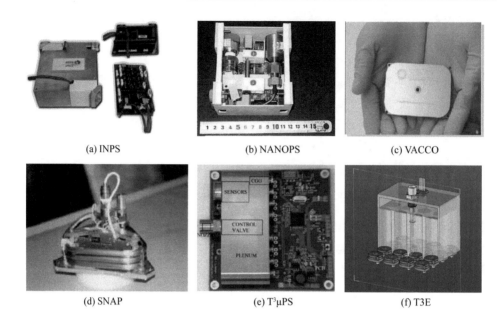

(a) INPS (b) NANOPS (c) VACCO

(d) SNAP (e) T³μPS (f) T3E

图 10.1　一些立方星冷气系统的图示

表 10.2　冷气系统性能

参　数	氮　气	丁　烷	六氟化硫
分子式	N_2	C_4H_{10}	SF_6
摩尔质量/(g·mol⁻¹)	28	58	146
比热比	1.4	1.096	1.094
极限速度/(m·s⁻¹)	787	988	629
比冲(理论值)/s	80	100	64
实际比冲/s	69	60～65	46
实际比冲/理论比冲	86%	60%～65%	71%

由表 10.2 可知,冷气微推进系统实际比冲约为 45～70 s,I_{sp} 的实际/理论(极限)值在 60%～85% 的范围内。

2. 电加热推进系统

电加热推进系统本质上与冷气推进系统的工作原理一致,通过让气态推进剂经过拉瓦尔喷嘴加速喷出,从而产生推力。电加热推进系统主要通过加热推进剂提高系统比冲。在 1 000 K 温度下不同推进剂的理论性能如表 10.3 所列,表中参考冷气推进系统,假设实际比冲为理论计算值的 70%。

表 10.3　气体温度 1 000 K 下电加热推力器理论性能

参　数	氮　气	丁　烷	水	甲　醇
分子式	N_2	C_4H_{10}	H_2O	CH_3OH
摩尔质量/(g·mol⁻¹)	28	58	18	32

参　数	氮　气	丁　烷	水	甲　醇
比热比	1.32	1.04	1.25	1.10
极限速度/(m·s⁻¹)	1 565	2 730	2 149	2 365
比冲/s	159	278	219	241
设计条件取70%比冲/s	111	194	153	169

（1）NanoSpace 微型电加热推进系统

NanoSpace 公司微型电加热推进系统（见图 10.2）选择丁烷作为推进剂，可以提供 90～110 s 的比冲。推进系统总质量为 250 g，可用来实现姿态与轨道控制。系统总冲是 40 N·s，推进剂贮箱安全系数为 2，泄漏率为 6～10 cm³/s。

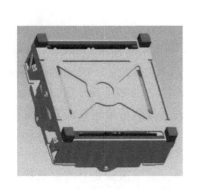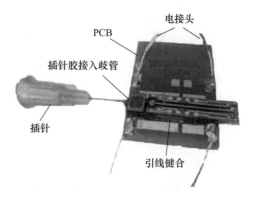

图 10.2　NanoSpace 公司的电加热推进模块(左)和 MEMS 电加热喷口(右)

（2）Busek 微型电加热推进系统

该推进系统集成了主推力器和副推力器，质量小于 1.25 kg，体积为 1U，可以为 4 kg 的微纳卫星提供 66 m/s 的速度增量。根据文献报道，该系统比冲为 150 s，采用甲醇作为推进剂，加注量约 163 g。选择甲醇作为推进剂主要由于其无毒的性质，可以简化卫星燃料加注程序，降低卫星任务成本。在 10 bar 压力下，甲醇密度为 773 kg/m³，推进剂体积为 0.21 dm³。

（3）T3E(R)

该系统使用氮气作为推进剂，由铝制的集成加热薄膜电阻加热，并通过使用高导热硅晶片确保流体通道壁上的高温。加热器的电源由运行在低电压（通常为 5 V）的直流电源提供。单个推力器单元的干质量低至 162 mg（不包括推进剂和储罐）。在冷气模式下，理想的比冲（理论上）是 73 s（$K_T = 0.91$ 或 91%），当推进剂加热到 327 ℃（600 K）时，比冲可以增加到 104 s。贮箱在 5 bar 气体压力时对应于喷嘴入口压力约 3.5 bar，气体温度为 600 K 时，每个推力器可产生 0.44 mN 的推力。

3. 单组元推进剂系统

单组元推进剂使用与冷气和电加热系统相同的推进剂加速机理，比冲通常在 200～220 s 范围内。单组元推进系统在大型航天器的轨道和姿态控制中得到了广泛应用，Stellar Exploration（SE）和 Aerojet（CHAMPS）两种单组元推进系统质量约为 1 kg，体积 1U。推进剂的质量占系统质量的一半，可提供大约 800～1 000 N·s 的总冲。

4. 电推进

电推进系统内推进剂加速的力是由于电场和磁场的存在而产生的。作用在带电粒子上的力可以用洛伦兹方程来描述,即

$$F = q(E + vXB) \tag{10.9}$$

式中,F 是电场 E 和磁场 B 对电荷 q 和速度 v 的带电粒子产生的力。当无磁场或磁场对推进剂加速影响不大时,此时为一个静电推进器,式(10.9)可以简化为 $F = qE$。当由磁场主导时,则为一个电磁推力器,式(10.9)可以简化为 $F = q(vXB)$。

当一个力作用在带电粒子上时,粒子就会加速。电推进的推力本质上是由大量带电粒子加速产生的反作用力。为了获得一个较大的力,通常需要产生一个强电场和/或磁场。如果施加很大的电压差,就会产生一个强电场。对于大多数静电推力器,电压差约为 100~1 000 V。强磁场则主要与大电流有关,因此,大多数电磁推力器都有高达几万安培的高电流,电压相对适中。

(1)射频离子推力器

该系统包括一个直径 1 cm 的射频离子推力器和一个功率处理单元(PPU),其使用高压下储存的氙作为推进剂,推力为 0.67 μN,最大可达到 150 μN,比冲为 1 800 s,射流(喷射)功率约为 0.59 W,系统功率为 10 W,推力器效率(0.59/10)仅为 6%。该推进系统能够为 4 kg 的立方星提供 244 m/s 的速度增量,推进剂质量为 55 g。Busek 的射频离子推进系统总质量为 1.25 kg,其中贮箱质量约为 128 g。

(2)电喷雾推进

电喷雾推进基于静电萃取和离子液体中离子的加速。离子液体是具有极低饱和蒸气压和相对较高导电性的物质。离子液体可以暴露在真空条件下,几乎没有热蒸发,通过电应力形成锥形尖端(称为泰勒锥),则可产生较强的电场。当在涂有离子液体的相对尖锐的发射极与下游孔径电极之间施加 1~2 kV 的电位差时,电场诱导离子发射。离子液体推进剂本质上是一种室温熔融盐。

Busek 公司研制了一个电喷雾推进器,可产生 0.1 mN 的推力和 750 s 的比冲,所需的总功率小于 1 W,总体效率约为 65%。根据文献报道,该系统能够为 4 kg 的航天器提供 76 m/s 的速度增量,总冲约为 304 N·s,推进剂质量仅为 41 g。Busek 公司报告称,该系统的技术成熟度为 3~4 级,主要包括限于 PPU 的封装设计、系统构建和针对飞行的评估(冲击/震波/热循环)。

EPFL 与 4 家合作伙伴开发了一种面包板电喷雾系统,使用的推进剂是 1-乙基-3-甲基咪唑四氟硼酸盐(EMIBF4)。根据 EPFL 给出的数据,该系统拥有 1.37 W 的射流功率,实际功率为 1.95 W,推力器效率 70%。考虑到 PPU 效率为 90%,总效率估计为 63%。

(3)基于聚四氟乙烯的脉冲等离子体推力器(PPT)系统

PPT 系统本质上由脉冲等离子体推力器和功率处理单元(PPU)组成。PPT 是一个电力推进装置,它使用电子电离和电磁加速等离子体到高速度,提供了高比冲等级。现有的系统都是烧蚀型的,其中固体聚四氟乙烯被用作推进剂。因为不需要加压容器和阀门,所以固体聚四氟乙烯推进剂的存储形式非常简单。PPT 的缺点是推力器容易碳化,推力不均匀,固体推进剂后期容易消融且推力易受到电磁干扰。

Busek 的 PPT 系统包括主推力器和二级推力器,在 2 Hz 的工作频率下,功耗为 2 W,每个

脉冲代表 80 μN·s 的元冲量,比冲是 700 s,射流功率约 0.27 W,其效率为 16%,输入功率为 1.7 W,稳定推力约为 500 μN,可持续时间约 160 ms。该系统能够为 4 kg 的航天器提供 63 m/s 的速度增量,可以提供大约 252 N·s 的总冲量,推进剂的质量约为 37 g,系统质量为 550 g,体积为 0.5U。

Clyde Space 所研制的微推进系统质量小于 200 g,包括 10 g 推进剂。输出的总冲在 30～44 N·s 的范围,测得的比冲是 590 s。射频为 1～2 Hz 量级,射束能量为 1.7 J,其中有效利用能量约为 5%,功耗小于 0.5 W。PPT 由火花塞启动,可以充电到最高 15 kV。主电容器组(提供电流)的电压在 900 V 和 1 600 V 之间,放电电流高达 10 000 A。

(4) 真空电弧推力器(VAT)

在该推力器中,固体阴极材料通过管状固体阳极和阴极之间的电弧蒸发,因此,VAT 是除 PPT 以外的另一种烧蚀脉冲等离子体推力器。正极材料可以应用碳、钨、镁等多种材料,测量到的典型电弧电压在 50 V 范围内,电弧电流峰值为 35～40 A,电弧持续时间为几百微秒量级,需要一个特殊的功率处理单元来产生触发推力器运行的高压脉冲。推力器效率约 92%,选择钨作为阴极材料,系统的整体效率为 13%,比推力约为 18 N/W,比冲为 1 450 s。当使用铝作为阴极材料时,比冲可以更高,但会降低整体效率。PPU 的系统质量为 150 g,每个推力器质量约为 100 g,PPU 为边长 40 mm 的立方体。

10.3　立方星微推进要求

10.3.1　速度增量要求

立方星推进系统设计的关键是明确速度增量需求,即要完成特定任务的卫星速度变化(正负),所提供的速度增量(或 ΔV)越大,推进系统的能力就越强。表 10.4 列出了常规低轨卫星飞行任务中一些典型的速度增量需求。

表 10.4　低轨道卫星飞行任务速度特征数据

机动过程	数 值	备 注
变轨道高度	在 LEO 轨道上,每千米 0.5～0.6 m/s	—
变轨道面	每度 135 m/s	—
300 km 高度阻力补偿	0.1～0.4 km/s/年	50～200 kg/m² 的弹道系数
500 km 高度阻力补偿	4.4～25.8 m/s/年	
编队构型保持(500 km 轨道)	0.015～0.03 m/s/天	"田园一号"立方星

根据表 10.4 可知,轨道高度变化 100 km 需要 50～60 m/s 的速度变化,变化 200 km 需要 100～1 200 m/s 的速度变化。改变轨道高度和轨道面所需的速度增量与卫星的大小和质量无关。

10.3.2　姿态控制要求

为了降低卫星的成本和复杂性,通常考虑使用推进器进行姿态控制,包括在要求的变轨操作之前可能需要的卫星姿态指向控制。实际的姿态控制要求取决于任务所要求的指向精度和指向稳定性。对于一颗 1 kg 的立方星,在 100 s 内改变 1°指向的脉冲要求低至 29 μN·s。此外,在 60s 内完成 180°旋转,平均需要的推力量级为 60 μN。

10.3.3 资源限制

立方星推进系统的设计受到星上可用资源的限制,Mueller 提出了典型的立方星系统指标要求,如表 10.5 所列,同时给出了与"田园一号"立方星的性能对比。

表 10.5 当前立方星能力参数概述

参 数	数 值	"田园一号"(6U)
质量/kg	1(1U);6(6U)	10
尺寸/cm³	10×10×10(1U);10×20×30(6U)	10×20×34
功耗/W	1.6(1U);20(6U)	22
指向精度/(°)	1	<1
指向控制/(°)	0.5	<0.3

表 10.6 提供了"田园一号"推进系统可用资源数据,以及从现有较大的地球卫星获得的数据,这些数据不考虑减速段(见表 10.6 中的历史平均值)。

表 10.6 "田园一号"推进资源限制

参 数	"田园一号"推进系统	占卫星资源的比例/%	
		历史平均	"田园一号"
质量/g	1 800	15	18
尺寸/cm³	10×10×20	5	16
功耗/mW	200	非电能:0.1 电能:20~90	0.6

在功率消耗方面,携带化学推进剂的微推进系统平均功率占卫星总功率 0.1%,而像 SMART 1 和 DS-1 这样的电推进的航天器,推进系统平均功率占卫星总功率的最大比例为 60%~90%,最小比例为 20%~25%。

除推进系统产生推力所需功耗外,另一个需要考虑的问题是卫星内部的热状态。低地球轨道上的立方星星内温度大多维持在 -20 ℃ 与 40 ℃ 之间。温度过高或过低时,微推进系统将无法运行,因此由热控引起的功率消耗也应考虑在微推进系统总功耗中。

10.3.4 立方星设计规范

根据立方星的设计规范与要求,规定了推进系统设计需要包含以下要求/限制:
① 对于任何立方星,推进贮箱设定的防爆安全系数不小于 4;
② 推进系统内不使用任何形式的火工品;
③ 无有害物质。

10.3.5　成本、进度和其他要求

除上述要求外，通常还会有一系列其他要求，包括与成本、进度、可靠性、运行寿命、存储寿命、可扩展性、模块化和可配置性相关的要求。考虑到成本、进度和寿命通常是立方星设计的关键，因此为了降低立方星研制成本，缩短研制周期，通常选择成熟微推进系统方案或采购货架微推进系统产品。

10.4　"田园一号"推进系统设计与试验

10.4.1　"田园一号"推进系统设计

1. 速度增量要求

根据"田园一号"编队飞行任务输入，微推进系统完成轨道控制需要的速度增量不低于 10 m/s。由于微推进系统所携带的推进剂质量很低，通常低于整星质量的 5%，因此比冲对总冲影响较小。立方星在轨质量几乎恒定，可以将牛顿第二定律以经典形式应用，则

$$F = M_{s/c} * \mathrm{d}v/\mathrm{d}t \tag{10.10}$$

在恒定推力的情况下，式（10.10）可以改写为

$$F * \Delta t = M_{s/c} * \Delta v \tag{10.11}$$

所需的总冲可以通过航天器质量乘以所需的速度增量来确定。"田园一号"卫星质量约为 10 kg，总冲则需要 100 N·s。

2. 满足立方星设计规范

（1）危害性

氮、氙、聚四氟乙烯、铝等推进剂几乎没有危险。其他所有推进剂在某种程度上都被认为是危险的。

① 肼具有易反应、易燃，并且对身体健康有危害的缺点，需要注意系统的加注和排放。常规采用肼作推进剂时，加注过程中均由穿着保护性"防护服"的操作人员进行。

② 丁烷和甲醇会引起火灾并且对身体健康有危害。

③ 六氟化硫和 EMI-BF4（用于电喷雾系统）会对健康造成危害并且对地球环境有害，但属于稳定且不易燃的推进剂。

（2）高压存储

大多数推进系统需要超过 1.2 bar 的存储压力，液化气推进剂也需要高压存储，否则推进剂难以液化，从而导致密度较低难以满足总冲需求。

此外，CGG、电喷雾、PPT 和 VAT 等推进系统由于所选择的推进剂以固态或液态存储，存储压力低，无须高压存储。

（3）火工品

目前没有公开报道任何微推进系统上使用了火工品。

（4）化学能

总储存化学能不得超过 100 W·h（360 kJ），只有推进剂肼才可满足要求。肼分解能量约为 112 kJ/mol 或 3.5 kJ/g，限制了立方星上携带的肼最大质量不超过 100 g。

3. 满足立方星可用资源

（1）质量

考虑到"田园一号"对推进系统轻质量的需求，因此在设计微推进系统过程中，常规化学推进、高压冷气推进以及部分电推进系统难以满足轻质量的需求。通过对微推进系统开展微型化设计，减少部分冗余配置，选择工业级微型化电磁阀门，可实现对微推进系统的轻量化设计。

（2）体积

化学推进、高压冷气推进由于需要复杂的管路系统，因此不满足小体积设计需求。通过对推进贮箱开展结构贮箱管路一体化优化设计，减小系统体积，提高系统集成度，可实现微推进系统小体积设计。

（3）功率

考虑到"田园一号"微推进系统低功率的需求，常规电推进系统不仅需要高功率实现推进剂电离与加速，还需要额外配置 PPU 模块，难以满足低功率设计需求，因此优先选择功率较低的冷气推进系统。

4. 其他要求

（1）成本

低成本是"田园一号"微推进系统设计中需要重点考虑的部分，冷气推进系统具有系统简单、成本低等优势，与常规化学推进、电推进相比，可大幅度降低研制成本。

（2）周期和寿命考虑

由于"田园一号"立方星具有研制周期短、成本低等特点，微推进系统在设计过程中，需综合考虑设计、研制、集成与测试等复杂流程，因此选择成熟度较高的冷气推进系统。

5. 总结概述

根据前面的分析，可用于"田园一号"卫星的推进技术包括：

① 冷气推进技术；

② 基于冷气发生器的推进技术；

③ 电加热式推进技术；

④ 等离子体推进技术。

冷气推进具有结构简单、成本低、研制周期短、易于实现等特点，越来越受到微纳卫星总体设计单位的青睐。常规冷气推进主要采用氮气、二氧化碳、氩气等惰性气体作为推进剂，然而该类推进剂均具有饱和蒸汽压高的特点，在存储过程中需要高压组件将气体进行压缩存储，提高了系统的复杂度。液化气具有稳定、低汽化热，低饱和蒸汽压，易于存储等特点，能够有效简化推进系统设计，降低系统研制成本。在常规状态下，通过施加低压维持推进剂为液体状态，当推力器开始工作时，首先将推进剂汽化使其变为气体，再通过电磁阀门将推进剂喷出产生推力。

10.4.2　贮箱设计

根据总体所提出的 5 mN 推力大小与 0.1 mN·s 最小脉冲需求,选择液化气推进方案。为了降低系统体积与质量,提高推进系统的集成度,采用增材制造(3D 打印)的方式,将结构与贮箱设计加工成一体,并将内部的部分管道也集成在结构以内,外部仅需留下管接头用于将贮箱与电磁阀相连。推进剂在贮箱内以液态形式存储,通过隔离阀泄压至稳压罐内以气态形式存储,最终通过推力器电磁阀喷出产生推力。考虑到 2 个推力器需要大量的管接头与管路,在贮箱设计过程中,将推力器前端部分管道通过 3D 打印的方式集成在贮箱内,在贮箱外端仅需留下相对应的电池阀管接头即可,从而提高系统集成度。设计的贮箱如图 10.3 所示,本项目所需要的推进剂质量大小为 0.35 kg,液化后的推进剂(六氟丙烷,R236fa)密度为 1.371 kg/L,因此所设计的推进剂贮箱内部容积为 255 mL。

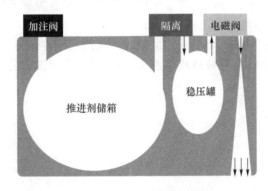

图 10.3　一体化贮箱结构简图

10.4.3　产品组成与工作原理

基于 R236fa 的特性,推进剂在储箱里以液态形式储存,通过隔离阀将适量推进剂排至稳压罐,降低推进剂压力。通过压力传感器实时测出稳压罐内气压大小,当压力低于一定的阈值时,打开隔离阀补充所需要的推进剂;当压力高于一定的阈值时,关闭隔离阀。在推力器工作过程中,隔离阀保持常闭状态。推进剂通过与电磁阀相连的喷口喷出,从而产生推力。在推进剂喷出之前,利用电热喷口对推进剂进行加热,从而提高微推进系统的比冲。微推进系统结构如图 10.4 所示。

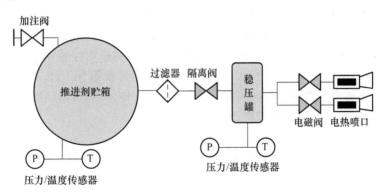

图 10.4　推进系统组成

10.4.4　主要部组件设计方案

（1）加注阀设计与选型

加注阀用于推进系统中推进剂的加注，选择 Clippard 公司的单向阀。目前该型号阀门已在 CanX、GOMX、RACE 等微纳卫星上得到在轨应用。

（2）隔离阀/电磁阀设计与选型

喷气电磁阀选择美国 LEE 公司的电磁阀。目前该型号阀门已在 CanX、GOMX、RACE 等微纳卫星上得到在轨应用。

（3）电加热喷口设计

电加热喷口是推力产生过程的重要结构，主要包括加热单元和硅基微流道单元，其中加热单元的主要结构是电热丝，硅基微流道单元的主要结构是微型拉瓦尔喷口和气体流道。电加热喷口的结构示意图如图 10.5 所示，其工作原理为：推进剂首先进入气体流道，在流道内被电热丝加热，最终通过拉瓦尔喷口排出产生推力。

根据推力器的总体任务要求，将硅片和玻璃片的包络尺寸设计为 20 mm×8 mm×0.5 mm，最终通过阳极键合工艺将硅片与玻璃片集成为一体，形成产生推力的装置，其三维结构示意图如图 10.6 所示。

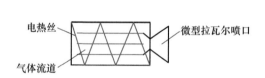

图 10.5　MEMS 电加热喷口结构

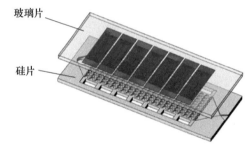

图 10.6　MEMS 电加热喷口结构（1）

硅基微流道单元结构如图 10.7(a)所示，硅片上主要包括气体入口、气体缓冲区、矩形凹槽、引线孔、气体流道以及拉瓦尔喷口等结构的设计。气体入口用于外接软管并导入推进剂气体至缓冲区；矩形凹槽用于嵌入电热丝结构；在矩形凹槽内设计有 S 形气体流道和用于外接导线向电热丝通电的引线孔；微型拉瓦尔喷口位于流道末端，用于加速流道中的亚声速气体至超声速；将微型拉瓦尔喷口设计为平面型收缩-扩张式锥形喷口，其特点是喷口的任意纵截面为高度相同的矩形，任意横截面的形状相同。加热单元结构如图 10.7(b)所示，其基底材料选择抗热性能极佳的派热克斯(Pyrex)玻璃，从而在玻璃片上进行电热丝结构的设计。为提高加热性能，玻璃片上设计有铝薄膜电热丝，但由于铝和玻璃之间的依附性较差，因此，在铝薄膜电热丝和玻璃片之间设计一层二氧化硅衬底，以提高结构之间的依附性。硅片上的矩形凹槽和气体流道与玻璃片上朝向硅片的一面相互贴合，组成一个气体加热室，电热丝通电后可为加热室中流道内的气体加热，从而达到提高推进剂比冲的目的。

（4）电加热喷口加工工艺设计

MEMS 制造工艺最小可进行纳米级结构的加工，包括光刻、溅射、刻蚀以及阳极键合等多种复杂工艺。基于前面对 MEMS 电加热喷口的方案设计，下面对电加热喷口的加工制造过程进行说明。

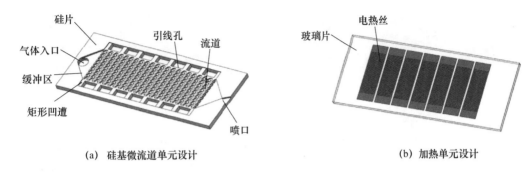

(a) 硅基微流道单元设计　　　　　　　(b) 加热单元设计

图 10.7　MEMS 电加热喷口结构(2)

第一步:对加热单元进行加工制造,根据工艺设备的要求,在 Pyrex 玻璃片上进行加工, Pyrex 玻璃是一种耐热性能极佳的玻璃,加工工艺流程如下(见图 10.8):

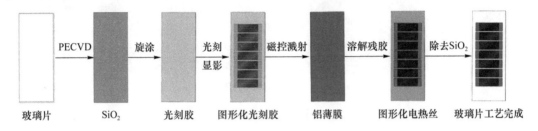

图 10.8　玻璃片加工工艺流程

① 用丙酮溶液和去离子水将一块完整的玻璃片清洗干净,通过 PECVD 技术在玻璃片内表面沉积上一层 SiO_2 薄膜,SiO_2 薄膜可增加电热丝的吸附性,并对玻璃片表面起到保护作用。

② 通过喷胶机在 SiO_2 上旋涂一层光刻胶,并通过前烘处理增加光刻胶在 SiO_2 基底上的附着力,随后使用近场光学光刻技术,将掩膜版上的电热丝形状转移至 SiO_2 层,最后将光刻过后的玻璃片放置到显影溶液中除去光刻胶。

③ 基于物理气相沉积技术,利用磁控溅射机在玻璃片上沉积铝薄膜。

④ 去除未曝光在光源下的光刻胶及其表面所沉积的铝薄膜,并通过 BOE 溶液去除玻璃片表面的 SiO_2 保护膜,为最终的硅-玻阳极键合过程提供条件。

第二步:在硅片上对硅基微流道单元进行加工制造,此过程主要通过深硅刻蚀机完成结构的刻蚀,加工工艺流程如下(见图 10.9):

① 首先将硅片用丙酮、去离子水清洗干净,随后在硅片上旋涂一层光刻胶,并进行前烘处理,在经过光刻及显影之后,在硅片上刻蚀出矩形凹槽。

② 通过光刻胶旋涂、光刻、显影、深硅刻蚀以及溶解残胶等步骤,完成入口缓冲区、气体流道以及微型拉瓦尔喷口的加工。

③ 最后,在硅片未刻蚀流道的一面旋涂一层光刻胶,经过光刻、显影、深硅刻蚀、溶解残胶以及清洗等步骤,完成引线孔及气体入口的加工。

第三步:通过 AML 阳极键合机对玻璃片和硅片进行硅-玻阳极键合,并通过划片机对集成后的电加热喷口进行切割,如图 10.10 所示。

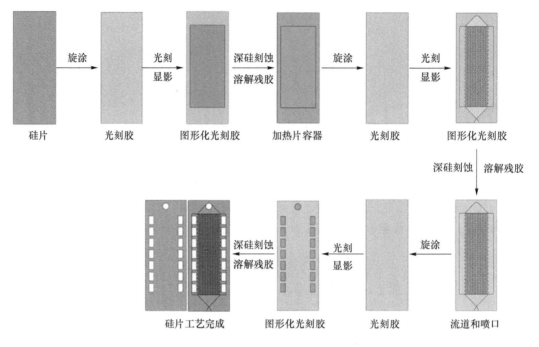

图 10.9　硅片加工工艺流程

图 10.10　硅-玻阳极键合

10.4.5　微推进系统总装

所研制的贮箱如图 10.11 所示。

电加热喷口采用 MEMS 加工工艺研制,包括光刻、溅射、刻蚀以及阳极键合等多种复杂工艺,加工后的实物如图 10.12 所示。从图中可以看出,阳极键合技术使得推力器的整体结构完整、加工质量较好、配合精度高、贴合紧密,体现了 MEMS 技术的优势。

图 10.11　一体化贮箱结构简图

图 10.12　MEMS 电加热喷口实物图

喷口背面有金属焊盘,通过导电银浆将线缆焊接在焊盘上,如图 10.13(a)所示。焊接后的电加热喷口安装在所加工的工装内,不仅能够起到固定喷口的作用,也能实现喷口与管路的可靠连接,如图 10.13(b)所示。

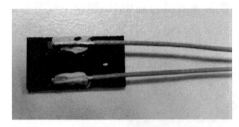

(a) 导线连接的电加热喷口　　　　　(b) 安装在工装内的喷口

图 10.13　电加热喷口安装

压力/温度传感器由于其体积较小,且无安装固定方式设计,因此加工了压力/温度传感器安装工装,如图 10.14 所示。"田园一号"微推进系统共安装了 4 个压力/温度传感器,其中 2 个用来测试贮箱压力和温度,且互为备份,另外 2 个用来测试稳压罐压力和温度,且互为备份。

"田园一号"微推进系统安装完成后如图 10.15 所示。推进系统贮箱与稳压罐上共配置了 3 路辅热模块,用于维持推进系统工作温度,单路辅热模块功耗约 1.2 W。

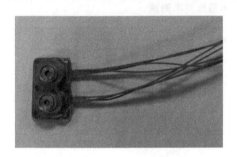

图 10.14　压力/温度传感器安装　　**图 10.15　"田园一号"微推进系统总装图**

10.4.6　推进系统地面安全性测试

(1) 承压性能测试

对推进系统贮箱进行氮气加注,进行承压性能测试。测试过程中,将推进系统放置在真空罐内,抽真空至真空罐内的压力低于 10 Pa。贮箱内的气体压力充至 0.7 MPa,静置后观察贮箱的压力变化,是否存在因损坏部组件导致的明显泄漏。测试结果为:推进系统贮箱在 48 h 内气体压力无显著下降,贮箱能够承受 0.7 MPa 压力,与理论分析结果一致。由于推进剂饱和蒸汽压工作温度下低于 0.4 MPa,即贮箱在使用过程中压力低于 0.4 MPa,因此所研制的贮箱承压性能满足安全性要求。

(2) 泄漏率测试

由于所选择的推进剂为液化气,推进贮箱内的推进剂以气液两相存在,因此在泄漏率测试过程中,无法采用 PVT 法。由于氮气饱和蒸汽压高,性能稳定,密度随温度压力变化较小,因此,在地面测试推进系统泄漏率的过程中,仍然采用氮气作为工质。根据图 10.16 所示测试过程,对推进系统主贮箱充气至压力达到 0.7 MPa。将推进系统放入地面高真空设备内抽真空,使得真空罐内的压力低于 10 Pa 后维持气压。在真空条件下对推进系统的泄漏率进行测试,记录压力/温度传感器遥测的压力与温度值。在泄漏率测试过程中,采取单一变量原则,以 8 h 的时间间隔对 2 天内压力/温度传感器采集到的数据进行记录,并通过上述原理对气体泄漏率进行分析,结果如表 10.7 所列。

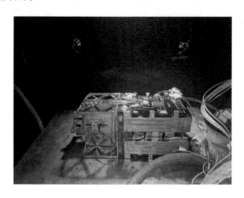

图 10.16　真空承压性能测试

表 10.7　推力器质量泄漏率测试

参　数	0 h	8 h	16 h	24 h	32 h	40 h	48 h
压力值/MPa	0.701 2	0.700 1	0.699 5	0.698 9	0.697 7	0.697 4	0.697 1
温度值/℃	21.12	20.75	20.55	20.34	19.88	19.80	19.71
氮气质量/g	8.024 5	8.022 0	8.020 6	8.019 4	8.018 2	8.017 0	8.016 0
质量泄漏率/$(\mu g \cdot h^{-1})$	0	313.1	245.1	211.2	195.9	188.2	177.4

由表 10.7 可知,随着时间的增加,管路系统内压力逐渐降低,但泄漏率呈现减小趋势,在 24 h 时,泄漏率为 211 $\mu g/h$,在 48 h 时,泄漏率降至 177 $\mu g/h$,均低于设计指标(500 $\mu g/h$),满足总体设计需求。在实际使用过程中,由于贮箱内的压力低于 0.4 MPa,因此泄漏率更低,能够满足泄漏率要求。

10.4.7　推进剂加注

将推进系统放入真空罐内,抽真空至压力低于 10 Pa。打开推进系统隔离阀、电磁阀,将推进系统贮箱、稳压罐内的全部气体排空。通过连接在真空罐上的管路系统,对推进系统贮箱进行推进剂加注,真空罐外加注系统如图 10.17 所示。

推进剂加注过程中,推进系统贮箱内压力变化如图 10.18 所示。从图中可以看出,加注初始阶段,压力迅速上升,此时贮箱内的推进剂快速气化为气态,当压力超过 0.25 MPa 时,超过 R236fa 在室温下的饱和蒸汽压,此时加进去的推进剂则以气液态两相存在。加注结束后,将推进系统静置在真空罐内,贮箱内压力有轻微上升趋势,并最终趋于稳定。加注结束后,推进系统内贮箱压力约为 0.32 MPa。

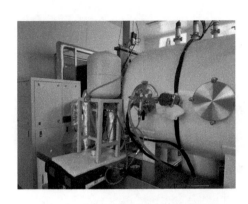

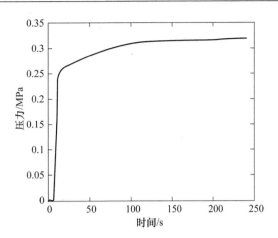

图 10.17   真空罐外推进剂加注系统   **图 10.18   推进剂加注过程中贮箱压力变化**

推力器总装完成后,对系统进行称重,推进剂加注前后质量如图 10.19 所示。从图中可以看出,空箱状态下,微推进系统质量约为 1 248 g,满箱状态下,系统质量约为 1 867 g,因此推进剂质量为 619 g,满足总体技术需求。

(a) 加注前质量   (b) 加注后质量

图 10.19   推进系统加注前后质量

微推进系统加注结束后,对其进行检漏,避免仍然有漏源。由于推进剂选择冷媒 R236fa,因此可采用市售冷媒检漏仪进行泄漏率测试(见表 10.8)。冷媒检漏仪灵敏度为 4 g/年,即当推进系统泄漏率高于 4.55×10^{-4} g/h 时,即可被检测出来。检漏过程中,未发现推进系统有泄漏之处。

表 10.8   检漏仪参数

序　号	参数名称	技术参数
1	测量内容	R-22,R134a,R-404A,R-410A,R-507,R-236fa,等
2	灵敏度	4.55×10^{-4} g/h
3	传感器原理	加热式二极管
4	标准	EN14624:2012;SAE J1627

10.4.8 环境试验考核

（1）振动试验

微推进系统产品验收级振动试验前状态如图 10.20 所示。

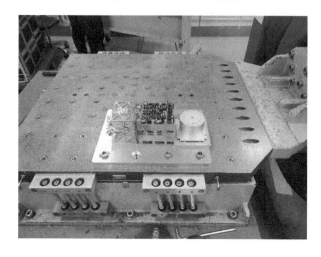

图 10.20 验收级振动试验前状态

推进系统在振动试验过程中，每个方向振动结束后，均使用检漏仪进行推进剂检漏，各个方向检漏过程如图 10.21 所示，三个方向在检漏过程中，均未发现有推进剂泄漏现象。此外，振动结束后，推进系统未出现松动、螺钉脱落、损坏等现象，且推进系统上电后工作正常。

(a)X方向振完检漏   (b)Y方向振完检漏   (c)Z方向振完检漏

图 10.21 微推进系统三轴方向振动结束检漏过程

（2）热真空试验

对微推进系统进行热真空试验，验证推进系统在真空高低温环境下的安全性及性能。试验过程中，分别对推进系统进行了上电测试、软件功能测试、喷气性能测试。试验结束后，将微推进系统取出，对各个管接头部分进行检漏，推进系统产品验收级热真空试验前状态如图 10.22 所示。产品在测试过程中，分别在高温、低温以及正常温度下，对产品进行上电，轮询产品状态，观察产品在真空高低温交变环境下是否正常工作。试验过程中，产品工作正常，无任何异常现象。

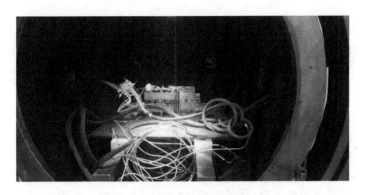

图 10.22　热真空试验前状态

10.4.9　推力性能试验

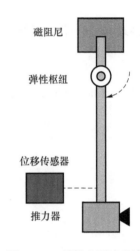

图 10.23　微推力测试系统

目前国内外所采用的微推力/微冲量测试系统主要包括扭摆型测量系统、天平型测量系统、单摆型测量系统以及形变型测量系统。扭摆型测量系统具有不受部组件重量影响、恢复力与扭转角之间具有良好线性关系、对振动不敏感以及系统灵敏度和信噪比可调等优势,满足推力性能测试的要求。测试系统的搭建过程主要包括对其试验管路系统和测试台的搭建。测试系统如图 10.23 所示。

（1）阶跃响应法

对于扭摆型推力测量系统,当作用力为阶跃力时,由于作用点恒定不变,力臂恒定,因而作用在扭摆系统上的力矩 $M(t)=A$ 可视为阶跃函数。此时,系统扭转角变化曲线如图 10.24 所示。

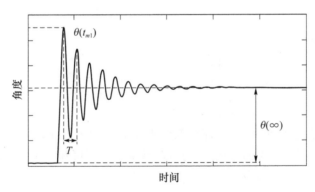

图 10.24　阶跃力下扭摆系统响应

在阶跃力 $M(t)=A$ 作用下,扭摆型推力测量系统响应函数为

$$\theta(t)=\frac{A}{J\omega_n^2}-\frac{A}{J\omega_d\omega_n}\mathrm{e}^{-\zeta\omega_n t}\sin(\omega_d t+\alpha) \tag{10.12}$$

式中,α 的计算公式为

$$\alpha = \arctan \frac{\omega_d}{\zeta \omega_n} \tag{10.13}$$

当作用在扭摆上的推力持续时间较长时，扭摆系统达到稳定状态，式(10.13)中稳态扭转角大小为

$$\theta(\infty) = A/k \tag{10.14}$$

式中，$k = J\omega_n^2$。通过阶跃响应法，在已知阶跃力矩 $M(t) = A$ 作用下，测量出稳态时的扭转角 $\theta(\infty)$，从而得到扭转刚度系数 $k = A/\theta(\infty)$。对式(10.14)进行求导，可得扭转角变化速率为

$$\frac{\mathrm{d}\theta}{\mathrm{d}t} = -\frac{A}{J\omega_d\omega_n} \left[-\zeta\omega_n \mathrm{e}^{-\zeta\omega_n t} \sin(\omega_d t + \alpha) + \omega_d \mathrm{e}^{-\zeta\omega_n t} \cos(\omega_d t + \alpha) \right] \tag{10.15}$$

当 $\mathrm{d}\theta/\mathrm{d}t = 0$，扭转角取极值时，满足 $\tan(\omega_d t + \alpha) = \tan(\alpha)$。由于 $t \neq 0$，则极值点对应的时间为

$$t_m = n\pi/\omega_d, \quad n = 1,2,3\cdots \tag{10.16}$$

将式(10.16)代入系统响应函数式(10.12)，可得极值点对应的扭转角大小为

$$\theta(t_m) = \frac{A}{J\omega_n^2} - \frac{A}{J\omega_d\omega_n} \mathrm{e}^{-\zeta\omega_n \frac{k\pi}{\omega_d}} \sin(k\pi + \alpha) \tag{10.17}$$

当 $k = 1$ 时，由于 $\omega_d = \sqrt{1-\zeta^2}\,\omega_n$，则根据式(10.17)可知

$$\begin{aligned}
\theta(t_{m1}) &= \frac{A}{J\omega_n^2} - \frac{A}{J\omega_d\omega_n} \mathrm{e}^{-\zeta\omega_n \frac{\pi}{\omega_d}} \sin(\pi + \alpha) \\
&= \frac{A}{J\omega_n^2} + \frac{A}{J\omega_d\omega_n} \mathrm{e}^{-\frac{\zeta\pi}{\sqrt{1-\zeta^2}}} \sin\left(\arctan \frac{\sqrt{1-\zeta^2}}{\zeta}\right) \\
&= \frac{A}{J\omega_n^2} + \frac{A}{J\omega_d\omega_n} \mathrm{e}^{-\frac{\zeta\pi}{\sqrt{1-\zeta^2}}} \sqrt{1-\zeta^2} \\
&= \frac{A}{J\omega_n^2} + \frac{A}{J\omega_n^2} \mathrm{e}^{-\frac{\zeta\pi}{\sqrt{1-\zeta^2}}}
\end{aligned} \tag{10.18}$$

由于 $k = J\omega_n^2$，则式(10.18)可简化为

$$\theta(t_{m1}) = \frac{A}{k} + \frac{A}{k} \mathrm{e}^{-\frac{\zeta\pi}{\sqrt{1-\zeta^2}}} \tag{10.19}$$

计算出系统阻尼比为

$$\zeta = \frac{\left| \frac{\ln\alpha}{\pi} \right|}{\sqrt{\left(\frac{\ln\alpha}{\pi}\right)^2 + 1}}, \quad \alpha = \frac{\theta(t_{m1}) - \theta(\infty)}{\theta(\infty)} \tag{10.20}$$

此外，根据所测的扭摆角曲线，可测出系统振动周期的大小 T，则振动频率为 $\omega_d = 2\pi/T$。因此，在已知阶跃力 $M(t) = A$ 的作用下，通过阶跃响应法即可标定出扭摆系统的阻尼比、振动频率以及扭转刚度系数三个参数。

(2) 自由振动法

扭摆测试系统在外力卸载后，在系统自身阻尼作用下，摆动幅度不断减小的运动过程为自由振动过程，如图 10.25 所示。

自由振动下，扭转角大小为

$$\theta(t) = \theta(0) \frac{1}{\sqrt{1-\zeta^2}} \mathrm{e}^{-\frac{\zeta}{\sqrt{1-\zeta^2}}\omega_d t} \sin(\omega_d t + \alpha) \tag{10.21}$$

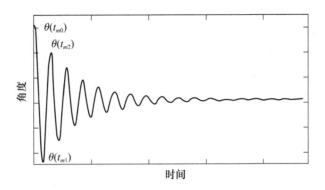

图 10.25 自由振动下扭摆系统响应

式中，$\theta(0)$ 为外力卸载的初始时刻摆角大小。对式(10.21)进行求导，可得自由振动时扭转角变化速率为

$$\frac{\mathrm{d}\theta(t)}{\mathrm{d}t} = \theta(0)\frac{1}{\sqrt{1-\zeta^2}}\left[-\frac{\zeta}{\sqrt{1-\zeta^2}}\omega_d \mathrm{e}^{-\frac{\zeta}{\sqrt{1-\zeta^2}}\omega_d t}\sin(\omega_d t + \alpha) + \omega_d \mathrm{e}^{-\frac{\zeta}{\sqrt{1-\zeta^2}}\omega_d t}\cos(\omega_d t + \alpha)\right]$$

(10.22)

令 $\mathrm{d}\theta(t)/\mathrm{d}t = 0$，可得 $\tan(\omega_d t + \alpha) = \tan\alpha$，则极值点对应的时间为

$$t_m = n\pi/\omega_d, \quad n = 0,1,2,3\cdots$$

可得扭转角的极值大小为

$$\begin{aligned}
\theta(t) &= \theta(0)\frac{1}{\sqrt{1-\zeta^2}}\mathrm{e}^{-\frac{\zeta}{\sqrt{1-\zeta^2}}\omega_d(k\pi/\omega_d)}\sin(k\pi + \alpha)\\
&= \theta(0)\frac{1}{\sqrt{1-\zeta^2}}\mathrm{e}^{-\frac{\zeta}{\sqrt{1-\zeta^2}}k\pi}\sin\left(k\pi + \arctan\frac{\omega_d}{\zeta\omega_n}\right)\\
&= (-1)^k\theta(0)\frac{1}{\sqrt{1-\zeta^2}}\mathrm{e}^{-\frac{\zeta}{\sqrt{1-\zeta^2}}k\pi}\sin\left[\arctan\left(\frac{\sqrt{1-\zeta^2}}{\zeta}\right)\right]\\
&= (-1)^k\theta(0)\mathrm{e}^{-\frac{\zeta}{\sqrt{1-\zeta^2}}k\pi}
\end{aligned}$$

(10.23)

若根据测试曲线得到扭摆角的两个极值 $\theta(t_{m0})$ 与 $\theta(t_{m2})$，则可计算出系统阻尼比大小为

$$\zeta = \frac{(\delta/2\pi)}{\sqrt{(\delta/2\pi)^2 + 1}}, \quad \delta = \ln\frac{\theta_{t_{m0}}}{\theta_{t_{m2}}}$$

(10.24)

（3）标准力标定

系统参数标定试验中，需要产生精准的标准力从而用来标定扭摆系统。常规标准力产生方法包括砝码法、静电力法以及电磁力法。其中，砝码法在使用过程中受到摩擦力的干扰，精度低，静电力法驱动电压较高，且难以控制其大小，因此这里选择电磁力法。

电磁力法主要是通过在空心线圈中接入一定大小的电流后，线圈与永磁铁相互作用产生一定大小的电磁力。该方法具有电磁力大小连续可调、精度高、成本低等特点。然而在电磁力法标定过程中，为了测出空心线圈与永磁铁之间所产生的电磁力大小，需将永磁铁安装在高精度分析天平托盘上，线圈固定好后，与永磁铁之间保持一定的距离。当线圈通上电，与永磁铁之间相互作用后，引起的分析天平读数变化，即该电流大小下所产生的电磁力大小。试验过程中，通过调节线圈与永磁铁之间的距离以及线圈中的电流大小，从而进行电磁力标定，标定试验过程如图 10.26 所示。

在标准力标定试验过程中,选择不同电流大小的天平读数变化,再结合南京当地重力加速度值(9.795 m/s²),计算出所产生的电磁力如图 10.27 所示。从图中可以看出,通电线圈与永磁铁之间的距离越大,所产生的电磁力越小。线圈所产生的电磁力大小与其电流近似呈线性关系,并且增加通电电流,电磁力变化也较为明显。

图 10.26　电磁力标定试验

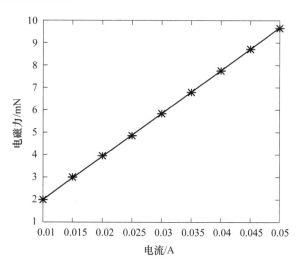

图 10.27　电磁力标定结果

扭摆型推力测量系统标定试验过程中,为了对比标定方式的准确度,分别采用阶跃响应法与自由振动法进行试验,计算出各个参数的结果进行对比。试验过程中,对扭摆测试台进行多次"加载＋卸载",用于测量系统的响应。其中,加载阶跃力由空心线圈提供,加载过程是典型的阶跃力响应。电磁力加载后,经过一定的时间推力测试台达到稳态扭转角,此时扭摆台的扭转角速度趋近于零。将电磁力卸载后,扭摆台从一定大小的稳态扭转角突然卸载,经过一定的时间推力测试台稳定在平衡位置,因此该过程为典型的自由振动过程。系统标定试验过程中,两个阶段的振动位移曲线如图 10.28 所示。

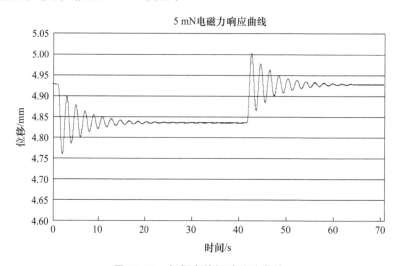

图 10.28　扭摆台的振动位移曲线

计算所标定出的扭摆台相关参数如表 10.9 所列。

表 10.9 扭摆台参数标定结果

阻尼比	阻尼振动频率/Hz	扭转刚度系数	固有频率/Hz	转动惯量/(kg·m^{-2})
0.052 336	4.338 613	1.888 614	4.338 613	0.100 058

计算出扭摆系统 $h(t)$ 的函数为

$$h(t) = L^{-1}[\Theta(s)] = (L/J)\frac{1}{\omega_d}e^{-\zeta\omega_n t}\sin\omega_d t \tag{10.25}$$

微推力器在测试过程中,测试模块如图 10.29 所示。电磁阀的开关以及每次打开的时间可由 STM32 开发板控制,压力传感器则实时记录下推力测试过程中稳压罐内的气压大小。推力器每喷一次,扭摆便摆动一定的距离,由激光位移传感器实时记录下扭摆摆动的位移大小,并通过电脑记录下扭摆摆动波形,待扭摆平衡后再次触发电磁阀喷气进行下次冲量测试。

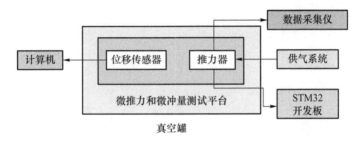

图 10.29 真空推力测试系统框图

真空推力测试系统搭建完成后如图 10.30 所示。图 10.31 为测试中所记录的扭摆测试系统波形,阀门喷气后,扭摆迅速摆动至最大摆幅处,随着摆动周期次数的增加,扭摆受到阻力后,摆幅逐渐减小。

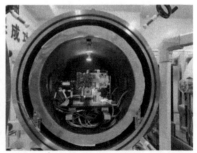

图 10.30 真空推力测试系统

微推力器在工作过程中,阀门打开时间为 0.1 s,根据扭摆测试系统测出每次喷气后摆臂所摆动的最大位移,即可计算出所产生的冲量值。基于所计算出的脉冲冲量值,可通过 $F = I/t$ 计算出微推力器所产生的推力大小。微推力器测试过程中,微推力与微冲量测试结果如图 10.32 所示。从图中可以看出,当压力大于 1.2 bar(120 kPa)时,推力大小在 3~4.5 mN,平均推力为 3.4 mN。

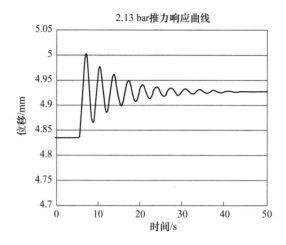

图 10.31 连续推力测试曲线

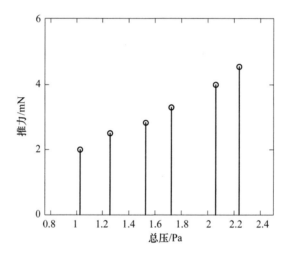

图 10.32 不同压力下推力测试结果

11 分离机构设计

11.1 分离机构概述

11.1.1 引 言

分离机构是可靠连接立方星与火箭,并在入轨后实现立方星可靠分离的装置,在卫星发射过程中起着重要的作用。

立方星随着微电子技术、新材料和新能源等技术的发展而出现。立方星采用国际通用标准,以"U"为标准单元划分,"1U"立方星是 10 cm×10 cm×10 cm 的立方体,在此基础上,可扩展为"2U"(20 cm×10 cm×10 cm)至"12U"(30 cm×20 cm×20 cm)。立方星能够通过标准结构扩展减少卫星的研发制造成本,是微小卫星发展的主要方向。

在立方星的发展进程中,如何与运载器进行对接与分离是一个重要的问题。传统的大卫星星箭分离方式主要采用包带火工解锁分离,该分离方式存在冲击大、结构质量大、操作成本高等问题,不满足立方星的发射分离要求。

鉴于立方星分离技术在安全性、低成本、标准化等方面的特殊性,研制能够满足立方星发射与分离需求的分离机构,已成为航空航天领域中亟待解决的重要问题之一。

11.1.2 作用与原理

一个合格的分离机构能够保证在卫星发射过程中承受各种力学冲击,实现与火箭可靠连接,当接到分离指令后卫星能与火箭可靠分离。同时,分离机构确保星箭相对分离速度在可控范围,分离后俯仰、偏航、滚动角速度符合要求,在分离机构打开过程和卫星分离过程中保证主卫星和立方星的安全性。此外,一旦出现意外,分离机构能够有效对立方星进行隔离,以保护主星的安全。因此,其系统可靠性、动力学特性、分离冲击等将影响卫星及星上高精度仪器设备的性能,甚至关系到整个发射任务的成败。

11.1.3 组成与特点

分离机构主要包括主框架、遮挡蒙皮、弹射分离装置、顶盖、锁紧解锁装置、防反弹装置、测量与控制电路以及相关连接电缆等。

1. 主框架

主承力框架结构是整个分离机构的主要组成部分,用于运输与发射过程中立方星的固定、保护以及分离过程中立方星的导向,具有较高的精度、可靠性要求。一般采用直线导轨导向的直筒式结构,如图 11.1 所示。框架结构中央为 4 条直线导轨,用于固定立方星并作为立方星的分离导轨。框架结构内部的长度需要满足安装立方星时弹簧压死,限制立方星轴向运动。另外,弹簧机构、门锁机构、控制机构等都是依附在框架结构上,增加了框架结构设计的复杂程度,所以对框架结构设计中的安全系数、可靠性指标等要求非常高。导轨的连接固定目前常用面板和横梁两种结构形式,前者可以起到受力和遮挡作用,而后者则多在横梁间设计蒙皮结构,起遮挡作用,同时也可减轻整个机构重量,但不能承受作用力。

图 11.1　分离机构主框架示意图

2. 弹射分离装置

弹射分离装置是分离机构的执行机构,需提供分离所需的足够能量,使立方星与运载火箭的相对速度达到一定的要求。弹射分离装置一般分为弹簧式弹射分离装置和气动弹射式分离装置。

(1) 弹簧式弹射分离装置

弹簧式弹射分离装置主要由分离弹簧、上下托板、导轨等组成,如图 11.2 所示。分离弹簧作为分离机构的储能元件,当收到分离信号舱门解锁后,分离弹簧储存的弹性势能转换为立方星的动能,实现立方星星箭分离。弹簧式弹射分离装置具有结构简单、固定方便、能量利用率高等优点。

(2) 气动弹射式分离装置

气动弹射式分离装置主要由气源、分离气缸、导轨、推板、适配器等组成,如图 11.3 所示。控制系统通过控制供气装置电磁阀的开关,控制传输给推动装置气缸组件的气压动力,气缸组件的活塞杆带动推板运动,从而推动小卫星运动,完成小卫星分离;可通过调整供气管路的内径尺寸和气缸组件缸径、行程,达到控制小卫星分离速度的目的;通过控制电磁阀开、关时间,达到合理分配用气量的目的。气动弹射式分离装置具有能量利用率高、结构简单、分离速度高、冲击小、无污染、分离姿态精准等优点。

图 11.2　弹簧式弹射分离装置示意图

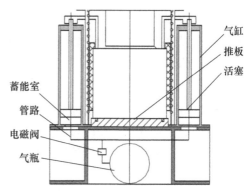

气缸
推板
活塞
蓄能室
管路
电磁阀
气瓶

图 11.3　气动弹射式分离装置示意图

3. 锁紧解锁装置

锁紧解锁装置的功能是：在卫星分离前，保证星箭可靠连接；当卫星分离系统接到控制指令后动作，锁紧装置解锁，使卫星可靠分离。

锁紧解锁装置主要分为火工品类和非火工品类。其中，火工品类锁紧解锁装置较为成熟，主要有包带锁紧装置、爆炸螺栓、火工螺栓、火工螺母等。然而受火工品解锁分离冲击的影响，分离时卫星存在很大振动，将影响卫星分离的角速度。

与火工品分离装置相比，非火工品分离装置具有冲击小的显著特点，而且工作时一般不产生有害气体，因此不会对有效载荷造成影响。另外，非火工装置还具有性能易于检测、试验成本低的特点，产品在试验后可部分或完全重复使用。因此，非火工装置研究受到了越来越多的关注。目前常见的非火工分离装置主要包括形状记忆合金解锁装置、热切割装置及电磁解锁装置。

（1）形状记忆合金解锁装置

形状记忆合金是 20 世纪 60 年代初期发现并逐步发展起来的一种新型功能材料。这种解锁装置采用记忆合金元件驱动原理，基于记忆合金的记忆效应，低温时将合金元件预变为图 11.4 所示的 C 形或带缺口的环形，高温时恢复为直线，从而实现驱动。当卫星进行解锁分离时，记忆合金元件通电加热，受热迅速张开，释放了约束力，芯杆就在偏置弹簧的偏置力作用下移动。当芯杆凹槽移动到滚珠位置时，滚珠会进入芯杆的凹槽，卫星失去了滚珠约束而解锁释放。该分离方式具有冲击力小、分离同步性好、稳定性高、预紧力可调等特点。

（2）热切割装置

热切割分离释放装置是利用材料高温力学性能较常温力学性能差的原理研制的一种分离装置，如图 11.5 所示。热切割分离装置通过电流加热，达到一定温度后，承力部件熔断，实现解锁分离。其特点是解锁过程中产生的振动冲击非常小。

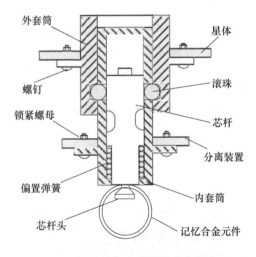

图 11.4　形状记忆合金解锁分离示意图

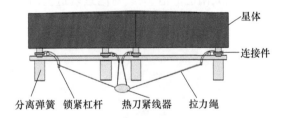

图 11.5　热切割解锁分离示意图

（3）电磁解锁装置

电磁解锁分离装置是利用电磁铁作为释放机构的触发器，如图 11.6 所示。在一定的条件下，电磁铁失去磁力，承力部件打开，实现解锁分离。电磁解锁方式具有响应快、成本低和可多次测试验证等优点。

4. 防反弹装置

舱门打开角度较大时,将会碰触到星箭连接平台产生反弹,与正弹射分离中的立方星发生干涉,严重影响到卫星安全及星箭的正常分离。为防止舱门反弹现象的发生,通常在舱门打开至一定角度后,采用弹簧定位销轴完成舱门的锁定,限制舱门的晃动,防止舱门回弹与立方星干涉碰撞。自锁装置由自锁套筒、弹簧和自锁销组成,安装于顶盖之上,如图 11.7 所示。当顶盖未完全打开时,自锁销被横梁上结构阻挡,弹簧被压缩;当顶盖完全打开,销正对横梁上定位孔弹出,限制顶盖不再移动。

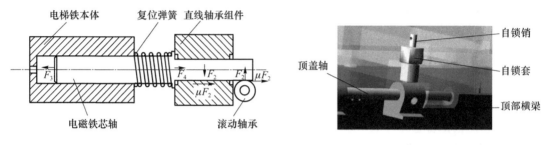

图 11.6　电磁解锁分离示意图　　　　　图 11.7　舱门防反弹装置示意图

11.1.4　应用领域与场景

1. 运载火箭搭载

立方星多作为运载火箭的次级载荷,以搭载的形式发射入轨。因此,卫星通过分离机构实现与运载火箭的连接及解锁分离,如图 11.8 所示。分离机构与运载火箭之间的可靠连接与分离直接关系到立方星能否按要求入轨,影响整个发射任务的成败。

2. 国际空间站

国际空间站除了承担传统的航天科研任务外,有的时候也承担一些微纳卫星的发射任务,微纳卫星经由机械臂移送至外部平台后,再分离释放到预定轨道上,如图 11.9 所示。早在2017 年底,意大利一家航天初创公司就从国际空间站上发射过一颗 3D 打印卫星用于开展空间应用任务。在 2020 年底,美国 NASA 更是从国际空间站上发射过一颗 STPSat‐4 军事卫星,该卫星作为美国空军开展空间试验的四号卫星,主要职责就是利用自身搭载的空间天气检测传感器、太阳能电池、天线对附近轨道上的航天器进行追踪、锁定。

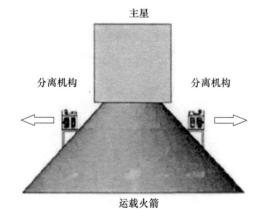

图 11.8　与运载火箭连接分离示意图

图 11.9　与空间站分离示意图

3. 与深空探测器的连接与分离

近年来,国外高度重视立方星在深空探测领域的应用,旨在以低成本的方式开展深空探测任务,探测目标涵盖小行星、月球、火星等。分离机构能够保证立方星与探测器作为一个整体入轨,当到达探测星球轨道后,立方星与探测器的解锁分离,以开展相应的图像传输、地貌勘测等任务,如图 11.10 所示。此时,对分离机构在深空的操作可靠性与寿命、在轨检测、在轨温控与信号传输等方面就提出了更高要求。

4. 从大卫星中分离

从大卫星中释放立方星,能够有效开展自主交汇、抵近对接等近距离关键技术研究。分离机构能够保证立方星与大卫星作为一个整体入轨,当到达预定轨道后,释放立方星,以开展一系列的近程操作,如图 11.11 所示。

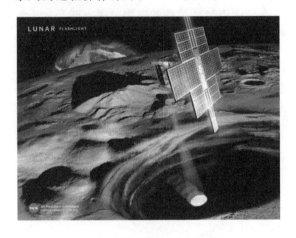

图 11.10　分离探测任务概念图

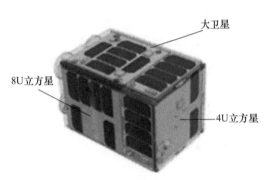

图 11.11　与大卫星分离示意图

11.1.5　发展趋势

1. 超轻量化结构设计

立方星一般采取搭载方式,受火箭发射裕量的限制,且分离机构质量与发射成本关系密切,因此在保证分离机构刚度的前提下应尽量减轻质量,实现超轻量化结构设计。

2. 多点反馈及在轨检测

分离机构应采用多点反馈机制,尽可能完整地表征分离机构的状态;在分离时,进行状态遥测,将舱门是否打开到位、弹射装置是否弹出及是否弹出到位、立方星是否正常分离返回给火箭末子级。

3. 标准化设计

在未来研制过程中,卫星一次发射的数量都会是几颗甚至几十颗,如果按传统的定制思路进行分离机构的设计,其研制成本较高,同时研发周期将较长且难以受控,因此需要实现标准化研制生产,大幅降低研制成本。

4. 适用于复杂空间环境

太空环境具有高真空、温度交变、电子辐射、紫外辐射、微重力、空间碎片、低轨道原子氧等复杂工况,因此对分离机构设计提出了特殊要求。例如:暴露在空间环境中的结构和机构表面材料不会发生性能退化;密封结构应避免内外压差而导致结构破坏;活动部件应防止真空冷焊现象发生;结构和机构应防止因温度交变而导致过大的变形;解锁装置能够实现可靠解锁等。

11.2 国内外典型分离机构介绍

11.2.1 国内分离机构

世界各国设计研制了多种多样的星箭分离装置。国内分离机构的主要分离方式有火工解锁、电磁解锁、记忆合金解锁和热刀解锁等,其研制单位及主要产品如下。

1. 火工解锁

浙江大学研制的"皮星一号 A"分离机构如图 11.12 所示,为保护主星安全,该分离机构采用沿火箭径向分离方式和对称安装方式,保证在分离时分离冲量对运载姿态影响最小。在进入预定轨道后,双点火器接收到分离信号,火工器工作,切断铁杆,舱门在扭簧作用下打开,皮卫星在圆锥弹簧推动下实现弹射分离。分离机构参数如表 11.1 所列。

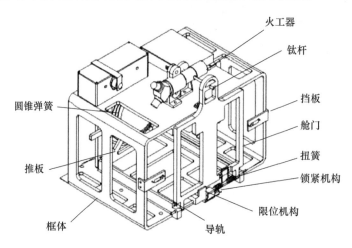

图 11.12 "皮星一号 A"分离机构结构图

表 11.4 "皮星一号 A"分离机构参数

序 号	指标名称		技术指标
1	结构参数	外型尺寸	≤300 mm
2		质量	≤1.5 kg
3	工作温度范围		−45 ℃≤T≤75 ℃
4	卫星分离速度		0.5 m/s≤v≤1.5 m/s

序 号	指标名称		技术指标
5	分离姿态角度偏差	滚动角度偏差	≤2°
		俯仰角度偏差	≤3°
		偏航角度偏差	≤3°
6	分离姿态角速度偏差	滚动角速度偏差	≤3°/s
		俯仰角速度偏差	≤3°/s
		偏航角速度偏差	≤3°/s
7	过载	横向过载	>1.5g
		轴向过载	>7g
8	基频	横向基频	>30 Hz
		轴向基频	>30 Hz
		扭转基频	>30 Hz

2. 电磁解锁

南京理工大学研制的"田园一号"6U立方星分离机构如图11.13所示,该机构采用电磁解锁,其主要作用是保证六单元立方星与火箭的连接、卫星的分离,以及保持地电位的连续性。分离机构主要由主框架、弹射分离装置、顶盖、锁紧解锁装置、遮挡蒙皮、测量与控制电路以及相关连接电缆等组成。分离机构参数如表11.2所列。

图 11.13 "田园一号"卫星 6U 立方星分离机构

表 11.2 "田园一号"卫星 6U 立方星分离机构参数

项 目	技术参数
质量	≤4 kg
收拢包络	200.4 mm×275.6 mm×441.5 mm
展开包络	266.2 mm×275.6 mm×575.2 mm

续表 11.2

项　目	技术参数
接插件高度	≤50 mm(超出包络部分)
配合尺寸	(100.8±0.4)mm×(228±0.4)mm×(340±0.5)mm

西北工业大学研制的"翱翔之星"分离机构如图 11.14 所示,该分离机构采用电磁解锁的方式,使低成本、短周期、快响应的立方星技术迎来新的突破。分离机构参数如表 11.3 所列。

图 11.14 "翱翔之星"分离机构外观图

表 11.3 "翱翔之星"分离机构参数

立方星单元	卫星出口横截面尺寸	长度尺寸
1U	100 mm×100 mm	113.5 mm×1 mm
1.5U	100 mm×100 mm	113.5 mm×1.5 mm
2U	100 mm×100 mm	113.5 mm×2 mm
3U	100 mm×100 mm	113.5 mm×3 mm
6U	226.3 mm×100 mm	113.5 mm×3 mm
8U	226.3 mm×226.3 mm	113.5 mm×2 mm
12U	226.3 mm×226.3 mm	113.5 mm×3 mm
16U	226.3 mm×226.3 mm	113.5 mm×4 mm

图 11.15 805 所研制的分离机构外观图

805 研究所研制的分离机构如图 11.15 所示,该分离机构采用电磁解锁的方式,避免了误触发等提前解锁现象及分离卡死、卡滞等现象的发生。在发射天启星座 06 星时进行了该分离机构的首次飞行试验,其性能在真实飞行环境中得到了充分验证。

3. 记忆合金解锁

北京微分航宇科技有限公司基于开创性技术研发的 WF 系列星箭适配器如图 11.16 所示,通过记忆合金拔销器通电解锁,具有非火工、低冲击、重量轻、连接刚度好、可重复使用、可靠性高、通用性强、瞬时解锁、兼容运载电源、分离姿态稳定等特点,承载能力已覆盖 1～1 200 kg 的所有小卫星和微纳卫星,是国际领先达到工程应用成熟度的系列化快速响应非火工点式分离机构。表 11.4 所列为 WF 系列型号参数。

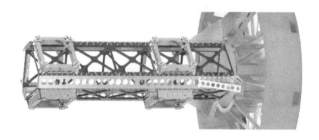

图 11.16 WF 系列星箭适配器外观图

表 11.4 WF 系列型号参数

型号	WF03	WF10	WF20	WF50	WF100	WF200	WF500	WF1000
质量/kg	0.42	0.68	1.1	2.1	3.1	5.8	11	21
尺寸	88 mm× 64 mm× 56 mm	88 mm× 64 mm× 56 mm	88 mm× 64 mm× 56 mm	88 mm× 64 mm× 56 mm	88 mm× 64 mm× 56 mm	88 mm× 64 mm× 56 mm	88 mm× 64 mm× 56 mm	88 mm× 64 mm× 56 mm
卫星/kg	1～3	3～10	10～20	20～50	50～100	100～200	200～500	500～1 200
连接刚度	>150	>100	>200	>150	>120	>100	>60	>60
压紧点数	1	1	4	4	4	4	4	8
单点预紧力/N	10 000	6 000	4 000	6 000	10 000	17 500	30 000	30 000
分离角速度/(°)/s	<20	<10	<4	<1	<1	<1	<1	<1
解锁冲击/g	<700	<700	<700	<700	<700	<800	<800	<1 000
分离响应时间	<700 ms,常温下<50 ms(10 A 电流)							
可靠性	不低于 0.999 999 99(置信度为 0.9)							
功耗	20 J(−80 ℃),常温下 10 J							
工作电阻/Ω	1.1±0.15							
工作温度	−80～+70 ℃,70 ℃ 以下无动作(90 ℃ 可选)							

4. 热刀解锁

天仪研究院自主研制的低成本、高可靠的热刀解锁系统分离机构如图 11.17 所示,各项参数指标均达到了国际先进水平,并且在两次太空任务、三颗星的在轨验证中,取得了零失误的成绩。

图 11.17 天仪研究院的分离机构外观图

11.2.2 国外分离机构

1. 荷兰太空创新解决方案公司(ISIS)

荷兰太空创新解决方案公司(Innovative Solutions In Space,ISIS)的分离机构产品规格主要有 3 种:ISIPOD(1U、2U、3U)、DuoPack(6U)和 QuadPack(12U、16U),可以根据顾客需求定制0.5U、4U 和 5U 等规格的分离机构,主要产品如图 11.18 所示,产品主要参数如表 11.5 所列。

图 11.18 ISIS 公司分离机构产品

表 11.5 ISIS 公司产品主要参数

项　目	ISIPOD			DuoPack	QuadPack	
	1U	2U	3U	6U	12U	16U
产品质量/kg	1.5	1.75	2	4～4.5	6～7.5	7.5～9
装载立方星最大质量/kg	2	4	6	12	24	24
内部空间	1×1U	1×2U	1×3U	1×6U	1×12U	1×16U
	—	2×1U	3×1U	2×3U	2×6U	2×8U
	—	—	1×1U+1×2U	—	1×6U+2×3U	1×8U+2×4U
	—	—	—	—	4×3U	4×4U
首次飞行时间/年	2013	2015	2013	2015	2014	—

图 11.19 Astrofein 的 PSL‐P 产品

SIPOD、DuoPack 和 QuadPack 的舱门锁紧与解锁机构、舱门防反弹机构都实现了模块化、通用化和组合化设计。迄今为止,使用 ISIPOD/DuoPack/QuadPack 释放的不同规格的立方星约有 192 颗。

2. 德国 Astrofein 公司

德国的 Astrofein 公司的分离机构主要规格有 1U(代号为 SPL)、2U(代号为 DPL)、3U(代号为 TPL)和12U(代号为 PSL‐P),如图 11.19 所示。所需控制电流为(28±4)VDC/0.5 s,状态信号为冗余的模拟信号,工作温度为-30～50 ℃,其性能参数如表 11.6所列。

表 11.6　Astrofein 公司产品主要参数

项　目	产品质量/kg	装载立方星的最大质量/kg	分离弹簧典型释放能量/J	释放装置外形尺寸(舱门关闭)		
				X 向/mm	Y 向/mm	Z 向/mm
1U	<1.03	1.66	1.1	156.4	125.8	198.5
2U	<1.33	3.33	2.1	156.4	125.8	312
3U	<1.64	5.0	3.1	156.4	125.8	425.5
6U	—	10	6.2	—	—	—
12U	<6.04	20	12.4	290.8	270.0	431.0

3. 意大利 GAUSS Srl 公司

意大利 GAUSS Srl 公司从事微小卫星研发工作,研制的立方星分离机构产品是 GPOD,早期称为 PEPPOD,主要产品规格有 1U、2U 和 3U。GPOD/PEPPOD 立方星分离机构如图 11.20 所示,这是一种镂空状态的立方星分离装置,舱门锁紧与释放机构采用易碎螺栓。GPOD/PEPPOD 曾在意大利 UniSat－5(2013 年发射升空)和 UniSat－6(2014 年发射升空)的子母卫星上搭载飞行。GPOD 技术数据如表 11.7 所列。

图 11.20　GAUSS Srl 的 GPOD 产品

表 11.7　GPOD(3U)技术数据

技术指标	取　值
质量	1.9 kg
标称有效载荷质量	4 kg
最大有效载荷质量	5.2 kg
包络尺寸(3U)	430 mm×132 mm×129 mm
内部尺寸(3U)	100 mm×100 mm×340.5 mm
分离速度(+Z 轴)	1.11～1.25 m/s
分离最大角度误差(+Z 轴)	2.25°

4. 美国 NanoRacks 公司

美国 NanoRacks 公司主要从事在国际空间站上分离立方星,并专门研制了相应的立方星分离机构 NRCSD,如图 11.21 所示。NanoRacks 公司立方星分离机构主要有 6U 和 12U 两种规格。2014 年,NRCSD 成为第一个在国际空间站运行的商业立方星卫星分离机构。

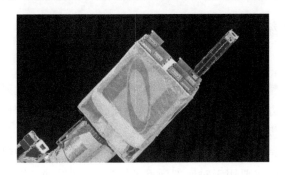

图 11.21　NRCSD 从空间站分离卫星

11.3 "田园一号"分离机构设计

11.3.1 总体设计流程

"田园一号"分离机构用于六单元立方星与火箭的连接、卫星的分离以及保持地电位的连续性,主要由主框架、弹射分离装置、顶盖、锁紧解锁装置、遮挡蒙皮、防反弹装置、测量与控制电路以及相关连接电缆等组成。其总体设计流程如下:首先,根据设计输入要求,完成分离机构工作方式、构架等总体设计;然后,完成详细的部件设计和初样加工,并进行一系列的分离试验验证,完成力学和热真空环境试验以及对接试验,进行初样评审;最后,对初样研制过程中存在的问题进行汇总,完善设计,准备进入产品的正样阶段。

11.3.2 总体设计方案

根据与运载连接、解锁、分离等总体要求,结合六单元立方星尺寸,确定"田园一号"分离机构总体设计方案。分离机构主体结构由铝合金组成,强受力零件采用高强度钛合金,总质量≤4 kg(不含脐带电缆),分离前后的包络分别为200.4 mm×275.6 mm×441.5 mm 和266.2 mm×275.6 mm×575.2 mm。分离机构与卫星的配合尺寸为(100.8±0.4) mm×(228±0.4) mm×(340.5±0.5) mm,四周预留间隙宽度为(14.5±0.3)mm,其三维模型结构如图11.22所示。

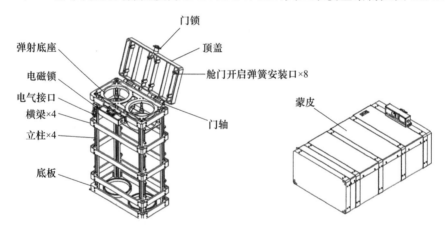

图 11.22 "田园一号"分离机构三维模型设计图

11.3.3 主要结构部件设计方案

1. 主框架设计

主承力框架结构是整个分离机构的主要组成部分,用于运输与发射过程中立方星的固定、保护以及分离过程中立方星的导向,具有较高的精度、可靠性要求。"田园一号"分离机构主框架主要由立柱、横梁、底板和底部弹簧限制圈组成。立柱为主要承力、位移限制零件,采用4条直线导轨导向的直筒式结构。底板主要起底部支撑作用,横梁用于增强立柱稳定性、加强框架的刚性。底部弹簧限制圈主要用于对底部弹簧的限制,具体结构如图11.23所示。

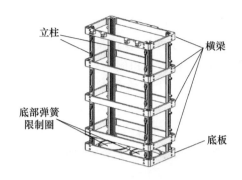

图 11.23　"田园一号"分离机构主框架示意图

2. 卫星弹射分离装置设计

卫星弹射分离装置是分离机构的执行机构,需提供分离所需的足够能量,使立方星与运载火箭的相对速度达到一定的要求。"田园一号"分离机构卫星弹射装置主要由弹射托板和主弹簧组成,实现分离解锁后卫星的分离发射。

(1) 弹射托板设计

弹射托板主要包括上下底板和 8 根支撑,每根支撑预留两个轴承安装孔,四角共 8 个轴承可用。采用该设计可以有效减少弹射装置质量,底托结构如图 11.24 所示。

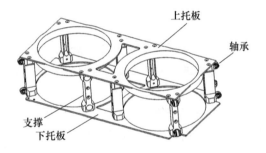

图 11.24　"田园一号"分离机构弹射托板示意图

(2) 主弹簧设计

根据卫星的标称质量(14 kg)及弹射分离速度,确定弹簧的储能。由于弹簧自身、摩擦和弹射部件自重带来的能量损耗,在计算时附加卫星动能的 10%。经多次计算与校核,最终拟定主弹簧各主要几何参数如下:

① 弹簧丝直径 $d = 2.8$ mm;

② 弹簧中径 $D = 97.5$ mm;

③ 弹簧圈数 $n = 11$;

④ 弹簧固有长度 $L_0 = 520$ mm;

⑤ 在分离装置空载状态下的弹簧长度 $x_2 = 401.5$ mm;

⑥ 在其加载立方星状态下的弹簧长度 $x_1 = 55$ mm;

⑦ 选材:不锈钢。

3. 锁紧解锁装置设计

锁紧解锁装置的功能是：在卫星分离前，保证星箭可靠连接；卫星分离系统接到控制指令后动作，锁紧装置解锁，使卫星可靠分离。"田园一号"分离机构采用电磁解锁方式，解锁装置主要包括1对失电型电磁铁、1对轴承、1对锁吸块、1对锁连杆、1个锁架、1个锁内架。解锁分离装置通电后，失电型电磁铁失磁，锁吸块被拉开，使轴承脱离卡锁片，锁紧装置解锁，解锁时间小于0.1 s。同时，为提高锁紧装置开启的可靠性，门锁机构采用双备份设计。当分离信号给出后，任意一个失电型电磁铁失去磁性，锁紧装置即可开启。解锁分离装置结构如图11.25所示。

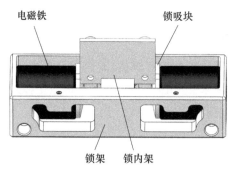

图11.25 "田园一号"分离机构解锁分离装置示意图

4. 防反弹方案设计

为了使顶盖最大开启角度固定，在顶部横梁上有一处限位设计。同时又为了防止顶盖在接触到横梁后反弹，与还未完全分离的卫星发生碰撞，影响卫星正常分离，故在顶盖上加入自锁设计。

如图11.26所示，自锁装置由自锁套筒、弹簧和自锁销组成，安装于顶盖之上。当顶盖未完全打开时，自锁销被横梁上结构阻挡，弹簧被压缩；当顶盖完全打开时，销正对横梁上定位孔弹出，限制顶盖不再移动。双自锁装置任意一个弹出即可保证顶盖不动。

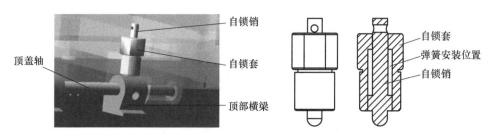

图11.26 "田园一号"分离机构顶盖自锁机构

5. 蒙皮设计

遮挡蒙皮是分离机构主体框架的外包装，蒙皮设计的首要要求为保证结构质量尽量小，同时不会在火箭运载过程中因为振动而发生变形，影响卫星入轨。其次要求为安装简单、拆卸方便，便于卫星装入分离装置后的调节与测试。根据立柱与横梁之间的相对关系，将蒙皮分为上、中、下三部分，每个面的安装都独立分割互不影响，如图11.27所示。

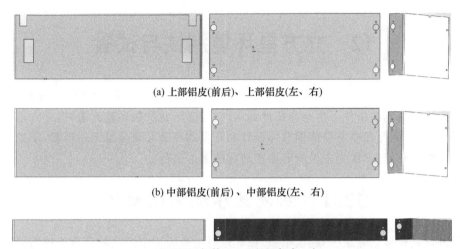

(a) 上部铝皮(前后)、上部铝皮(左、右)

(b) 中部铝皮(前后)、中部铝皮(左、右)

(c) 下部铝皮(前后)、下部铝皮(左、右)

图 11.27 "田园一号"分离机构蒙皮结构

12   立方星环境测试与试验

立方星所处的太空工作环境非常恶劣,太空中的温度、气压和辐射都处于极端的水平,立方星必须在这些苛刻的条件下生存并按计划运行。此外,在发射运载火箭时,立方星会受到剧烈的振动、冲击。因此在立方星前期总体设计和开发的环节必须考虑上述因素,使其能够承受这些极端的外部环境,确保立方星能够稳定地在轨道上运行。

12.1   立方星环境测试概述

环境测试是模拟立方星(一起或单独)在其运行生命周期中遇到的环境条件的测试。环境测试涵盖自然和诱发环境。应用于立方星的主要环境测试是机械、热真空和电磁测试。

此外,立方星还需要经历品质测试。品质测试是针对立方星的总体设计,要求应具有适当负载余量,例如星上某些单机的正常工作环境为 $-30\sim+50\ ^{\circ}\text{C}$,则在进行高低温热真空试验时就会对高温与低温的上下限再次偏差 10 ℃,即验证在 $-40\sim60\ ^{\circ}\text{C}$ 的条件下单机能否正常工作。在立方星设计之初,总体环节通常会将立方星的寿命设计得大于立方星在轨正常运行的时间,留下余量以确保卫星能够达到在轨服务时间。

最后,立方星还需要进行验收测试。验收测试是针对最后实际的立方星,其目的是验证立方星能否在太空环境这种极端条件下正常工作,测试的主要内容包括热学、力学分析、磁试验分析,并在测试的负载水平上留有适当的余量。上述的相关测试必须使用相应的测试设备,例如振动台和热真空室,并且在卫星试验前后都需要相关专家审核,确保卫星质量达标。

为确保立方星能在其预期的轨道测试中成功运行,测试环节至关重要。为了确保进行的测试能够符合要求,某些机构根据之前广泛的测试与评估经验制定了标准且详细的说明守则,对如何进行这些测试提出了要求。

12.2   环境测试目的与要求

立方星环境测试的目的通常有以下几点:① 评定产品设计的正确性、合理性;② 检验产品经受各种试验载荷的能力;③ 验证产品设计、制造、组装是否符合设计、工艺要求;④ 暴露产品的材料和工艺的缺陷。只有确保立方星各方面都达到设计要求,才能允许发射。

对于立方星的环境试验来说,每种试验都有其自身的详细要求准则,但总体来说有以下几个方面:① 星上产品技术状态、元器件、材料及工艺等应符合设计要求;② 试验环境应模拟真实边界和实际状态;③ 单机在试验中出现异常或故障,一般由该单机的研制单位负责分析、处理,并质量归零,记录在案;④ 试验设备和测量仪器应符合国家或航天部门有关标准规定;⑤ 在试验前后和试验过程中均需进行性能检查和测试,并将试验前后的数据进行比对,作为是否通过该项环境试验的判据;⑥ 在力学试验前后进行多余物检查。

12.3 环境测试对象

卫星的环境测试是根据基于商定模型理念的某些一般要求进行的,即对于立方星的环境测试来说,并不是一直使用实际上天的整星模型来测试,因为在测试中的某些极端条件可能会对卫星造成不必要的损失,故在某些试验当中会设计一种近似实际立方星的模型来替代实际模型进行环境测试,例如在立方星的热平衡试验中,往往会设计一个近似实际立方星的热控星来进行热平衡试验,原因在 12.6 节中会解释,该热控星的尺寸形状与实际卫星模型相似,且星内的功耗载荷也相似。

对不同设备的资格测试和验收测试或原型飞行测试都需要规定相应的测试程序。测试程序应包括与地面和发射段的兼容性测试,即系统验证测试,以及空间部分及其子系统的测试,包括各种设备,如热、光学、电子、电气和射频设备、天线、电池、太阳能电池板的测试。测试可以在设备/子系统/不同空间段执行,意思是可以对星上特定的设备设计单独的测试环境进行测试,或者针对星内某一子系统进行测试,甚至可以根据整星在不同轨道段所受到的不同外部工况来进行环境测试,进行如此多地面环境试验的目的是确保卫星在太空当中的平稳运行。为满足不同条件下的环境测试,需要设计相应的卫星模型,这里介绍几种典型的卫星模型:

① 样机模型。样机模型不用于最后的上天飞行,但样机模型能够充分反映最终立方星设计的各个方面。样机模型用于完整的功能和环境鉴定试验,它适用于新设计的设备和子系统,其作用是提前暴露设计模型的缺点,在环境试验后为实际模型提供修改方案。样机模型应按照相关规定确定鉴定试验的等级与试验的持续时间。

② 原型样机。原型样机是在发射前进行部分或完整资格测试的终端立方星。原型样机的环境测试非常重要,仅次于最终样机的环境测试,这是针对星上某些分系统进行的测试,是整星装星前的一道保障措施。其测试要求也很严格,需要参考特定的设计要求准则去设计测试的级别与测试持续时间。对于任何飞行模型,都需要对其有限工作寿命(尤其是存在机构时)进行评估。

③ 正样模型。正样模型是发射前的最终模型,它还需要进行整星的总体测试考核,包括振动试验考核、热试验考核与磁试验考核。

在发射之前所有的测试都是为了确保立方星的安全性与稳定性,经过环境试验暴露出来的问题会被修缮。

12.4 立方星测试准则

12.4.1 机械功能测试

星上的某些机械功能应在规定的操作条件下作为主要输入进行测试,以验证其性能是否符合规定。测试需要考虑在太空中无法测试的其他设计参数及环境模拟(零重力装置)的影响。具有此类机械功能的示例包括机械装置、可展开装置和其他机械装置。对于可能受到地球重力场干扰的所有机械操作,应使用合适的地面支撑装置,以便对设备进行操作和评估。

出于测试限制的原因,如果在无法完全模拟太空环境的条件下测试功能,则应提出替代验证方法,包括在较低级别测试,以确保机构的可靠性。应在环境试验活动之前和之后进行机械功能验证,确保在测试前机械功能完善以及在测试后机械结构依然能正常工作。

12.4.2　电气功能测试

电气功能测试应验证在轨时元件的电气设备是否可以在规定的操作条件下执行规定的性能。应测试的保护功能包括:① 过压保护功能;② 过流保护功能;③ 联锁功能(如有的话)。由于立方星在太空中的容错率较低,故需要针对星上的电子元器件进行严格的考核以确保不会失效。

在电气功能测试期间,应考虑冗余类型(例如热或冷),包括冗余设备和路径。所有遥测(TM)/电信(TC)操作都应使用用于操作的实际数据库进行测试。任何不符合其设计条件的自主动作都应作为异常进行跟踪。

应验证自动锁定或关闭序列,以确保它们不会在预期锁定或关闭期间或之后对其他系统操作产生不利影响。对于非稳压母线,功能测试应在最小和最大母线电压下运行。电气功能验证应确保除预期功能外没有其他功能被激活,并且不存在杂散信号或被其影响。

12.4.3　任务与性能测试

任务测试应包括模拟整个任务的关键环节和主要操作,在地面模拟的限制范围内,最大限度地模拟太空环境,验证在实际飞行中可能遇到的情况。为降低任务测试期间错误累积的风险,任务测试应保持不间断开启,并在模式、模式转换和模式持续时间方面与实际情况达成一致。任务测试的定义考虑了典型的任务场景,测试的软件应为最终实际的操作软件。

性能测试应验证是否为在轨期间所需的功能提供了相应的性能。性能测试主要针对有效载荷定义。卫星级别的性能测试主要在有效载荷或子系统级别进行检查。性能测试应在允许实现性能的特定环境条件下进行,且应该在环境测试结束后开始进行性能测试。

12.5　立方星力学试验

在火箭发射阶段,航天器将经受振动、冲击、噪声等各种力学环境的考验。为确保立方星在入轨时星上的各分系统能正常运行,需要在地面上模拟发射时所遇到的振动环境。根据施加的振动载荷的类型,可以把振动试验分为正弦振动试验和随机振动试验两种。正弦振动试验包括定额振动试验和扫描正弦振动试验。扫描振动试验要求振动频率按一定规律变化,如按线性变化或指数规律变化。模拟振动环境需要用到振动台,振动台是模拟立方星起飞时承受振动环境的试验系统。

12.5.1　物理性能测试

立方星应测试的物理性能包括:①星体质量;②重心;③转动惯量。这三个参数是立方星最基本也是最重要的参数。立方星的星体质量参数与许多方面有关,其中最直接的就是成本,质量越重,发射的成本越高;立方星的重心是否在中心关系到能否成功从分离机构发射,故在立方星发射前必须配平中心;立方星的转动惯量是卫星在太空中姿态的重要参数,为确保立方星在太空中有稳定的姿态,必须知道立方星的转动惯量参数。

12.5.2   正弦振动试验介绍

振动试验是指为评定立方星在预期的使用环境中的抗振能力而对受振动的实物或模型进行的试验。振动试验主要是环境模拟,试验参数为频率范围、振动幅值和试验持续时间。振动对立方星的影响包括:结构损坏,如结构变形、立方星裂纹或断裂;立方星功能失效或性能超差,如接触不良、继电器误动作等,这种破坏不属于永久性破坏,因为一旦振动减小或停止,工作就能恢复正常;工艺性破坏,如螺钉或连接件松动、脱焊。为了防止立方星有工艺上的瑕疵,尽早将星上问题暴露出来,需要给卫星做振动试验。

正弦振动试验的目的是在试验室内模拟立方星在运输、储存、使用过程中所有可能经受到的正弦振动及其影响。正弦振动主要是由于飞机、车辆、船舶、空中飞行器和地面机械的旋转、脉动、振荡等诸力所引起的。为了验证立方星具有一定的抗振条件,故需要给立方星做正弦振动试验。

12.5.3   正弦振动试验条件

正弦振动试验的试验条件(严酷等级)由频率范围、振幅值、试验持续时间三个参数共同确定。

(1) 试验频率范围及其选择

对频率、频率范围,首先要熟悉标准。有的标准(特别是军标)是直接给出的,即按立方星的使用环境直接给出了试验的频率或频率范围;民(商)用标准通常是用两种方式来规定的,第一种方式是给出一组下限频率(通常为:0.1 Hz、1 Hz、2 Hz、5 Hz、10 Hz、55 Hz、100 Hz)和一组上限频率(通常为:10 Hz、20 Hz、35 Hz、55 Hz、80 Hz、100 Hz、150 Hz、200 Hz、300 Hz、500 Hz、2 000 Hz、5 000 Hz),由使用者根据需要进行选择,另一种方式是直接给出一系列的频率范围(通常为:1~35 Hz、1~100 Hz、2~80 Hz、10~55 Hz、10~100 Hz、10~150 Hz、10~200 Hz、10~500 Hz、10~2 000 Hz、10~5 000 Hz、55~500 Hz、55~2 000 Hz、55~5 000 Hz),由使用者根据需要进行选择。

(2) 振幅及其选择

在正弦振动试验中,振幅有位移幅值和加速度幅值两种,在实际试验时,有的试验仅给出位移幅值,有的试验同时给出位移幅值和加速度幅值。

就位移幅值和加速度幅值而言,对于元器件类标准,由于其通用性,通常给出一系列可供不同用途整机进行选择的严酷等级,例如在微电子器件试验方法与程序的美军标和国军标中,试验的频率范围为20~2 000 Hz,其振级有:0.75 mm/20 g、0.75 mm/50 g、0.75 mm/70 g 三个等级;在电子及电气元件试验方法中,高频振动的试验频率范围为10~2 000 Hz,其振级有:0.75 mm/10 g、0.75 mm/15 g、0.75 mm/20 g、0.75 mm/30 g、0.75 mm/55 g、0.75 mm/80 g 六个等级。

在 IEC 标准和国标中,对 8~9 Hz 的低交越频率,有 0.35 mm/0.1 g、0.75 mm/0.2 g、1.5 mm/0.5 g、3.5 mm/1 g、7.5 mm/2 g、10 mm/3 g、15 mm/5 g 七个等级,对 57~62 Hz 的高交越频率,有 0.35 mm/5 g、0.75 mm/10 g、1 mm/15 g、1.5 mm/20 g、2 mm/30 g、3.5 mm/50 g 六个等级,对上限频率只到 10 Hz 的位移幅值,有 10 mm、35 mm、100 mm 三种位移幅值。这里还需指出的是,对于 IEC 标准和国标,它是不分元器件和整机的。对诸如美军标 810 和国

军标 150 等军用装备(整机)标准,通常是按其安装平台的振动给出的。这种按其安装平台给出的振动是加严的,因为数据处理时它可能取的是实测振动的极值包络,有时还加上一定的安全系数,同样的是使用者可以根据需要自行选取。

(3)试验持续时间及其选择

试验的持续时间是描述立方星的耐受振动能力的重要参数。对于试验持续时间的选择,目前一般很难给出试验时间所对应的实际使用的时间。对于扫频试验,通常以扫频循环数给出试验时间。对于定频试验,则直接以分钟和小时给出试验时间。IEC 和国标对扫频试验给出了 1、2、5、15、20、50、100 七个扫频循环数等级,对定频试验给出了 10 分、30 分、1 小时、1.5 小时、2 小时、10 小时六个试验时间等级;对于微电子器件试验方法与程序、电子及电气元件试验方法,美军标和国军标给出了 12 个(三方向)和 36 个(三方向)两种扫频循环数等级。如何具体地选择试验的持续时间,通常是根据振动对立方星的破坏机理来确定的。

12.5.4　正弦振动试验步骤

正弦振动试验有定频和扫描两种试验类型。扫描试验又有线性和对数两种扫描方式。根据环境要求,卫星及其组件的正弦振动试验一般仅做对数扫描振动试验。扫频试验中频率将按一定的规律发生变化,而振动量级是频率的函数。线性扫描的频率变化是线性的,即单位时间扫过多少赫兹,单位是 Hz/s 或 Hz/min,这种扫描用于细找共振频率的试验。对数扫描频率按对数变化,扫描率可以是 oct/min、octls,其中 oct 是倍频程,即相同时间扫过的频率倍频程数是相同的。对数扫描时低频扫得慢而高频扫得快。

(1)立方星安装与固定

在试验开始前需要将立方星固定。立方星与夹具或与振动台台面的连接应能模拟试件的实际安装情况,严格禁止严重影响试验效果的安装方式。立方星与夹具或振动台台面的连接要牢靠,其接触面不宜过大。最好将连接孔处加工成凸台形式,或用垫圈垫起,以确保接触良好,减少振动波形失真。夹具与振动台台面的连接螺栓要有足够的强度和刚度,以保证振动试验时有平坦的传递特性,因此连接螺栓的固有频率 f_r 应不低于试验的上限频率 f_{max}。

(2)振动控制点位置与控制加速器安装

振动控制点的位置应能使试件在振动试验中的振级输入较真实地模拟实际振动环境。控制点选择一般应遵循两个原则:① 控制点的位置应选在试件与振动夹具连接面上的连接螺孔附近,没有夹具的则选在试件与振动台面的连接螺栓附近;② 振动控制点应远离干扰源,如天线、电机以及易出现撞击和噪声的部位。

安装控制加速度计时,应使加速度计与地绝缘,以减少接地回路引起的噪声电平。否则噪声电平过大会影响控制质量、降低控制精度。通常选用薄的胶木片和小的胶木块作为绝缘材料。

控制加速度计的安装优先采用螺接方式。因螺接方式最牢靠,即使在很高的量级下振动,加速度计也不致脱落。其次采用胶接方式,通过胶水与绝缘薄片把加速计直接粘在控制点部位。这种方法简单、方便、灵活,但在高振动量级时,加速度计可能会发生脱落现象。

(4)振动试验及数据处理

在正弦扫描振动试验中,在频率缓慢变化下,输给振动台一个合适的驱动信号,以保证控制振动量级不变。但是由于试件、夹具及振动台等的共振及反共振,如要保持试件的输入振动量级不变,则振动控制仪的输出电压需要相应改变。

卫星及其组件在振动试验中经常涉及两种数据类型,一种是正弦数据,一种是随机数据。正弦扫描振动响应数据虽然是确定性的周期数据,但它又是非稳态的,随着频率的线性或对数变化,幅值也在不断地改变。对于正弦扫描振动响应数据,一般要求给出它的幅频特性,因此信号的频率辨识及其相应的幅频分析就成为处理该类数据的主要内容。

12.5.5 随机振动试验介绍

立方星在运输和实际使用中所遇到的振动绝大多数是随机性质的振动(而不是正弦振动)。例如,在火箭发射和助推阶段的振动,火箭发动机的噪声和气动噪声使结构产生的振动,车辆在不平坦的道路上行驶时产生的振动等都属于随机性质的振动。因此,随机振动试验能更真实地反映立方星的耐振性能。

随机振动和正弦振动相比,随机振动的频率域宽,而且有一个连续的频谱,它能同时在所有频率上对立方星进行激励,各种频率的相互作用远比用正弦振动仅对某些频率或连续扫频模拟上述振动的影响更严酷、更真实、更有效。另外,用随机振动来研究立方星的动态特性和结构的传递函数比用正弦振动的方法更为简单和优越。

随机振动和正弦振动一样能造成导线摩擦、紧固件松动、活动件卡死,从而破坏立方星的连接、安装和固定。随机振动激励造成的过大应力会使结构产生裂纹和断裂,特别在严重的共振状态下更为显著。长时间的随机振动,由于交变应力所产生的累积损伤,会使结构产生疲劳破坏。随机振动还会导致触点接触不良、带电元件相互接触或短路、焊点脱开、导线断裂以及产生强电噪声等,从而破坏立方星的正常工作,使立方星性能下降、失灵甚至失效。综上所述,卫星在发射前必须经过随机振动试验。

12.5.6 随机振动试验条件

在随机振动试验中,由于振动的质点处于不规则的运动状态,永远不会精确的重复,故对其进行一系列的测量,各次记录都不一样,也没有任何固定的周期。在任何确定的时刻,其振幅、频率、相位都不能预先知道,因此就不可能用简单的周期函数和函数的组合来描述。

随机振动试验的试验条件是由试验频率范围(Hz)、功率谱密度(g^2/Hz)和功率谱密度的频谱、总均方根加速度(G_{rms})、试验时间四个参数组成。

(1) 试验频率范围

频率范围是指立方星安装平台的振动对立方星产生有效激励的最高频率和最低频率之间的频率。典型的低频通常是取立方星最低共振频率的一半或其安装平台产生明显振动的最低频率;典型的高频是取立方星最高共振频率的两倍或其安装平台产生明显振动的最高频率,或是可以有效地、机械地传递振动的最高频率。通常认为机械传递的振动的最高频率是2 000 Hz,尽管实际上常常会更低。如果需要2 000 Hz以上的频率,通常需要用噪声来进行。

(2) 功率谱密度(g^2/Hz)和功率谱密度的频谱

随机振动是以定义在相关频率范围内的功率谱密度(加速度谱密度)及功率谱密度的频谱的形式来表征的。功率谱密度(加速度谱密度)是指单位频率上的能量,功率谱密度的频谱(加速度谱密度的频谱)是指振动能量在整个频率范围内的分布。

（3）总均方根加速度（G_{rms}）

在谈到随机振动试验的试验条件时，通常或习惯会用总均方根加速度（G_{rms}）来衡量随机振动试验条件的高低或严酷程度，严格来说这是不对的，也就是用 G_{rms} 值来规定振动条件是不对的，因为总均方根加速度（G_{rms}）值是功率谱密度的频谱在全频段范围内面积的积分，即方均根值，它不包含任何频率信息。因此 G_{rms} 值通常用来进行试验误差控制与检测，以及根据试验样品的重量、体积、动态特性来选择需要多大推力（功率）的振动台。

（4）试验时间

试验时间就是进行随机振动的持续时间，通常分为功能（性能）和强度（耐久）两种试验时间。

12.5.7　随机振动过程

按功率谱密度频谱的形状，即按随机过程的频率结构，立方星现场出现的随机振动主要有以下几种形式：

（1）宽带随机振动

宽带随机振动是指振动的能量分布在一个较宽的频率范围内的振动，一般运载工具，特别是空中运载工具，典型的如喷气式飞机的振动，它们所产生的振动属于宽带随机振动。

（2）窄带随机振动

窄带随机振动是指振动的能量分布在一个较窄的频率范围内的振动，例如螺旋桨飞机，由于螺旋桨叶转动时所带动的旋转压力场，将产生窄带随机振动，窄带随机振动的中心频率是螺旋桨叶的通过频率及其谐波（一般到 4 阶），其窄带带宽为其通过频率（中心频率）及其各次谐波的 ±5%（漂移）。

（3）宽带＋窄带随机振动

螺旋桨飞机除窄带随机振动外，更主要的是各种振源引起的宽带随机振动，所以螺旋桨飞机的振动是宽带＋窄带随机振动。又如安装在履带车辆上使用的立方星和通过履带车辆运输的立方星，通常会经受到以宽带为主＋窄带的随机振动。宽带随机振动来自车辆的基本运动、支承系统、路面不平，窄带随机振动来自履带拍击地面的运动。

（4）宽带随机振动＋周期振动

宽带随机振动＋周期振动是指在宽带随机振动上叠加正弦振动，直升机的振动往往是在宽带随机振动的基础上叠加很高的正弦振动。宽带随机振动来自直升机的各种振源，正弦振动是由直升机的旋转部件产生的，如主旋翼、尾旋翼、发动机和变速箱的振动。

12.5.8　随机振动试验步骤

随机振动试验的试验程序通常由预处理、初始检测、均衡、功能试验、耐久试验、最后响应检查、恢复、最后检测等各步组成。预处理与初始检测就是将待试验立方星固定在振动台上，确保不会在振动过程中脱落。

（1）均衡试验

由于随机振动试验比较复杂，为了避免试验前的激励对试验样品产生附加的影响，故在随机振动试验前需要预调（预试验），即均衡。均衡就是补偿试验样品（含夹具）的动态特性，也就是按规定的加速度谱密度的频谱分配振动能量。均衡通常先在较低的量级上进行，使谱密度修正到容差范围内,然后逐步向高能级上进行,直到达到所规定的并符合容差要求的谱密度。为了保证样品不产生过试验,均衡的时间通常是有限制的,国标和 IEC 的规定为:① 小于规定等级的 25%,无时间限制;② 在规定等级的 25%～50%,其均衡时间不超过规定试验时间的 1.5 倍;③ 在规定等级的 50%～100%,其均衡时间不超过规定试验时间的 10%。通常的做法是先从 -12 dB 开始,然后 -9 dB、-6 dB、-3 dB 到 0 dB,一步一步平稳上升直到规定的试验量级 0 dB。上述试验时间不能从规定的试验时间中扣除。

（2）功能试验

功能试验是考核立方星在振动状态下的工作能力,例如是否出现故障、失灵、性能下降等。功能试验可在立方星的正常工作状态下进行,也可在最严酷的工作条件下进行,视试验目的的不同而不同。功能试验用的振动量级通常为所规定的全量级,但当样品存在明显非线性等情况时,也可在较低能级上进行。在功能试验期间,测量和记录功能和性能的指标应达到样品所要求的功能和性能的指标容差。

（3）耐久试验

耐久（强度）试验主要考核立方星与其寿命相一致的结构强度和功能寿命,也就是保证在通常的使用和维修条件下所应达到的寿命。对于非运载工具上使用的立方星应称振动强度试验,因为对电子立方星而言,主要是刚度问题,不是强度问题。特别对于非运动状态下使用的立方星,只要通过振动强度试验的考核就可以了,不会有疲劳问题,即耐久问题。做耐久（强度）试验时,应测量和记录样品的性能,但试验结束后的测量不能出现功能和性能下降现象。

功能试验和耐久试验可以合在一起进行,也可分开来进行。无论是功能试验还是耐久试验,一般都在三个相互垂直的三个方向上进行,标准与规范上的要求往往是三个方向上振动量级相同,其实在许多情况下水平两个方向上的振动量级都小于垂直方向,如果立方星研制中需要降低水平两个方向上振动量级,则可在立方星技术规范与试验大纲中做出规定。如不做特别规定,三个方向的试验顺序并不重要,可以视试验的具体情况而定。

12.6　立方星热试验

太空的温度条件非常的极端,只有 4 K 的环境温度,且几乎没有空气,无法通过热对流散热,故常规的温控手段在立方星上难以起到作用。为确保立方星在真空、超低温等恶劣条件下星内仍能保持一个适合电子元器件工作的温度环境,需要对卫星进行热试验,分析验证星上的温控手段是否合理,从而达到卫星能在太空中平稳执行任务的目的。

12.6.1　热真空试验介绍

立方星的热真空试验是在真空环境下和一定的温度条件下验证立方星及其组件各种性能与功能的试验,由冷浸、热浸与变温过程组成。在模拟试验时,多是立方星处于工作状态时测量其工作参数和环境参数。冷浸是使航天器及其组件处于规定的试验最低温度,并维持一定的时间;热浸是使其处于规定的试验最高温度,并保持一定的时间。试验通常从高温工况开始,升温至规定温度,实行热浸,再到低温,实行冷浸,在几个循环之后最后回到室温,完成热真空试验。

需要注意的是,热真空试验的目的仅为考核星上元件在高低温交变情况下能否正常工作,并不能考核立方星的热设计是否合理,若要考核星上的温控措施是否合理,需要进行热平衡试验。

12.6.2　热真空试验条件

为模拟太空中的真空环境,真空罐内的环境压力应低于 6.65×10^{-3} Pa,热沉表面温度不高于 100 K,热沉表面对太阳光吸收率不小于 0.95,半球发射率不小于 0.90。一般电子电器设备的鉴定级温度范围为 $-35 \sim 65$ ℃,验收级试验温度范围为 $-25 \sim 60$ ℃。对于星内某些特殊载荷,例如蓄电池会有单独的温度要求,一般星上蓄电池的温度范围为 $0 \sim 40$ ℃,若超出这个温度范围,蓄电池工作寿命会缩短。鉴定级试验的循环次数要求至少 9.5 次,准鉴定级试验的循环次数要求至少 3.5 次,验收级试验的循环次数要求至少 3.5 次。高温与低温的保温时间至少 6 个小时,且温度变化保持在 3 ℃,温度变化的速率不小于 1 ℃/min。空载运行期间,真空室内的可凝结挥发物在石英样板上的沉淀物不超过 $1 \mu g/m^2$。

12.6.3　热真空试验步骤

准备试验前检查星上设备是否完好,确认无误后在立方星测温点各粘贴 1 个热电偶测温,正面粘贴位置避免粘贴在太阳电池真片表面;接着将立方星放置在热真空罐内的试验平台上;检查设备、试验件状态正常后关闭罐门并锁紧;锁紧后开始抽真空;真空度达到试验条件后,开始给设备升温;试验件温度达到相应的高温工况,且 1 分钟内的温度波动小于 2 ℃后,开始高温保温过程;高温保温 6 h 后,设备开始降温;试验件温度达到相应的低温工况,且 1 分钟内的温度波动小于 2 ℃后,开始低温保温过程;低温保温 4 h 后,开始给设备升温;根据上述步骤依次进行 7.5 次循环;试验以高温降温至室温结束;开罐,结束热真空试验,并对试验件进行试验后的检验和测试。

12.6.4　热平衡试验

热平衡试验是在空间模拟室的轨道热环境(真空、冷黑与辐射)条件下,检验航天器轨道飞行中平衡状态下温度分布的试验。它用于验证航天器热设计数学模型,并测试航天器热控制系统的功能。

热平衡试验是在模拟的空间热环境中使航天器产品按实际运行状态吸收和排散热量,对热设计进行的验证。热平衡试验一般分为整星和部件两个级别,热平衡试验的目的主要包括:验证卫星热设计及热控实施的正确性和有效性;验证热分析结果的正确性,为热分析模型修正提供数据;为热真空试验提供边界温度;在模拟轨道工况条件下考核卫星尤其是热控产品的工作性能。热平衡的试验准备周期远比热真空试验要久,试验时的立方星也并不是正样星,而是专门用来做热平衡试验的热控模型星。相较于热真空试验,热平衡试验能够详细反映星上温控措施的不合理之处。

12.6.5　热平衡试验工况

相较于热平衡的高低温循环工况来说,热平衡的试验工况要更为复杂,根据参加试验的立方星上仪器设备工作模式(连续工作恒定发热、连续工作非恒定发热、间断工作)和外热流模拟状态,一般试验工况主要有以下 4 种模式:

① 稳态工况：参加试验的立方星上的仪器设备长期连续工作，其发热量恒定不变，且外热流为恒定值（一般取轨道周期外热流积分平均值）。

② 准稳态工况：参加试验的立方星上的仪器设备按设定的工作模式工作，且外热流为恒定值。

③ 周期性瞬态工况：参加试验的立方星上的仪器设备按设定的工作模式工作，且外热流为轨道周期瞬变值。

④ 瞬态工况：参加试验的立方星上的仪器设备按设定的工作模式工作，且外热流为非周期性变化。这种试验工况一般对应于某些特定的飞行任务，或者对应于立方星工作寿命期间内特定的飞行轨道，如工作寿命只有几天的航天器，航天器阴影时间很长的阴影区内的试验工况等。

无论是周期性瞬态工况还是准稳态工况，试验一般都是按立方星运行的轨道周期进行，即按一个运行轨道周期内仪器设备工作模式和外热流值重复进行若干个周期的循环试验，直至航天器的温度达到周期稳定。在某些情况下，也可以若干个轨道周期作为一个热试验周期，连续重复进行若干个热试验周期的循环试验，直至航天器的温度达到周期稳定。

12.6.6 热平衡外热流模拟

模拟空间外热流通常是用加热片来模拟，加热片功率是否准确直接关系到热平衡试验的结果是否可信。加热功率是通过各表面吸收空间外热流值来确定的，通过相关软件可以分别计算出各面在高温工况与低温工况下实时的外热流密度，在此基础上，可以计算出各面各工况下每轨吸收的平均外热流密度值，再将各面吸收外热流总和与各面对应的面积相乘，就能得到各面吸收轨道平均外热流值。

由于卫星在轨运行各表面的外热流呈周期性不断变化，若取平均值作为加热片热功率值显然是不合理的，这就需要进行外热流余量的设计。在此取各表面的平均热流作为最终确定加热片加热功率的依据，按照经验，加热热流余量定为 30%，安全系数余量定为 20%，因此加热片设计功率可表示为

$$Q_{sj} = k_1 \cdot k_2 \cdot Q_{xs} \tag{12.1}$$

其中，Q_{sj}、Q_{xs} 为设计功率与吸收功率；k_1 为加热余量，取 130%；k_2 为安全系数，取 120%。

根据各面轨道外热流数据，可以计算出热平衡试验中各加热片加热功率的变化。

对整轨外热流进行平均所得到的加热片加热功率往往用于外热流不变的热平衡试验。在需要瞬变外热流的热平衡试验中，按整轨进行平均可能是不合理的，因为实际外热流极端值很可能高于上述余量设计值。

在采用瞬变外热流法进行热平衡试验时，各面加热片瞬时加热功率应分别模拟各面吸收外热流实时值，但这对计算及试验设备的要求太高，目前广泛采用的是分段平均的做法，即将整轨分为若干段，各段以其平均值代替该段的实时变化值。例如可以将整轨的时间以秒为单位分成 10～15 段，分时来模拟各段的外热流。

12.6.7 热平衡试验步骤

（1）试验前准备

首先将正样星放到导轨平台上，安装热电偶测温点，同时记录下热电偶测温点的位置，方便后续控温；接着安装立方星试验加热笼和工装支架，并检验加热笼、热流计与星体平行度、工装支架水平度以及安装精度；检查无误后将立方星与试验工装连接，并检验水平度及加热补偿回路状况，通常在立方星的底部会垫上聚四氟乙烯等隔热材料，防止热传导发生；之后铺开地面设备、电源，进行技术安全检查，无误后连接立方星到真空室电缆，进行第一次通电检查；检查完毕后取下电缆，等待红外笼安装调试并安装立方星到真空罐测温电缆和加热电缆；第二次通电检查；检查无误后向星上通电，检查热电偶工作状态。一切准备就绪后，将立方星通过导轨车推入真空罐中。

（2）进罐操作

在立方星进入罐中后，确认真空罐的密封性是否良好，若确认无误则开始抽真空，待真空度达到 0.1 Pa 时第三次通电检查加热器的状态，检查正确后断电，并开始通液氮；热沉低于 100 K 时开始控温，控温过程中星上设备开启，并时刻关注星上状况；循环结束后停止液氮供给，自然回温；热沉温度回到 −20 ℃ 以上时，关低温泵，并充高纯氮气至 1 000 Pa；当热沉回到 0 ℃ 时，停止冷屏液氮，充高纯氮气至 30 000 Pa；当热沉和冷屏温度回到常温时，充干燥空气至 1 个大气压，接着开罐，热真空试验结束。

12.7 立方星磁试验

目前立方星上配有磁强计来测量空间磁场，同时也可以利用立方星的磁矩和地磁场相互作用来控制卫星的姿态。磁特性是卫星姿态控制与稳定的重要特性之一。立方星的姿态控制系统对星体剩磁和磁干扰均有设计要求，如果星体存在较大剩余磁矩，一方面，会影响其主要姿态敏感器——磁强计的精度，带来定姿误差；另一方面，剩磁矩在地磁场的作用下产生干扰磁力矩，给系统控制带来负面影响。因此卫星的磁试验也是不可缺少的。

12.7.1 磁试验内容

卫星的磁试验可分为元、部件试验和整星试验两类。整星剩磁矩的大小与卫星上使用的材料、元部件的磁性总体布局有关，需通过实测的方法来获得。由于目前也无法准确计算卫星工作时电流产生的杂散磁矩、涡流磁矩，因此，整星磁测试验是了解卫星磁特性的唯一手段。

卫星的磁性控制必须从材料、元、部件的选择开始。元、部件磁试验的目的一是了解元、部件的磁特性，决定能否采用；二是了解部件的磁性大小和方向，以使在安装时选取有利的位置近行排列和补偿；三是对整星剩磁做估算。由于元、部件尺寸小，试验数量多，在大型磁设备上做是不经济的，因此，卫星磁试验设备也有整星和部件试验设备两类。

磁试验的主要内容包括：① 测定卫星的感应矩、永磁矩以及杂散矩；② 测定卫星上磁灵敏元件如磁强计处的磁场；③ 测定磁力矩线圈产生的偶极矩；④ 测定由涡流和磁滞引起的消旋力矩；⑤ 对磁灵敏元件如磁强计进行校正；⑥ 卫星轨道姿态控制模拟性能试验；⑦ 元、部件磁性试验;⑧ 充、退磁试验。

12.7.2 磁试验方法

立方星运到磁试验室后,先测定立方星的剩磁矩或磁场;经过直流磁场磁化后,测量其磁矩或磁场;在退磁处理后,测量其磁矩或磁场;部件通电后,测量产生的磁矩和磁场。

磁矩的测量有直接法和间接法两种。直接法一般是把试验用金属丝悬吊或安装在浮台上,测量试验物体磁矩和环境场相互作用产生的机械力矩,可得到试验体的磁矩。间接法有偶极法、球面作图法和赤道作图法等。一般都是把试验体放在线圈系统中心的转台上,在一定的距离上测量试验体的磁场,通过计算求得试件的磁矩。

12.8 "田园一号"力学试验分析

力学特性是卫星整体结构的重要特性之一。"田园一号"卫星对整体结构的强度和刚度均有设计要求,如果星体整体强度或刚度不足,卫星在发射过程中可能产生损伤,导致卫星无法正常工作。前期通过仿真测试判定整星强度和刚度均符合要求,因此"田园一号"卫星的力学试验主要验证整星的工程可靠性,并获得卫星正弦和随机振动响应情况。

12.8.1 "田园一号"坐标定义

卫星坐标定义同三星总体方案坐标定义。图12.1所示为"田园一号"卫星坐标图。

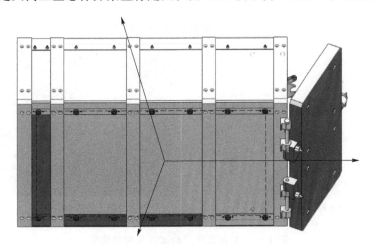

图 12.1 "田园一号"卫星坐标图

12.8.2 "田园一号"考核内容

"田园一号"力学测试主要考核以下几个方面:① 记录振动过程的激励和响应情况;② 振动过程中是否有脱落物产生,结构是否有异常;③ 振动后,是否能正常弹出;④ 弹出后,整星上电能否正常工作;⑤ 微推进检漏;⑥ 整星上电后,太阳能帆板能否正常展开。

12.8.3　"田园一号"正弦振动试验条件

特征值正弦扫描试验条件如表12.1所列。

表 12.1　特征值正弦扫描试验条件

方　向	频率/Hz	幅值/g
纵向	5～200	0.2
横向	5～200	0.2

"田园一号"卫星各方向验收正弦振动试验量级如表12.2所列。

表 12.2　"田园一号"卫星验收级正弦振动条件

纵　向		横　向	
频率/Hz	幅值/g	频率/Hz	幅值/g
8～30	1.0	8～30	1.0
30～60	2.0	30～100	1.5
60～100	1.8		
扫描速率		4 oct/min	

12.8.4　"田园一号"正弦振动试验结果

"田园一号"的 Y 向正弦振动试验前后对比图如图12.2所示。

(a) Y向正弦振动试验前　　　　　　(b) Y向正弦振动试验后

图 12.2　Y 向正弦振动试验前后对比图

"田园一号"的 Y 向正弦振动试验曲线图如图12.3所示。

"田园一号"的 X 向正弦振动试验前后对比图如图12.4所示。

"田园一号"的 X 向正弦振动试验曲线图如图12.5所示。

"田园一号"的 Z 向正弦振动试验前后对比图如图12.6所示。

"田园一号"的 Z 向正弦振动试验曲线图如图12.7所示。

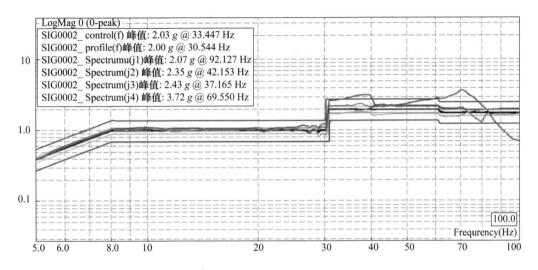

图 12.3   Y 向正弦振动试验曲线

(a) X向正弦振动试验前　　　　　　　　(b) X向正弦振动试验后

图 12.4   X 向正弦振动试验前后对比图

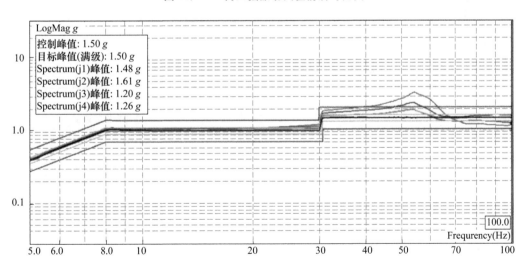

图 12.5   X 向正弦振动试验曲线

(a) Z向正弦振动试验前   (b) Z向正弦振动试验后

图 12.6   Z 向正弦振动试验前后对比图

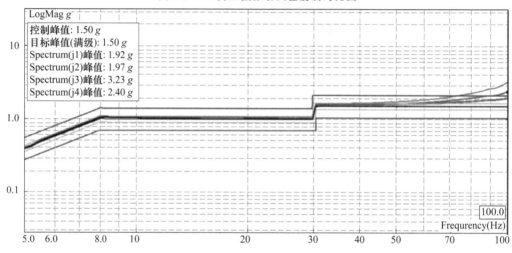

图 12.7   Z 向正弦振动试验曲线

12.8.5 "田园一号"随机振动试验条件

在随机振动力学试验中,立方星与振动台刚性连接。"田园一号"卫星各方向验收随机振动试验量级如表 12.3 所列。

表 12.3   "田园一号"卫星随机振动试验量级

名　称	频率范围/Hz	验收试验	
		功率谱密度/$(g^2 \cdot Hz^{-1})$	总均方根加速度
量　级	20～150	＋3dB/oct	7.19g
	150～280	0.04	
	280～320	0.15	
	320～380	0.10	
	380～850	0.05	
	850～1 000	0.02	
	1000～2 000	0.005	
试验方向	轴、径、切三方向		
试验时间	每方向 1 min		

12.8.6 "田园一号"随机振动试验结果

"田园一号"的 Y 向随机振动试验前后对比图如图 12.8 所示。

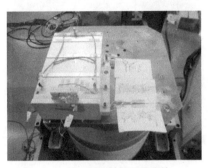 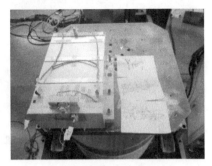

(a) Y向随机振动试验前   (b) Y向随机振动试验后

图 12.8 Y 向随机振动试验前后对比图

"田园一号"的 Y 向随机振动试验曲线图如图 12.9 所示。

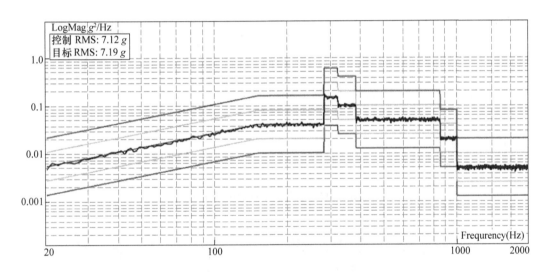

图 12.9 Y 向随机振动试验曲线

"田园一号"的 X 向随机振动试验前后对比图如图 12.10 所示。

"田园一号"的 X 向随机振动试验曲线图如图 12.11 所示。

"田园一号"的 Z 向随机振动试验前后对比图如图 12.12 所示。

"田园一号"的 Z 向随机振动试验曲线图如图 12.13 所示。

"田园一号"振动试验后功能完好,立方星能正常从分离机构弹出,星上结构及部件没有损伤,证明能够承受火箭的振动冲击载荷,具有一定的安全性。

(a) X向随机振动试验前   (b) X向随机振动试验后

图 12.10　X 向随机振动试验前后对比图

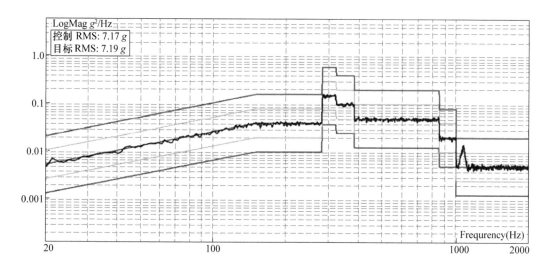

图 12.11　X 向随机振动试验曲线

(a) Z向随机振动试验前   (b) Z向随机振动试验后

图 12.12　Z 向随机振动试验前后对比图

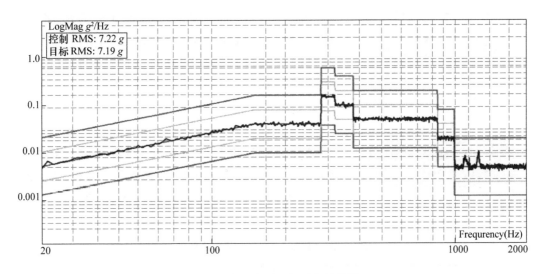

图 12.13　Z 向随机振动试验曲线

12.9　"田园一号"热真空试验分析

热真空试验是整星总体任务的重要一环,其目的是考验外部温度交替变化时,星内的载荷是否能够保证稳定的工作状态。太空中的背景温度仅有 4 K,这对于总功耗较低的微纳卫星来说是一个不小的挑战。区别于传统的大型卫星,立方星由于自身的等温性非常好,因此可能会发生整星内部温度交变的情况。热真空试验可有效地验证星上单机在这种情况下的工作性能,提高立方星的整体可靠性。

12.9.1　"田园一号"自身条件参数

"田园一号"卫星总质量约 10 kg,骨架、层板及内部支撑板为铝合金。由于"田园一号"能源及空间的限制,故尽量采用被动热控的热设计手段,主要采用多层隔热材料、热控涂层、导热板和隔热垫等,具体热控措施如下:

(1)多层隔热材料

"田园一号"迎风面、对地面、向阳面包裹 10 多层材料。背阴面、对天面不做隔热处理。

(2)白漆涂层

为了让"田园一号"星内温度散出,保持内部温度均匀,其背阴面贴满白漆膜。

(3)表面黑色阳极氧化

为了保持星内温度均匀,内部框架采用黑色阳极氧化。如无特殊说明,内部单机一般采用黑色阳极氧化或者喷涂黑漆处理。

(4)其他热控手段

为防止向阳面太阳电池阵的热量传导到结构框架上,太阳电池阵的固定螺钉底部采用隔热垫来隔热。

图 12.14 X 数传导热措施

为减少太阳电池阵背部对背风面的热辐射,将太阳电池阵背面贴上一层镀铝膜以降低其辐射率。

星内最高功率的元器件为 X 数传一体机,故在一体机的上表面贴铜片。将铜片与背阴面接触,方便 X 数传一体机的热传导到背阴面上,如图 12.14 所示。

星上的载荷包括:UV 通信机、磁力矩器、磁强计、姿控计算机、动量轮、陀螺组件、太阳敏感器、星务计算机、GPS 接收机、电源控制板、蓄电池组、X 数传一体机、微推进器、固体推进器。载荷所对应的功耗如表 12.3 所列。

表 12.3 "田园一号"星上载荷功耗表

载 荷	功 耗	载 荷	功 耗
微推进	2 W	星务计算机	1.5 W
电源控制板	2.5 W	X 数传一体机	4.5 W
Lora Rx	1 W(8 min)	动量轮	1.0 W
Lora Tx	2.5 W(8 min)	姿控计算机	1.5 W
GPS	1.2 W	磁力矩器	0.5 W
固体推进	瞬时 120 W/ms		

12.9.2 "田园一号"热真空试验步骤

热控星在罐外通过工装支架与试验平台连接好以后,装入 KM-1.8 真空容器,通过玻璃钢隔热垫圈将试验工装与卫星进行隔热,安装支架进行加热补偿,并跟踪工装测点与星上对接面测点温差,使其保持在 ±1 ℃ 以内。卫星支架要可调节其水平度,使支架上法兰对接面的水平度在 ±1 mm/1 000 mm 以内。测试和供电电缆试验中采用防漏热措施。如图 12.15 所示。

安装好卫星后开始贴测温电阻。卫星对地面、背风面、迎风面、向阳面四个表面分别布置 PT100 测温传感器,分别为 7♯ 测点、8♯ 测点、4♯ 测点、12♯ 测点,作为卫星热真空试验控温测点。其中对地面对应顶部加热笼、背风面对应左部加热笼、迎风面对应右部加热笼、向阳面对应前部加热笼,背阴面为卫星散热面,不进行控温。

一切准备就绪后开始抽真空。在真空室压力降至 3 kPa,主动段开机组件处于待测状态,对发射

图 12.15 "田园一号"卫星热真空试验安装图

段中不工作的组件不开机,且当真空室内压力降至 3 kPa 后,开始监视立方星性能,观察是否在压力降低过程中出现电晕放电现象。真空系统需重点监视真空室压力值:3 kPa、1 kPa、500 Pa、100 Pa、10 Pa、4 Pa、1 Pa、0.1 Pa。真空室内压力降至 0.1 Pa 后,开启所有设备,此时应监视是否发生微放电现象。

待真空度小于 6.65×10^{-3} Pa 时开始控温,"田园一号"的高温工况为 +40 ℃,低温工况为 −20 ℃。温度循环从正常环境温度开始,卫星通电工作,测试性能参数,达到并稳定在规定的最低试验温度值后,卫星断电,冷启动并进行性能测试;当卫星温度重新稳定到规定的试验低温时,再保持规定的时间,然后升温,达到规定的试验高温,稳定后断电,启动,进行功能测试;在组件温度重新稳定到规定的最高试验温度时再保持规定的时间,并测试性能参数,然后降温至室温,就构成一个温度循环。高温与低温各保持 6 个小时,保温温差 2 ℃,分区控温精度 ±0.9 ℃,升降温速率约 1.3 ℃/min,分区控温均匀性 ±1 ℃,一共 4.5 个循环,循环结束后,待罐内温度回到室温,开罐,热真空试验结束。

12.9.3 "田园一号"热真空试验结果分析

试验中边界条件符合设计要求,星上遥测量正常,各单机工作正常,星上电子设备工作正常,热真空试验中无故障出现,各设备、电池阵及结构件在极端工况和特殊工况下,工作温度满足要求,均能满足 ±10 ℃ 的设计余量。试验结束后开罐测试,星上所有参数正常,遥测量符合指标要求,单机工作正常,无异常或故障。

12.10　"田园一号"磁试验分析

磁特性是卫星姿态控制与稳定的重要特性之一。"田园一号"卫星的姿态控制系统对星体剩磁和磁干扰均有设计要求,如果星体存在较大剩余磁矩,一方面,会影响其主要姿态敏感器——磁强计的精度,带来定姿误差;另一方面,剩磁矩在地磁场的作用下产生干扰磁力矩,给系统控制带来负面影响。前期通过初步测试判定星上无较大剩磁矩,因此"田园一号"卫星的磁试验主要完成星载磁强计的标定工作。

12.10.1 "田园一号"磁试验目的

"田园一号"磁试验主要完成如下任务:对星载磁强计的综合误差进行校正,建立包含 12 个校正参数的综合误差校正模型,最终实现星内安装磁强计仪表误差和罗差的一次校正,从而掌握整星的磁特性,使整星的剩磁矩对星载磁强计的测量干扰降低到允许程度,确保卫星达到试验指标要求。

12.10.2 "田园一号"磁试验步骤

首先建立仪表误差模型和罗差模型,得到综合误差校正模型。根据磁场测量值和环境磁场值之间的一次线性关系,将综合误差校正模型修改为包含 12 个未知量的参数化模型。然后将误差修正模型看作是所求修正系数的函数,通过迭代不断对状态估计值进行更新。

其次在零磁空间试验室内搭建三轴亥姆霍兹线圈,匀强磁场区域 200 mm×200 mm×200 mm,区域内磁场总量变化小于 5 nT,满足磁阻式磁强计校正需求。星体尺寸 126 mm×398 mm×

245 mm,磁强计安装于星体内部。测试过程中卫星正常运行,对星内磁环境会产生影响的动量轮、GPS、收发机等设备均正常工作,磁力矩器设置分时工作,且严格保证磁强计磁场获取不会发生在磁力矩器断电 0.2 s 内。

最后利用三轴磁模拟器产生均匀分布于从零磁场到地磁场标量的测量空间内的共计 729 个测量点。具体方法是分别在 X、Y、Z 三轴的 $\pm 40\,000$ nT 范围内,以步长 10 000 nT 变化,根据排列组合共计 729 种可能。这些点可以全面反映磁强计在不同磁场环境下的误差变化情况。采用基于最小二乘法原理的磁强计综合误差校正算法对磁强计输出进行综合误差校正,利用上述测量的原始数据与真实施加磁场进行拟合,并确定校正系数方程中的 12 个未知量的值,得到校正系数后,对原始值进行现场校正,并输出校正后的值,而后,评估校正值与真实施加磁场间的误差情况。

12.10.3 "田园一号"磁试验条件

"田园一号"的磁试验强度测试条件如下:① 温度:$(20\pm5)\,℃$;② 相对湿度:$\leqslant 60\%$;③ 洁净度:10 万级;④ 若无净化间,试验时组件应有保护措施;⑤ 试验应在零磁场环境下进行:磁场不均匀度($\varphi 0.8$ m 范围内)$\leqslant 2.5$ nT,磁场不稳定度 $< \pm 1$ nT/0.5 h。

"田园一号"的退磁试验条件除了满足上述的强度测试条件以外还需满足以下几点条件:① 退磁方向:组件三个轴向;② 最大退磁场峰值:5 mT;③ 频率:0.1~1 Hz;④ 退磁时间:$\geqslant 150$ s;⑤ 退磁次数:2 次。

"田园一号"的补磁试验条件如下:① 退磁后组件在零磁环境中磁特性测量不满足设计指标要求的应进行补磁;② 在静态(不通电)下补磁,在零磁环境下通电测量组件磁特性指标;③ 在不满足要求时重复第二步的工作直到满足设计指标为止。

12.10.4 "田园一号"磁试验结果分析

"田园一号"磁试验示意图如图 12.16 所示。

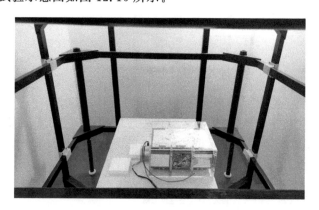

图 12.16 "田园一号"卫星在磁试验室中进行磁试验

"田园一号"磁标定结果如图 12.17 所示。

磁强计的 X、Y、Z 轴所受各工况动态磁场干扰较小,约为 100 nT,星体静态干扰约为 1 000 nT。卫星总体采用软件补磁的方法对剩磁干扰进行修正,软件补磁后的磁强计遥测数据表明,样本数据剩磁小于设计指标,达到姿控系统对剩磁的要求。

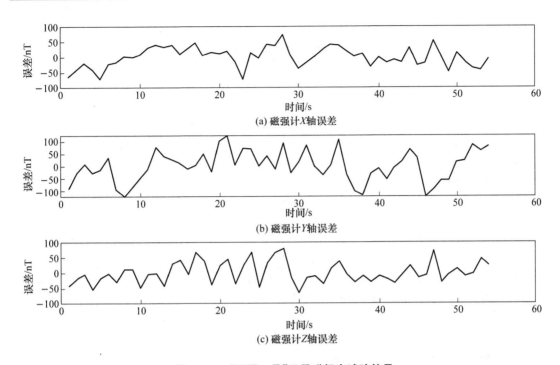

(a) 磁强计X轴误差

(b) 磁强计Y轴误差

(c) 磁强计Z轴误差

图 12.17　"田园一号"卫星磁标定试验结果

参考文献

[1] State-of-the-art small spacecraft technology 2021[EB/OL]. https://www. nasa. gov/smallsat-institute/sst-soa.

[2] UCS Satellite Database[EB/OL]. https://www. ucsusa. org/resources/satellite-database.

[3] Nanosats Database[EB/OL]. https://www. nanosats. eu/.

[4] eoPortal Dictionary[EB/OL]. https://directory. eoportal. org/web/eoportal/home.

[5] Gunter's Space Page[EB/OL]. https://space. skyrocket. de/.

[6] Vallado D A. Fundamentals of Astrodynamics and Applications[M]. [S. l.]: Springer Science & Business Media, 2001.

[7] 陈宏宇,吴会英,周美江,等. 微小卫星轨道工程应用与 STK 仿真[M] 北京:科学出版社,2021.

[8] Heidt M H, Puig-Suari P J, Augustus P, et al. CubeSat: A new generation of picosatellite for education and industry low-cost space experimentation[J]. Annual/USU Conference on Small Satellites,2000,14 (5).

[9] Johnson L, Whorton M, Heaton A, et al. NanoSail-D: A solar sail demonstration mission[J]. Acta Astronautica, 2011, 68(5-6):571 – 575.

[10] Nugent R, Munakata R, Chin A, et al. CubeSat: the pico-satellite standard for research and education [J]. Molecular Systems Biology, 2008.

[11] 李军予,伍保峰,张晓敏. 立方体纳卫星的发展及其启示[J]. 航天器工程,2012,21(3):8.

[12] 李晓宁,窦骄,任广伟. 立方体卫星的发展与应用[J]. 国际太空,2015(8):5.

[13] 林来兴. 立方体星的技术发展和应用前景[J]. 航天器工程,2013(3):9.

[14] 尹睿,尚婧,方静,等. 立方体卫星发展现状及技术应用[C]//中国电子学会遥感遥测技术分会,2014.

[15] 林莉,左鹏. 立方体卫星概述[J]. 数字通信世界,2018(10):4.

[16] Muri P, Mcnair J. A survey of communication sub-systems for intersatellite linked systems and CubeSat missions[J]. Journal of Communications, 2012, 7(4).

[17] 王勇. "TXZ"微小卫星结构设计与分析[D]. 南京:南京航空航天大学,2007.

[18] Belokonov I, Timbai I. The selection of the design parameters of the aerodynamically stabilized nanosatellite of the CubeSat standard[J]. Procedia Engineering, 2015, 104:88 – 96.

[19] 任守志,王举,刘颖,等. CubeSat 卫星展开式太阳电池阵技术综述[C]// 2014 年可展开空间结构学术会议摘要集,2014.

[20] 丁延卫,尤政. 现代微小卫星及其热控制[J]. 光学精密工程,2004(s1):23 – 26

[21] 闵桂荣. 卫星热控制技术[M]. 北京:中国宇航出版社,1991.

[22] 李海平. 微小卫星热控制系统的设计[D]. 南京:南京航空航天大学,2006.

[23] 侯增祺,胡天金. 航天器热控制技术——原理及其应用[M]. 北京:中国科学技术出版社,2007.

[24] 李亮. 南理工一号立方星被动热控设计及其试验研究[D]. 南京:南京理工大学,2016.

[25] 王忠强. 基于碳纤维复合材料的立方体卫星结构热一体化设计[D]. 南京:南京理工大学,2017.

[26] 李志松,马昌健,毛云杰,等. 微纳卫星在轨温度场快速分析[J]. 航天器环境工程,2021(2):122 – 129

[27] 谢祥华. 微小卫星姿态控制系统研究[D]. 南京:南京航空航天大学,2007.

[28] 刘洋. "南理工一号"立方星姿态确定与控制系统硬件设计及半物理仿真[D]. 南京:南京理工大

学,2016.

[29] 张泽.基于多矢量观测的姿态确定算法仿真与分析[D].太原:中北大学,2018.

[30] 肖磊.基于星敏感器和陀螺组合的卫星姿态确定方法研究[D].北京:中国科学院大学,2021.

[31] 赵永超.基于星敏感器的卫星姿态确定因子图方法[D].哈尔滨:哈尔滨工业大学,2019.

[32] 李由.快速机动卫星姿态确定算法研究[D].哈尔滨:哈尔滨工业大学,2012.

[33] 王光辉,江思荣,翟光,等.纯磁控微小卫星姿态控制方法研究[J].计算机仿真,2018,35(02):33
－38.

[34] Rankin D,Kekez D D,Zee R E,et al. The CanX－2 nanosatellite:expanding the science abilities of
nanosatellites[J]. Acta Astronautica,2005,57(2－8):167－174.

[35] Yunck T P,Lautenbacher J C C,Saltman A,et al. CICERO:Nanosat arrays for continuousearth
remote observation[J]. CubeSats and NanoSats for Remote Sensing,2016:41－48.

[36] Zhang G,Wang J,Jiang Y,et al. On－orbit geometric calibration and validation of Luojia 1－01 night
－light satellite[J]. Remote Sensing,2019,11(3):264.

[37] Kurihara J,Kuwahara T,Fujita S,et al. Ahigh spatial resolution multispectral sensor on the
RISESAT microsatellite[J]. Transactions of the Japan Society for Aeronautical and Space Sciences,
Aerospace Technology Japan,2020,18(5):186－91.

[38] 李东.皮卫星姿态确定与控制技术研究[D].北京:中国科学院大学,2005.

[39] 吕振铎,雷拥军.卫星姿态测量与确定[M]北京:国防工业出版社,2013.

[40] 郝东.微小卫星姿态确定与磁控技术研究[D].长沙:国防科技大学,2011.

[41] 王永波,刘诗斌,冯文光,等.基于ARM的低成本高分辨率磁通门磁强计[J].传感技术学报,2014,27
(03):308－311.

[42] 任大海,阎梅芝,尤政.谐振式MEMS磁强计原理与研究进展[J].传感器与微系统,2007(11):10－12
＋16.

[43] 李磊,王劲东,周斌,等.磁通门磁强计在深空探测中的应用[J].深空探测学报,2017,4(06):529－534.

[44] 查杨生.微纳卫星太阳敏感器设计与试验研究[D].南京:南京理工大学,2019.

[45] 蔡波.皮卫星姿态确定系统传感器模块化设计[D].杭州:浙江大学,2012.

[46] Segert T,Engelen S,Buhl M,et al. iADCS－100—an autonomous attitude determination and control
subsystem based on reaction wheels and star tracker in 1/3U package[C]. Small Satellites Systems and
Services,The 4S Symposium,2012.

[47] Liu X,Li T,Li Z,et al. Design,fabrication and test of a solid propellant microthruster array by conventional
precision machining[J]. Sensors and Actuators A:Physical,2015,236(2):14－27.

[48] Cheng Z,Hou X,Zhang X,et al. In-orbit assembly mission for the Space Solar Power Station[J].
Acta Astronautica,2016,(129):299－308.

[49] 戴寿沈.基于软件冗余的立方体卫星星载计算机容错与恢复设计[D].南京:南京理工大学,2021

[50] 李灿.微纳卫星电池荷电状态估计及均衡技术研究[D].南京:南京理工大学,2021.

[51] 从伟晨.基于MPPT的微纳卫星大功率电源系统设计[D].南京:南京理工大学,2020.

[52] 刘亚东.面向微纳卫星数据管理的高效高可靠嵌入式系统设计[D].南京:南京理工大学,2020.

[53] 于小康.立方星UHF/VHF低功耗高灵敏度通信系统设计[D].南京:南京理工大学,2016.

[54] Pratt T,Allnutt J E. SatelliteCommunications[M]. [S.l.]:John Wiley & Sons,2019.

[55] Kodheli O,Lagunas E,Maturo N,et al. Satellite communications in the new space era:a survey and
future challenges[J]. IEEE Communications Surveys & Tutorials,2021,23(1):70－109.

[56] 杜新.微小型低功耗数传通信机的设计与实现[D].杭州:浙江大学,2017.

[57] 凌晓冬,武小悦,李云飞,等.卫星测控调度问题发展趋势探析[J].无线电工程,2022,52(10):1788－

1793.

[58] 闵士权. 卫星通信系统工程设计与应用[M]. 北京：电子工业出版社，2015.

[59] 窦骄，韩孟飞，宁金枝，等. 小卫星测控通信技术发展与趋势[J]. 航天器工程，2021，30(06)：113 −119.

[60] Theoharis P I, Raad R, Tubbal F, et al. Software − defined radios for CubeSat applications：a brief review and methodology[J]. IEEE Journal on Miniaturization for Air and Space Systems，2021，2(1)：10 − 16.

[61] Liang Z, Liao W, Zhang X. Velocity pointing error analysis for symmetric spinning thrusting CubeSat [J]. Advances in Space Research，2019，63(11)：3621 − 3631.

[62] Schoemaker R. Robust and flexible command & data handling on board the DELFFI formation flying mission[D]. Delft：Delft University of Technology，2014.

[63] Lee D, Kumar K D, Sinha M. Fault detection and recovery of spacecraft formation flying using nonlinear observer and reconfigurable controller[J]. Acta Astronautica，2014，(97)：58 − 72.

[64] Baker A M, Da Silva Curiel A, Schaffner J, et al. "You can get there from here"：advanced low cost propulsion concepts for small satellites beyond LEO[J]. Acta Astronautica，2005，57(2 − 8)：288 − 301.

[65] Leomanni M, Garulli A, Giannitrapani A, et al. Propulsion options for very low earth orbit microsatellites[J]. Acta Astronautica，2017，(133)：444 − 454.

[66] Gohardani A S, Stanojev J, Demairé A, et al. Green space propulsion：opportunities and prospects[J]. Progress in Aerospace Sciences，2014，(71)：128 − 149.

[67] Wright W P, Ferrer P. Electric micropropulsion systems[J]. Progress in Aerospace Sciences，2015，(74)：48 − 61.

[68] Kindracki J, Tur K, Paszkiewicz P, et al. Experimental research on low-cost cold gas propulsion for a space robot platform[J]. Aerospace Science and Technology，2017，(62)：148 − 157.

[69] 杭观荣，洪鑫，康小录. 国外空间推进技术现状和发展趋势[J]. 火箭推进，2013，39(5)：7 − 15.

[70] Knoll A, Harle T, Lappas V, et al. Experimental performance characterization of a two-hundred-watt quad confinement thruster[J]. Journal of Propulsion and Power，2014，30(6)：1445 − 1449.

[71] Harle T. Radio frequency plasma thrusters：performance evaluation of low magnetic field mode operation through direct thrust measurements[D]. Surrey：University of Surrey，2013.

[72] Krpoun R, Shea H R. Integrated out-of-plane nanoelectrospray thruster arrays for spacecraft propulsion[J]. Journal of Micromechanics and Microengineering，2009，19(4)：045019.

[73] An S, Kwon S. Scaling and evaluation of Pt/Al_2O_3 catalytic reactor for hydrogen peroxide monopropellant thruster[J]. Journal of Propulsion and Power，2009，25(5)：1041 − 1045.

[74] Jang D, Kang S, Kwon S. Preheating characteristics of H_2O_2 monopropellant thruster using manganese oxide catalyst[J]. Aerospace Science and Technology，2015，(41)：24 − 27.

[75] 王晓勇，吴立志，郭宁，等. 激光脉宽对含碳粉 GAP 推进剂推进性能影响初步研究[J]. 推进技术，2016，37(4)：788 − 792.

[76] Kezerashvili R Y, Vázquez-Poritz J F. Effect of a drag force due to absorption of solar radiation on solar sail orbital dynamics[J]. Acta Astronautica，2013，(84)：206 − 214.

[77] Farrés A, Jorba À. On the station keeping of a solar sail in the elliptic Sun-Earth system[J]. Advances in Space Research，2011，48(11)：1785 − 1796.

[78] 王晓勇. 基于 GAP 含能靶带的激光烧蚀微推进技术研究[D]. 南京：南京理工大学，2015.

[79] Tsuda Y, Mori O, Funase R, et al. Achievement of IKAROS — Japanese deep space solar sail demonstration

mission[J]. Acta Astronautica, 2013, 82(2): 183 - 188.

[80] Tsuda Y, Mori O, Funase R, et al. Flight status of IKAROS deep space solar sail demonstrator[J]. Acta Astronautica, 2011, 69(9 - 10): 833 - 840.

[81] Lemmer K. Propulsion for CubeSats[J]. Acta Astronautica, 2017, 134(231 - 43.

[82] 张天平. 国外离子和霍尔电推进技术最新进展[J]. 真空与低温, 2006, 12(4): 187 - 194.

[83] Wu Z, Sun G, Yuan S, et al. Discharge reliability in ablative pulsed plasma thrusters [J]. Acta Astronautica, 2017, (137): 8 - 14.

[84] Sun G, Wu Z. Ignition mechanism in ablative pulsed plasma thrusters with coaxial semiconductor spark plugs[J]. Acta Astronautica, 2018, (151):120 - 124.

[85] Noorma M, Grönland T A, Palmer K, et al. Nanosatellite orbit control using MEMS cold gas thrusters [J]. Proceedings of the Estonian Academy of Sciences, 2014, 63(2S): 279 - 287.

[86] Kindracki J, Paszkiewicz P, Mezyk L. Resistojet thruster with supercapacitor power source design and experimental research[J]. Aerospace Science and Technology, 2019, (92):847 - 857.

[87] Hurley S, Zolotukhin D, Keidar M. Advancing the microcathode arc thruster: effect of the ablative anode[J]. Journal of Propulsion and Power, 2019, 35(5): 917 - 921.

[88] 魏冰洁, 孙小菁, 王小永. 全电推进卫星平台现状与进展[J]. 真空与低温, 2016, 22(5): 301 - 306.

[89] Krejci D, Mier-Hicks F, Thomas R, et al. Emission characteristics of passively fed electrospray microthrusters with propellant reservoirs [J]. Journal of Spacecraft and Rockets, 2017, 54 (2): 447 - 458.

[90] Krejci D, Jenkins M G, Lozano P. Staging of electric propulsion systems: enabling an interplanetary CubeSat[J]. Acta Astronautica, 2019, 160:175 - 82.

[91] Gomez Jenkins M, Krejci D, Lozano P. CubeSat constellation management using ionic liquid electrospray propulsion[J]. Acta Astronautica, 2018, 151:243 - 52.

[92] Legge R. Fabrication and characterization of porous metal emitters for electrospray applications[D]. Cambridge: Massachusetts Institute of Technology, 2008.

[93] Perna L E. Design and manufacturing of an ion electrospray propulsion system package and passively-fed propellant supply[D]. Cambridge: Massachusetts Institute of Technology, 2009.

[94] Asakawa J, Koizumi H, Kojima S, et al. Laser-ignited micromotor using multiple stacked solid propellant pellets[J]. Journal of Propulsion and Power, 2019, 35(1): 41 - 53.

[95] Bonifacio S, Sorge A R, Krejci D, et al. Novel manufacturing method for hydrogen peroxide catalysts: a performance verification[J]. Journal of Propulsion and Power, 2014, 30(2): 299 - 308.

[96] Wu M-H, Lin P-S. Design, fabrication and characterization of a low-temperature co-fired ceramic gaseous bi-propellant microthruster[J]. Journal of Micromechanics and Microengineering, 2010, 20 (8): 085026.

[97] David A O, Knoll A K. Experimental demonstration of an aluminum-fueled propulsion system for CubeSat applications[J]. Journal of Propulsion and Power, 2017, 33(5): 1320 - 1324.

[98] David A O. Hybrid propulsion system for CubeSat applications[D]. Surrey: University of Surrey, 2016.

[99] 杨建中, 王文龙. 航天器连接分离装置技术[M] 北京:中国宇航出版社, 2019.

[100] 刘莹莹, 周军, 刘光辉, 等. 翱翔系列立方星的发展和展望[J]. 宇航学报, 2019, 40(10):10.

[101] 王琦, 陆峰. 从专利看"星链"卫星星座构型及星箭分离方案[J]. 国际太空, 2021.

[102] 张佼龙, 周军. 立方星星箭分离电磁解锁机构[J]. 光学精密工程, 2018, 26(3): 606 - 615.

[103] 廖桥生, 张祥金, 包家情. 立方星星箭分离装置的设计实现[J]. 导弹与航天运载技术, 2015 (5): 20 - 24.

[104] 谢长雄. 皮卫星星箭分离机构设计分析方法及关键技术研究[D]. 杭州：浙江大学，2014.

[105] 冯彦军，葛坚定，赵海斌. 微纳卫星星箭分离试验技术及数据分析[J]. 上海航天，2019，36(4)：6.

[106] 吴晗玲，张飞霆，郭小红，谢萱. 国外立方星释放装置产品化研究与分析[J]. 西北工业大学学报，2019，37(S1)：37 - 43.

[107] 桑希军. 小卫星星箭分离系统设计及性能分析[D]. 长沙：国防科技大学，2014.

[108] 胡星志. 小卫星星箭分离系统设计、分析与优化研究[D]. 长沙：国防科技大学，2012.

[109] Hegde S R, Sahay D, Sandya S, et al. Design and development of inter-satellite separation mechanism for twin nano satellite—STUDSAT-2[C]//2016 IEEE Aerospace Conference. IEEE, 2016：1 - 8.

[110] Puig-Suari J, Turner C, Ahlgren W. Development of the standard CubeSat deployer anda CubeSat class picoSatellite[C]//2001 IEEE aerospace conference proceedings (cat. No. 01TH8542). IEEE, 2001，1：347 - 353.

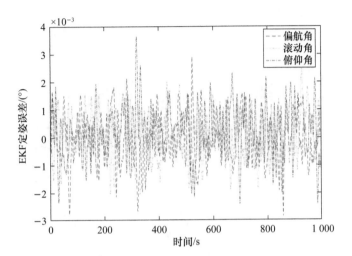

图 6.46　EKF 定姿误差仿真结果

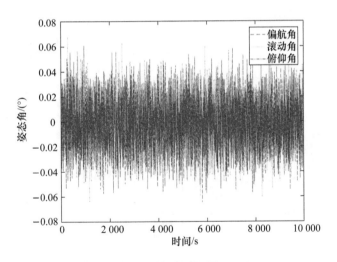

图 6.48　三轴稳定控制姿态角仿真结果

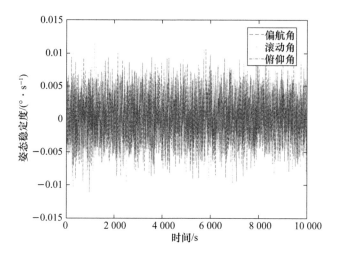

图 6.49　三轴稳定控制姿态稳定度仿真结果

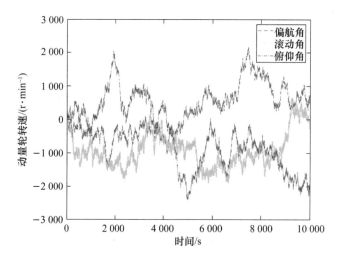

图 6.50　三轴稳定控制动量轮转速仿真结果

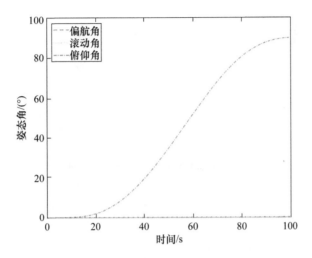

图 6.52 姿态机动控制姿态角仿真结果

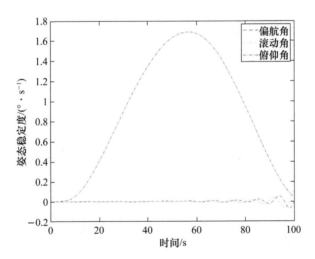

图 6.53 姿态机动控制姿态稳定度仿真结果

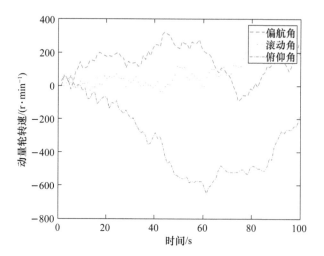

图 6.54　姿态机动控制动量轮转速仿真结果

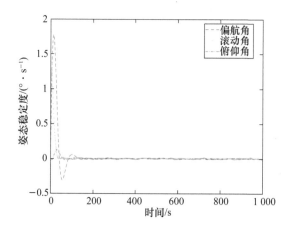

图 6.57　对日定向控制姿态稳定度仿真结果

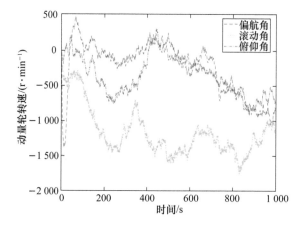

图 6.58　对日定向控制动量轮转速仿真结果